海洋经济可持续发展丛书

教育部人文社会科学重点研究基地重大项目（16JJD790021）
国家自然科学基金项目（41671119）

辽宁省海岸带资源承载力与环境脆弱性

孙才志 闫晓露 王泽宇 曹 强 李 博／著

科学出版社

北 京

图书在版编目（CIP）数据

辽宁省海岸带资源承载力与环境脆弱性 / 孙才志等著. —北京：科学出版社，2018.10

（海洋经济可持续发展丛书）

ISBN 978-7-03-058849-4

Ⅰ.①辽⋯ Ⅱ.①孙⋯ Ⅲ.①海带岸–水资源–承载力–研究–辽宁 ②海岸带–生态环境–环境承载力–研究–辽宁 Ⅳ.①P737.11 ②X21

中国版本图书馆 CIP 数据核字（2018）第 214286 号

责任编辑：石 卉 吴春花/责任校对：王 瑞
责任印制：张欣秀/封面设计：有道文化

科 学 出 版 社 出版

北京东黄城根北街 16 号
邮政编码：100717
http://www.sciencep.com

北京建宏印刷有限公司 印刷
科学出版社发行 各地新华书店经销
*

2018 年 10 月第 一 版 开本：720×1000 B5
2018 年 10 月第一次印刷 印张：16 1/2 插页：2
字数：332 000

定价：98.00 元
（如有印装质量问题，我社负责调换）

丛 书 序

浩瀚的海洋，被人们誉为生命的摇篮、资源的宝库，是全球生命保障系统的重要组成部分，与人类的生存、发展密切相关。目前，人类面临人口、资源、环境三大严峻问题，而开发利用海洋资源、合理布局海洋产业、保护海洋生态环境、实现海洋经济可持续发展是解决上述问题的重要途径。

2500 年前，古希腊海洋学者特米斯托克利（Themistocles）就预言："谁控制了海洋，谁就控制了一切。"这一论断成为 18～19 世纪海上霸权国家和海权论者最基本的信条。自 16 世纪地理大发现以来，海洋就被认为是"伟大的公路"。20 世纪以来，海洋作为全球生命保障系统的基本组成部分和人类可持续发展的宝贵财富而具有极为重要的战略价值，已为世人所普遍认同。

中国是一个海洋大国，拥有约 300 万平方公里的海洋国土，约为陆地国土面积的 1/3。大陆海岸线长约 1.84 万公里，500 平方米以上的海岛有 6500 多个，总面积约 8 万平方公里；岛屿岸线长约 1.4 万公里，其中约 430 个岛有常住人口。沿海水深在 200 米以内的大陆架面积有 140 多万平方公里，沿海潮间带滩涂面积有 2 万多平方公里。辽阔的海洋国土蕴藏着丰富的资源，其中，海洋生物物种约 20 000 种，海洋鱼类约 3000 种。我国滨海砂矿储量约 31 亿吨，浅海、滩涂总面积约 380 万公顷，0～15 米浅海面积约 12.4 万平方公里，按现有科学水平可进行人工养殖的水面约 260 万公顷。我国海域有 20 多个沉积盆地，面积近 70 万平方公里，石油资源量约 240 亿吨，天然气资源量约 14 亿立方米，还有大量的可燃冰资源，就石油资源来说，仅在南海就有近 800 亿吨油当量，相当于全国石油总量的 50%。我国沿海共有 160 多处海湾、400 多公里深水岸线、60 多处深水港址，适合建设港口来发展海洋运输。沿海地区共有 1500 多处旅游景观资源，适合发展海洋旅游业。此外，在国际海底区域我国还拥有分布在太平洋的 7.5 万平方公里多金属结核矿区，开发前景十分广阔。

虽然我国资源丰富，但我国也是一个人口大国，人均资源拥有量不高。据统计，我国人均矿产储量的潜在总值只有世界人均水平的 58%，35 种重要矿产资源的人均占有量只有世界人均水平的 60%，其中石油、铁矿只有世界人均水平的 11% 和 44%。我国土地、耕地、林地、水资源人均水平与世界人均水平相比差距更大。陆域经济的发展面临着自然资源禀赋与环境保护的双重压力，向海洋要资源、向海洋要空间，已经成为缓解我国当前及未来陆域资源紧张矛盾的战略方向。开发利用海洋，发展临港经济（港）、近海养殖与远洋捕捞（渔）、滨海旅游（景）、石油与天然气开发（油）、沿海滩涂合理利用（涂）、深海矿藏勘探与开发（矿）、海洋能源开发（能）、海洋装备制造（装），以及海水淡化（水）等海洋产业和海洋经济，是实现我国经济社会永续发展的重要选择。因此，开展对海洋经济可持续发展的研究，对实现我国全面、协调、可持续发展将提供有力的科学支撑。

经济地理学是研究人类地域经济系统的科学。目前，人类活动主要集聚在陆域，陆域的资源、环境等是人类生存的基础。由于人口的增长，陆域的资源、环境已经不能满足经济发展的需要，所以提出"向海洋进军"的口号。通过对全国海岸带和海涂资源的调查，我们认识到必须进行人海关系地域系统的研究，才能使经济地理学的理论体系和研究内容更加完善。辽宁师范大学在 20 世纪

70 年代提出把海洋经济地理作为主要研究方向，至今已有 40 多年的历史。在此期间，辽宁师范大学成立了专门的研究机构，完成了数十项包括国家自然科学基金、国家社会科学基金在内的研究项目，发表了 1000 余篇高水平科研论文。2002 年 7 月 4 日，教育部批准"辽宁师范大学海洋经济与可持续发展研究中心"为教育部人文社会科学重点研究基地，这标志着辽宁师范大学海洋经济的整体研究水平已经居于全国领先地位。

辽宁师范大学海洋经济与可持续发展研究中心的设立也为辽宁师范大学海洋经济地理研究搭建了一个更高、更好的研究平台，使该研究领域进入了新的发展阶段。近几年，我们紧密结合教育部基地建设目标要求，凝练研究方向、精炼研究队伍，希望使辽宁师范大学海洋经济与可持续发展研究中心真正成为国家级海洋经济研究领域的权威机构，并逐渐发展成为"区域海洋经济领域的新型智库"与"协同创新中心"，成为服务国家和地方经济社会发展的海洋区域科学领域的学术研究基地、人才培养基地、技术交流和资料信息建设基地、咨询服务中心。目前，这些目标有的已经实现，有的正在逐步变为现实。经过多年的发展，辽宁师范大学海洋经济与可持续发展研究中心已经形成以下几个稳定的研究方向：①海洋资源开发与可持续发展研究；②海洋产业发展与布局研究；③海岸带海洋环境与经济的耦合关系研究；④沿海港口及城市经济研究；⑤海岸带海洋资源与环境的信息化研究。

党的十八大报告提出，要提高海洋资源开发能力，发展海洋经济，保护海洋生态环境，坚决维护国家海洋权益，建设海洋强国。当前，我国经济已发展成为高度依赖海洋的外向型经济，对海洋资源、空间的依赖程度大幅度提高，今后，我国必将从海洋资源开发、海洋经济发展、海洋科技创新、海洋生态文明建设、海洋权益维护等多方面推动海洋强国建设。

"可上九天揽月，可下五洋捉鳖"是中国人民自古以来的梦想。"嫦娥"系列探月卫星、"蛟龙号"载人深潜器，都承载着华夏子孙的追求，书写着华夏子孙致力于实现中华民族伟大复兴的豪迈。我们坚信，探索海洋、开发海洋，同样会激荡中国人民振兴中华的壮志豪情。用中国人的智慧去开发海洋，用自主创新去建设家园，一定能够让河流山川与蔚蓝的大海一起延续五千年中华文明，书写出无愧于时代的宏伟篇章。

"海洋经济可持续发展丛书"专家委员会主任
辽宁师范大学校长、教授、博士生导师
韩增林
2017 年 3 月 27 日于辽宁师范大学

前　言

21世纪是全球经济高速发展的时代,随之而来的是人类活动范围的扩大和强度不断加剧,全球生态环境发生了显著变化,甚至已对人类生存造成威胁。海岸带作为全球生态系统的重要组成部分,其丰富的生物物种和多样的生态类型,对于维护海岸带的生态安全乃至全球生态系统起着至关重要的作用。但随着全球化进程加快、人口增长加速、城市化进程不断推进、人口不断向沿海城市集聚、资源不断被高强度开发利用,海岸带地区排放了大量污染物和废弃物,这些剧烈的人类活动直接影响到海岸带生态系统的稳定,增加了海岸带地区的资源承载压力和环境承载压力。此外,全球气候变化异常和海平面上升等消极因素,导致出现严重的资源破坏、环境恶化和灾害等问题。因此,海岸带已成为资源承载压力最大与环境最为脆弱的地区。

资源是人类社会生存与发展最基本的要素,人类生存及各种社会经济活动都离不开对各种资源的利用,尤其是自然资源中的土地和水等限制性资源。随着科技进步和社会生产力的极大提高,人类利用自然、改造自然,以及从自然界中获取资源的能力也大幅度提高。同时,人口剧增、资源耗竭、环境污染和生态破坏等一系列问题,在不同程度上制约了社会经济的进一步发展,因此资源环境承载力问题越来越受到人们的关注。另外，生态环境是经济发展所需各种物质和能量的根本来源，是经济发展的物质源泉。社会经济的发展，可以为保护环境提供相应的条件，使生态环境得到良好的保护和适当的开发。但是在相互促进发展的过程中，人们似乎忽略了生态环境所能提供的资源都是有限的，当经济发展对生态环境资源的索取超过生态环境所能承受的最大限度时，生态环境的结构和自我修复更新的能力就会遭到破坏，进而导致经济发展缓慢，甚至是停滞不前。陆地资源正在逐步减少，生态环境遭受严重破坏，而蓝色的海洋将是未来人类生存需要的食品生产基地、原料供应基地和生活发展空间，是人类可持续发展的物质基础。开发海洋资源、促进经济发展和增强国家实力已成为 21 世纪的重要内容。

辽宁省是我国海洋大省之一，其海岸带横跨黄海和渤海，海岸线总长为 2920 公里，拥有丰富的海洋渔业资源、滨海旅游资源、港口资源、海洋矿产与能源。2014 年，辽宁省约有 42% 的人口居住在海岸带地区，GDP（国内生产总值）占到辽宁省 GDP 的 47.56%。目前，辽宁省海岸带已形成以海洋经济为特色的多元经济发展模式，其中海洋渔业、海洋交通运输业、海洋旅游业和海洋油气业等传统产业保持着快速发展趋势，海洋生物工程、海水综合利用、海洋环境保护等新兴产业呈现出较好的发展态势。然而，随着近年来辽宁省海岸带地区经济和社会的迅猛发展，辽宁省海岸带资源与环境开发活动引起了一系列严重的生态环境问题，如海岸带自然平衡被打破、渔业资源退化、水质恶化、生物资源生产力下降、天然湿地持续减少、自然岸线长度缩短、海水自净能力减弱等一系列海洋资源环境问题。在此环境背景下，开展海岸带资源承载力和环境脆弱性评价，对于正确认识和处理人口、资源、经济、环境之间的关系，缓解水土资源供需矛盾，实现社会经济的可持续发展具有深远的意义。

辽宁省海岸带是我国海岸带的重要组成部分，是海洋资源开发利用的"黄金地带"，它为地区经济发展提供了充裕的资源，也为国家经济发展做出了巨大贡献，其资源与环境问题也直接关乎人民的生活质量。因此，本书以辽宁省海岸带为研究区域，综合运用"湖泊效应"模型、预测模型等方法并结合 RS（remote sensing，遥感）和 GIS（geographic information system，地理信息系统）软件对辽宁省海岸带的陆地范围进行测度，并对海岸线时空变化与驱动因素进行实证研究。同时，在水资源承载力、土地资源承载力、海域承载力、环境脆弱性等方面，运用投影寻踪模型、动态层次分析模型、系统动力学模型、熵值法和层次分析法，以及借助 RS 和 GIS 理论及方法等对辽宁省海岸带资源承载力和环境脆弱性进行评价。研究取得的评价结果，可为辽宁省海岸带资源与环境的政策制定、未来规划、开发建设、生态环境保护等提供决策支撑，同时也可在辽宁省海岸带资源与环境研究的基础上进行理论创新与提炼，推动和完善海岸带可持续发展理论的发展。

本书是在课题组成员多年海岸带资源与环境领域的研究成果基础上撰写而成的。全书由孙才志、闫晓露、王泽宇、曹强和李博统稿，课题组研究生曹卉、李明昱、陈玉娟、孙冰、朱广华、陈富强等在部分研究专题中进行了相关的计算工作与资料整理、编排工作。本书的出版得到教育部人文社会科学重点研究基地重大项目（16JJD790021）和国家自然科学基金项目（41671119）的资助。同时，感谢科学出版社在本书出版过程中给予的配合与支持。

限于著者水平有限，关于海岸带资源承载力与环境脆弱性评价尚有很多方面有待深入研究，书中疏漏与不足之处敬请读者批评指正。

孙才志

2018 年 4 月

目　录

第一章

绪　论

第一节 研究背景

一、世界海岸带资源开发与环境现状

随着人类社会不断向前推进，人类在取得物质与文明进步的同时，人类活动与地球资源环境之间的矛盾却越发严重。近年来，随着人口的大量增加，工业化生产活动的快速推广，城市化进程不断加快，以及对资源和环境的无序开发，使地球资源环境系统的脆弱性不断加剧、恢复力急剧下降、各种风险因素不断产生。海岸带是地球系统中陆地与海洋环境相互作用的过渡性地带，同时也是人类目前重要的居住地和经济活动活跃的区域，因此海岸带资源环境系统对于人类可持续发展显得尤为重要。海岸带多是沿海国家经济与文化的集合地，丰富的海洋资源、便利的水陆交通、大量的人才储备，以及先进的知识、技术等，都为海岸带成为经济、文化发达区提供了有利条件。然而，随着人口大量向海岸带涌入，世界海岸带的资源被快速开发、环境被彻底打破，使其面临如海平面上升、湿地骤减、海水污染、生物多样性减少、海洋生态平衡破坏等巨大压力，这些都严重制约着海岸带的可持续发展。

（一）世界海岸带成为人口与经济密度最高的地区，资源承载压力最大

在过去 60 多年中，全球经历了人口的爆炸性增长，且人口主要集中在海岸带地区。全球总人口已从 1950 年的 25 亿人，增长到 2017 年的 75 亿人。目前世界人口分布非常集中，其中 60%的人口居住在海岸带，在人口超过 10 万人的世界城市中，有 50%位于海岸带内（冯有良，2013）。1990 年海岸带平均人口密度为 77 人/公里^2，2000 年为 87 人/公里^2（Shi et al.，2003）。《世界人口展望》（2017 年修订版）预测，到 2030 年、2050 年和 2100 年世界人口将分别达到 86 亿人、96 亿人和 112 亿人。海岸带人口密度将会大大高于内陆地区的人口密度，海岸带不仅是世界人口分布和增长的主要地区，而且也是资源开发利用的主要区域。在中国、印度、日本、孟加拉国、菲律宾、越南和英国，50%以上的人口分

布在海岸带地区。同时，海岸带地区也是世界主要经济活动聚集区。海岸带区域资源丰富、交通便利、人口集聚、开发程度高、基础设施完善，是其成为世界经济主要活动区域的关键因素。在美国，40%的工业联合企业和50%的制造业设备沿海岸带布局，60%的精加工能力集中在各沿海州（李健，2006）。海岸带高密度人口及经济活动意味着高强度的资源开发与利用，因此世界海岸带已成为资源承载压力最大的地区。

（二）世界海岸带资源被高强度开发，生态环境脆弱性不断加剧

1. 围填海工程对资源与环境的影响

围海是指在海滩或浅海上通过筑围堤或其他手段，以全部或部分闭合的形式围割海域进行海洋开发活动的用海方式，其部分改变了海域的自然属性。填海是指将筑堤围割海域填成土地，并形成有效海岸线的用海方式，其从根本上改变了海域的自然属性。围填海包括围海造田、造陆，兴建港口、码头、防波堤、栈桥等，主要用于工农业的生产和城市建设。围填海工程虽能够有效缓解当前经济发展过快与工农业用地不足的矛盾，但不恰当的围填海工程也将对海岸生态系统造成扰动，导致新的生态不平衡，甚至会引发一系列海洋环境灾害，对海洋环境造成不可逆转的影响或损失。而近些年世界海岸带围填海工程数量剧增，且对海岸带资源与环境产生剧烈影响。

（1）对近岸流场的影响

围填海工程改变了局部海岸的地形及海岸的自然演变过程，导致围垦区附近海域的水动力条件发生骤变，形成新的冲淤变化趋势，进而可能影响围填海工程附近海岸的淤蚀、海底地形、港口航道、海湾纳潮量、河道排洪、台风风暴潮增水、污染物运移等。

（2）对近岸海域生态系统的影响

围填海工程改变了海洋的物理化学环境，导致近岸海域生态系统结构产生不适应或破坏。其不仅会对近岸浮游生物产生影响，还会对近岸底栖生物群落产生较大影响。

（3）对滨海湿地的影响

围填海工程大量侵占湿地，导致湿地景观环境变化，并在一定程度上造成湿地沉积环境的变异。

2. 滨海旅游对资源与环境的影响

海岸带作为旅游主要目的地之一，已越来越受到国内外游客的欢迎，海岸带也成为世界旅游业发展最快的区域之一。因为海岸带环境具有高度的动态性特征，所以任何对海洋或者海岸带的自然环境及生态系统的干扰，都可能对海岸带的长期稳定产生严重的影响。而滨海旅游往往伴随着人类剧烈的活动，并会对世界海岸带资源与环境产生较大影响。

（1）海水污染

世界各地的滨海旅游在开发和运营过程中，均导致了不同程度的海水污染，这些污染以加勒比海、地中海尤为明显。Kuji（1991）对滨海旅游水体污染进行研究，指出海水污染的来源主要包括以下两类：一类是海岸带景区化肥池的泄漏及陆源污水处理系统对污染物的排放，特别是高尔夫球场使用肥料的泄漏及陆源餐馆污水的不合理排放，这些都不同程度地引起了邻近海域水体的富营养化；另一类是游船在出游过程中，废污水的排放及固体废弃物的倾倒也造成了近海海域海水的污染。

（2）海岸线侵蚀

滨海旅游的开发也加剧了海岸线的侵蚀和后退。例如，建设观光海堤，短期内影响了海岸带泥沙的季节分配，而从长期来看，则将引起海岸线后退和陆地面积的损失。Baines（1987）通过对 SIDS（small island developing states，小岛屿发展中国家）地区的调查研究发现，修建游船航道过程中爆破岸边礁石，导致附近泥沙填充了航道，从而破坏了海岸带泥沙的循环平衡，更加剧了海岸带的侵蚀。三亚地区滨海大道等的建设，导致该区域自 2002 年以来，海岸线以平均每年 1～2 米的速度向岸边推移。

（3）砂质退化

砂质退化也是滨海旅游所引起的环境问题之一。在滨海旅游过程中，由于污水、垃圾、船舶油类的污染，沙滩的表层颜色已经从白色向灰色过渡。同时，由于过多游客的踩踏，以及某些交通工具的随意停留，增强了沙滩紧实度，极大地降低了潮间带及海岸带的生物多样性。

3. 海水养殖业对资源与环境的影响

近年来，长期的过度捕捞造成世界上大部分鱼类资源下降，而世界海水养殖业却顺势得到较大发展。但由于各个国家的技术水平、发展理念存在较大差异，同时在经济利益的驱使下,世界绝大多数的粗放式海水养殖业对海岸带及海洋环境产生了不利影响。

(1)对养殖水体自身环境的影响

1)营养物质污染:世界各地的网箱鱼类养殖都存在不同程度的饵料浪费和近海水域污染。20世纪80年代,欧洲在网箱养殖鲑鱼过程中,投入的饲料只有1/5被有效利用,其余部分都以污染物的形式排入海水中。1987年,芬兰由于海水养殖,向沿岸排放了952吨的N和14吨的P,分别占芬兰当年沿岸排放N和P的2%和4%(ICES,1997)。许多研究表明,海水养殖外排水对邻近水域营养物质负载逐年增大,排出的N、P营养物质成为水体富营养化的污染源。

2)药物污染:海水养殖中的化学药物主要源于用于鱼类的治病、清除敌害生物、消毒和抑制污损生物的药物。1987年挪威在海水养殖中使用的抗生素已经超过农业中抗生素的使用量(Gowen and Bradbury,1987)。海水养殖中的药物大部分将会直接进入近海海域中,造成该区域海洋环境的短期或者长期退化。例如,珠江口流域曾经使用大量硫酸铜治理虾病,从而导致该地区水环境重金属铜污染。

(2)对近海生物的影响

相对于复杂的自然生态系统来说,人工构建的海水养殖生态系统较为单一,需要依靠人工调节维持其内部平衡。从可持续发展的角度看,大量的单物种海水养殖,必然造成浅湾或内湾生物多样性向单一性转化,使海洋生物系统"内循环"发生变异,甚至导致海洋生物系统的物质循环平衡失调。例如,有关桑沟湾的研究表明,浮游植物的生物量与贝类滤水率呈反比关系。同时,海水养殖过程中逃逸的鱼类可能会将自身携带的疾病甚至有害基因扩散到野生群体中,给天然基因库带来基因污染的潜在威胁。

(3)对海岸滩涂、红树林的影响

滩涂湿地和红树林对维持生物多样性有着重要的生态学价值,既是海洋生物栖息、产卵的场所,又是天然的水产养殖场。一系列盲目及缺乏规划的开发活动严重破坏了滩涂和红树林的自然栖息环境。例如,世界海岸带大规模的对虾养殖,以及不合理的开发导致滩涂生态环境的破坏,大量的滩涂贝类也遭到不同程度的破坏。又如,Restrepo和Kettner(2012)对Patía河口三角洲的研究发现,海水养殖等一系列人为活动,使最大的红树林国家公园受到毁灭性的打击。同时,红树林的丧失会直接导致捕捞产量的下降,并使海岸带污染物积累、土壤酸化。

二、东亚海岸带资源开发现状与问题

（一）东亚海岸带资源开发现状

1. 渔业对海岸带生态环境的影响

大多数东亚国家中，海洋水产品在人们的饮食结构中占有很大比重。其海洋水产品人均年消费水平最低的是朝鲜（8.2 千克），最高的是日本（66.3 千克），而东亚国家总体海洋水产品人均年消费水平远高于世界人均年消费水平（16.3 千克）。在过去 70 年里，科技进步使得捕鱼能力有所提升。同时，许多政府为渔业提供优惠经济政策补助，促使渔业在第二次世界大战后迅速发展。东亚部分国家引入围网和拖网作业技术，虽然大大提高了捕鱼作业的效率，但导致大部分海岸带渔业资源迅速衰竭。在拖网作业引进东南亚 10 年内，许多近岸渔场遭到高强度开发，渔业资源迅速减少。

20 世纪 70 年代，暹罗湾、马六甲海峡、南海和爪哇海等许多著名渔场均已捕捞过度。底拖网在浅海地区的破坏性作业严重削弱了许多生境（海草床和珊瑚礁）的生产力。80 年代，东亚地区渔业过量投资和水域渔业资源不断衰减，使大型渔船经常非法进入他国渔场作业，尤其是对共享渔业资源的作业。世界各国面对渔业资源的衰退，大量的渔民不仅开始使用炸鱼和毒鱼的方式捕捞珊瑚礁鱼类，还使用由潜水员驱鱼入网等破坏性捕捞方式，严重破坏了菲律宾等国的珊瑚礁，东亚地区捕捞渔业产量目前已至少占世界渔业总产量的 40%。

2. 滨海旅游业对海岸带生态环境的影响

在经济利益的驱使下，所有的东亚国家十分重视滨海旅游业的发展，许多国家极力开发旅游资源和建设旅游设施，不断推动滨海旅游业的高速发展。20 世纪 70 年代起，凭借丰富的海岸带自然资源和独特的文化特征，东南亚地区成为世界著名的旅游观光区。

东亚海岸带地区拥有丰富的滨海旅游资源，但资源开发过程中缺乏相关规划，旅游发展战略未将自然遗产纳入保护范围，同时缺乏污水处理设施和控制排放，导致海岸带水质不断恶化，降低了该地区的旅游和生态价值。例如，泰国的普吉岛和苏梅岛曾经旅游经济繁荣，但由于水质污染、珊瑚礁退化和商业气息浓厚,两个岛的吸引力不断降低。其他著名旅游岛屿,如印度尼西亚的巴厘岛、马来西亚的刁曼岛、越南的下龙湾和菲律宾的长滩岛也都面临同样的困境。虽然目前有关部门采取了一些整改措施,但由于滨海环境的复杂性,环境损害还需很长时间才能恢复。

3. 港口与航运业对海岸带生态环境的影响

东亚地区港口众多,百万吨级的大型港口占到世界的 2/3 以上,主要分布在香港、新加坡、上海、深圳、高雄、青岛、天津、宁波、釜山、巴生、丹戎和林查班。航运业在东亚地区属于传统产业,由于水系发达、岛屿众多等地理因素,航运业在菲律宾、印度尼西亚等国家占据重要的地位。新加坡国家计量中心(National Metrology Centre,NMC)发布的年度报告显示,1999~2015 年,穿越马六甲海峡的油轮、集装箱船和游轮从 43 964 艘增长至 80 980 艘,其中大约有35%是装载原油的油轮,运往中国、日本和韩国等能源消耗较大的国家。最近几年,密集的航运导致马六甲海峡灾难性、溢油性事件时常发生,而溢油事件往往会对海域生态环境造成较严重的影响。

4. 矿产与石油开采对海岸带生态环境的影响

东亚地区的矿产开采主要包括海岸带和河流的锡矿、石灰石、珊瑚和沙。其中,珊瑚可作为建筑材料或装饰品,许多国家用珊瑚建造房子。虽然东亚大多数国家已禁止珊瑚的开采,但目前仍然存在小规模的非法开采。

东亚许多国家拥有丰富的海上石油资源,中国、马来西亚、印度尼西亚、文莱、越南、菲律宾和泰国均属此类,大多数海上石油分布在南海、爪哇海和渤海,目前石油的勘探和开采已经进行了许多年,开采前景仍然较好。但海上石油开采过程中,会破坏海床的岩石,进而影响底栖生物的生存环境。同时,钻井作业过程中,钻井液、水下切割、油漆和平台的阴极保护等,都会对周围水质环境产生污染。此外,石油开采、运输、存储等过程均有可能发生泄漏而污染海域。

(二)东亚海岸带已成为环境高风险地区

1. 海岸带城市化带来的环境风险

海岸带地区具有交通便利、对外交流畅通等区位优势,因此海岸带地区往往比内陆地区城市化速度更快。东亚许多海岸带城市是从渔村、渔港和货港快速发展起来的，其城市化速度远高于内陆地区，但其快速的城市化进程也给环境带来诸多风险因素。

东亚海岸带地区在城市化过程中，为了修建道路、堤坝、渔港、度假区等设施，许多海岸线被人为改变或截断。这些设施在选址前未能充分考虑其他生态和经济社会影响，如在濒临海岸线的地方或红树林区内修建滨海道路就会严重影响海岸线和湿地的稳定性，使海岸带遭受严重侵蚀，降低进入湿地的海水量，导致陆域湿地营养的不足。另外，海岸带设施建设也会对沙滩和海岸线景观造成一定的影响。

2. 海岸带植被破坏带来的环境风险

东亚拥有世界上最漫长的海岸线，存在多种类型的海岸带生态环境系统，如珊瑚礁、红树林、海草场、湿地和河口等。其中，珊瑚礁和红树林占到世界分布面积的30%以上，是全球海洋和生物多样性的中心。

2004年，东亚地区只有9%的礁区珊瑚覆盖率达到75%以上，珊瑚覆盖率低于25%的礁区为30%左右，其后情况稍有改善，但总体仍然呈现退化的趋势。过度捕捞和破坏性渔业作业是威胁珊瑚礁生态环境的主要因素，其中破坏性炸鱼、毒鱼等作业抑制了新生珊瑚的生长，降低了鱼类资源量，破坏了珊瑚礁的生态系统平衡。按照所造成的社会环境破坏程度预算，未来20年印度尼西亚每年至少要为此付出5000万美元的代价。

东亚地区红树林生态环境系统在过去的80年里红树林面积缩小了70%，其中，文莱在过去60年里红树林面积缩小了20%，泰国红树林面积缩小了20%。砍伐红树林、建造水产养殖区是过去几十年东亚红树林破坏的主要原因。泰国和菲律宾的研究表明（兰竹虹和陈桂珠，2007），红树林面积的缩小与对虾和鱼类产量的增长成反比，特别是在菲律宾，一半以上的红树林都成为半咸水养殖区。另外，砍伐红树林做薪炭、矿产开采、海岸带开发和农业用地扩张均为导致红树林面积缩小的因素。

珊瑚礁和红树林是防护和稳定海岸线的自然屏障，其大面积的丧失使海岸带地区降低了抵御台风和风暴潮的能力。在大量珊瑚礁被开采后，为了减缓海岸带的严重侵蚀，斯里兰卡只能斥巨资修建护岸堤、丁坝和防波堤等来代替珊瑚礁的功能。

3. 海岸带陆源污染物带来的环境风险

东亚海岸带除日本、韩国、新加坡外,区域内其他国家都是发展中国家,且大多处于经济社会高速发展时期,所以大多数国家污染防治能力较弱,陆源污染物直接排海现象严重。区域陆源污染物的主要排放源来自生活、农业与工业领域,以及河流沉积物、固体废弃物、空气源。近海水域污染是该区域发展中国家面临的最为严重的环境问题,尤其是一些国家高浓度污废水的有效处理率偏低。在泰国,2010 年与 2009 年城市污废水处理率仅为 23%;而在越南,75%的城镇家庭产生的生活污水没有进入污水处理系统,每天经收集处理的城市污水低于 10%,且大部分城市排水系统均未实现雨污分流(戈华清等,2016)。农业与工业污染物是区域内最大的污染物排放来源,在菲律宾,马尼拉湾富营养化的元凶,除生活污水外,基本都来自农业。我国南海海域也不例外,每年至少有 95 873 吨 BOD(biochemical oxygen demand,生化需氧量)直排该海域,约 90%的污染来自菲律宾、印度尼西亚与中国,其中有一半来自这三国内陆河流。

三、中国海岸带资源与开发的困境

中国是世界上重要的海洋大国,大陆海岸线长达 1.84 万公里,地跨热带、亚热带、温带三大气候带;11 个沿海省、直辖市和自治区的面积约占全国陆地面积的 13%,却集中了全国 50%以上的大城市、40%的中小城市、42%的人口和 60%以上的 GDP,同时新兴海洋经济正以年均 20%的速度持续增长。21 世纪以来,我国沿海地区先后实施了近 20 个国家发展战略,目前海岸带已经成为我国经济发展的"黄金地带"和区域经济发展的重要支撑地带。同时,在国家"一带一路"倡议下,海岸带作为第一海洋经济区,已成为拉动我国经济发展的重要引擎。一切经济活动都是建立在资源与生态环境基础之上,但资源与生态环境所能承受的外界压力和扰动总是有限的,所以在社会经济及人民物质生活水平不断提升的同时,无序、超强度的资源开发利用和生活、工业污染对海岸带生态环境造成了不同程度的破坏。海岸带生态系统在应对无法通过短期自身修复与调整的破坏时,又将反过来影响沿海城市的居住和生活环境。现如今,虽然人们已经认识到海岸带资源与环境的重要性,并在可持续发展的理念下不断加强对海岸带生态环境的监管及修复工作,一定程度上缓解了海岸带生态脆弱性等问题,但由于社会发展的客观需要，巨大经济利益的驱使，以及海岸带生态环境的复杂性、脆弱性、长期性等因素，中国的"人海关系"和"人地关系"矛盾依然突出。因此，中国海岸带资源与环境在诸多扰动因素下面临巨大的困境。

（一）中国海岸带资源日益减少

1. 水生生物资源衰退

渔业是海岸带典型的公共资源，但随着海洋捕捞能力的盲目提高，远远超过渔业资源的最佳捕捞承受范围，特别是近海作业的小型船只，破坏了近海产卵场，另外陆域产业的污染、外来物种的入侵、油船的泄漏，导致中国近海海洋水生物资源的衰退。自 20 世纪 70 年代起，中国的渔业资源进入衰退期。如今，河口海岸区的生物多样性随着河口的衰亡而急剧下降，长江、松花江等河流某些自然生长的梭鱼处于濒危状态，四大家鱼（青鱼、草鱼、鲢鱼、鳙鱼）、鳗鱼、黄花鱼逐渐减少，许多鱼种呈现低龄化和个体小型化。黄海渔场已有 16 种主要经济鱼类、7 种甲壳类和 3 种贝类资源濒临枯竭，东海区的大黄鱼、小黄鱼、带鱼、乌贼，除了带鱼能维持一定产量，其他已形不成鱼汛（桑淑屏，2008）。最近几年发生的赤潮，间隔时间越来越短，殃及的海域面积越来越广大，造成的经济损失和生态破坏也是越来越惨重，有些海区如大连湾海区的海水富营养化程度较高，生物养殖场被迫停产。从 2016 年我国海洋生态环境质量来看，多数海湾生态系统浮游植物密度偏高。同时，锦州湾浮游动物密度偏低、大型底栖物密度和生物量偏低；乐清湾浮游动物密度偏高、大型底栖物生物密度偏高、生物量偏低；闽东沿岸浮游动物密度和生物量偏高。这些都表明中国沿岸海域的水生生物资源遭受一定程度的破坏。

2. 海岸侵蚀和海岸带湿地减少

海岸侵蚀是指在海洋动力作用下，导致海岸线向陆迁移或潮间带滩涂和潮下带底床下蚀的海岸变化过程。海岸侵蚀的结果是造成海岸线不断后移。我国 70% 左右的沙滩、几乎所有河流三角洲和开敞的潮滩都遭受不同程度的海岸侵蚀。2013 年国家海洋局东海监测中心对上海市崇明东滩岸段和江苏省振东河闸至射阳河口的重点岸段海岸侵蚀监测显示，我国砂质海岸和粉砂淤泥质海岸侵蚀严重，局部地区侵蚀速度呈加快趋势。《2016 年中国海洋灾害公报》结果显示，砂质海岸侵蚀严重地区主要分布在辽宁、山东、福建、广东等海岸监测岸段，其中山东招远宅上村海岸平均侵蚀速度为 6.1 米/年;粉砂淤泥质海岸侵蚀严重地区主要分布在江苏监测岸段,振东河闸至射阳河口海岸平均侵蚀速度为 13.7 米/年。2016 年与 2015 年相比,砂质海岸侵蚀长度有所减小,但局部侵蚀加重;粉砂淤泥质海岸侵蚀长度有所增加。

海岸带湿地主要包括滨海各种沼泽、滩涂、低潮时水深不超过 6 米的浅海区、河流、湖泊、水库、稻田等。湿地具有重要的生态功能和经济价值,为地球上 20% 以上的物种提供生存环境,被誉为"地球之肾"。滨海湿地是世界上生产力最高的系统之一,但也是受威胁最严重的系统之一。沿海地区经济社会的发展,促使海岸带的湿地不断转为滩涂养殖、盐业用地和城市用地,加上城市化过程对滨海湿地的污染,使滨海湿地功能明显退化,导致湿地环境破坏、生物多样性降低。2014 年公布的第二次全国湿地资源调查结果显示,全国湿地总面积为 5360.26 万公顷,其中滨海湿地面积为 579.59 万公顷,占全国湿地总面积的 10.81%。据国家林业局不完全统计,自 20 世纪 50 年代以来,全国滨海湿地丧失 200 多万公顷,红树林面积减少 73%,珊瑚礁面积被破坏 80%。天然红树林面积由 50 年代初的约 5 万公顷减少到目前的 1.4 万公顷。特别是围海造田和滩涂养殖,不仅严重破坏海岸带湿地的自然景观,而且致使许多具有经济性的鱼、虾、蟹、贝类的繁衍场所消失,许多濒危动植物绝迹,同时也大大降低了湿地调节气候、抵御风暴潮和保护海陆岸等的能力。

(二)中国海岸带生态环境的困境

1. 近海水质污染严重

海岸带高密度的人口与经济活动在不断提升经济水平的同时,也致使大量的工业和生活污水注入海洋。同时,农业生产活动残留的化肥与农药、滨海旅游和陆源固体废弃物带来的塑料垃圾,以及海上油田泄漏与油船失事的漏油等污染物不同程度地造成近海水质污染,使我国近海成为一个"纳污场"。2001 年国家海洋局监测资料表明,渤海、珠江口海区的污染已超过环境容量,成为严重污染的海区。2010 年,我国近海海域有 17.8 万平方公里的海域水质未达第一类海水水质标准,其主要集中在大中型河口、海湾和部分大中城市近海海域。2016 年我国近岸局部海域海水污染依然严重,冬季、春季、夏季和秋季,近岸海域劣于第四类海水水质标准的海域面积分别为 51 200 平方公里、42 060 平方公里、

37 080 平方公里和 42 760 平方公里，各占近岸海域的 17%、14%、12% 和 14%。污染海域主要分布在辽东湾、渤海湾、莱州湾、江苏沿岸、长江口、杭州湾、浙江沿岸、珠江口等区域，其主要污染要素为 N、P 营养物质和石油类。春季和夏季，呈富营养化状态的海域面积分别为 72 490 平方公里和 70 970 平方公里，其中春季重度富营养化海域面积为 16 580 平方公里。从入海排污口邻近海域的水质来看，90% 的水质不能满足海洋功能区水质的要求，重度富营养化海域主要集中在辽东湾、长江口、杭州湾、珠江口等近岸海域。

2. 地面沉降与海水入侵严重

水资源短缺是我国海岸带面临的重要问题，为解决该问题而过度开采地下水所引起的地面沉降和海水入侵成为我国海岸带的重大环境问题。长江三角洲前缘一些地方超采地下水导致地面沉降，范围甚广，苏、锡、常、沪漏斗几乎相连。1925～1965 年，上海市地面沉降的总幅度达 1.746 米，平均 40 毫米/年；1959～1992 年，天津市区累计最大沉降量达 2.7 米，沉降量大于 1.5 米的面积由 1978 年的 3 平方公里，至 1992 年扩大为 133 平方公里。地面沉降导致楼房倾塌和地下管道变形、雨季洪灾为患，给居民生产和交通带来不便和严重损失。

此外，超采地下水导致的海水入侵在中国华北基岩海岸和沙质海岸区也陆续发生，面积为 1.43 万平方公里，其中，以辽东半岛和山东半岛最为严重。海水入侵距离一般为 5～8 公里，最大达 11 公里，地下水含氯化物的浓度已达 250 毫克/升，甚至高达 6000 毫克/升。由于海水入侵，全国每年地下水开采量减少 1.3 亿立方米，工业生产值至少减少 3.6 亿元。2016 年，渤海滨海平原地区海水入侵较为严重，主要分布于河北省秦皇岛、唐山和沧州地区，以及山东省滨海和潍坊地区，海水入侵距离一般距岸 13～25 公里。与 2015 年相比，辽宁省营口、河北省秦皇岛和唐山、山东省潍坊部分监测区海水入侵范围有所扩大。

3. 赤潮、绿潮及溢油事件频发

赤潮也称红潮，通常是指一些海洋微藻、原生动物或细菌在水体中过度繁殖或聚集而令海水变色的现象，严重影响渔业生产和滨海旅游，破坏海域原有生态平衡。2012 年 5 月，青岛市五四广场附近海域发生夜光藻赤潮，成灾面积约 10 平方公里，最大密度为 549 万个/升。2016 年，我国管辖海域共发生 68 次赤潮，累计面积为 7484 平方公里。

绿潮是海洋中一些大型绿藻在一定环境条件下暴发性增殖或聚集达到某一水平，导致生态环境异常的一种现象。2008 年，黄海海域暴发迄今世界范围内有文献记录的最大规模的绿潮，青岛地区打捞的浒苔高达 100 万吨，对青岛地区水产养殖、滨海旅游、海上交通运输和海洋环境造成了不利影响。2016 年 5～8 月，绿潮灾害严重影响我国黄海沿岸海域，覆盖面积于 6 月 25 日达到最大值，约 554 平方公里；分布面积于 6 月 25 日也达到最大值，约 57 500 平方公里，为近 5 年来的最大值。

溢油是指在石油勘探、开发、炼制及运储过程中，出现意外事故或操作失误，造成原油或油品从作业现场或储器外泄，流向地面、海滩或海面的现象。溢油对海洋生态环境的破坏巨大。东营市为胜利油田的所在地，而青岛市和连云港市分别拥有大型港口，所以溢油事故风险均较高。2011 年蓬莱 19-3 油田溢油事故造成周边及其西北部面积约 6200 平方公里的海域海水污染（超第一类海水水质标准），其中 870 平方公里海域海水受到严重污染（超第四类海水水质标准），海水中石油类最高（站位）浓度出现在 6 月 13 日，超背景值 53 倍。2011 年 6 月下旬海水污染面积达 3750 平方公里，7 月海水污染面积达 4900 平方公里，8 月海水污染面积下降为 1350 平方公里，9 月蓬莱 19-3 油田周边海域海水石油类污染面明显减小，至 12 月底蓬莱 19-3 油田周边海域海面仍有零星油膜。2013 年 11 月 22 日，中石化东黄输油管线发生爆燃事故，导致原油溢入青岛胶州湾，溢油对胶州湾及湾口附近海域海洋环境造成污染，黄岛区大石头村附近岸滩油污明显，青岛部分前海海域也发现事故溢油油污和油膜。

四、辽宁省海岸带资源开发与生态环境问题

辽宁省海岸带位于我国环渤海地区北部，海岸线总长 2920 公里，其中大陆岸线全长 2202.7 公里，约占我国大陆岸线总长度的 12%，岛屿岸线长 717.3 公里，约占我国岛屿岸线总长度的 4.4%，是面向东北亚开放与合作的重要基地，对促进全国区域协调发展和形成互利共赢的开放格局具有重要的战略意义。党的十六大报告提出"支持东北地区等老工业基地加快调整和改造，支持以资源开采为主的城市和地区发展接续产业"的发展战略，2006 年辽宁省人民政府和国家海洋局联合签发了《关于共同推进辽宁沿海经济带"五点一线"发展战略的实施意见》，2009 年国务院常务会议讨论并原则通过了《辽宁沿海经济带发展规划》，

2011 年辽宁省出台了《辽宁省海洋经济发展"十二五"规划》，这些战略规划都为"海上辽宁"建设带来了巨大的发展机遇。截至 2014 年，辽宁省约有 42% 的人口居住在只占辽宁省面积 24% 的离海岸 50 公里的范围内，而 GDP 却占辽宁省总 GDP 的 47.56%。辽宁省海岸带产业众多，其中海洋渔业、海洋交通运输业、海洋旅游业和海洋油气业等传统产业继续保持快速增长的趋势，海洋生物工程、海水综合利用、海洋环境保护等新兴产业也呈现较好的发展态势。但是，近年来辽宁省海岸带经济快速增长，促使大规模填海造陆、港口建设、滩涂利用、滨海旅游、盐田虾池兴建等活动增多，造成海岸带自然平衡被打破、渔业资源退化、水质恶化、生物资源生产力下降、天然湿地持续减少、自然海岸线长度缩短、海水自净能力减弱等一系列海洋环境问题。

（一）辽宁省海岸带资源开发现状与问题

1. 渔业养殖用海对环境的影响

渔业养殖在辽宁省海岸带开发利用现状中占比最大，约占用海面积的 80%。这主要是由于辽宁省海域渔业资源较为丰富，受沿岸入海河流冲淡水及黄海冷水团水流交汇影响，饵料生物丰富，形成辽东湾渔场和海洋岛两大著名渔场。辽宁省渔业用海中占主体的是围海养殖、设施养殖和底播养殖用海，其中黄海北部近岸的东港海域、庄河海域、长山群岛海域，以及辽东湾盘锦、凌海海域养殖较为密集。然而，大面积的围海养殖、设施养殖用海等活动对近岸海域水动力环境、海湾纳潮量、河口行洪排污等产生显著影响。目前养殖活动都需要投放各类饵料，而饵料残余直接排放入海会对水质产生污染，造成海水溶解能力下降，有机污染物浓度升高，氮、磷等元素富集，从而常导致海水富营养化，产生赤潮灾害。另外，底播养殖和设施养殖生产常使用的大量抗生素、激素类药物溶解在海水中，改变了海水环境，造成海洋生态系统紊乱。加之，辽宁省海岸带沿岸的大洋河口、碧流河口、青云河口、复州河口、大小凌河口等众多河流入海口海域也有大面积的围海养殖区，这些海域的养殖区分布降低了河口海域的河流流速、海湾纳潮量、海水交换速度，以及海域的海水自净能力，对海洋生态环境造成较大影响。

2. 填海造陆用海对环境的影响

辽宁省填海造陆活动频发，近 20 年来，填海造陆面积增加约 300 平方公里，损失滩涂面积 500 多平方公里。2008 年以来，辽宁全省违法填海造陆面积巨大，大连市、锦州市和盘锦市尤为突出,占全省违法填海造陆面积的 94%。2013 年之后,新出现的违法填海造陆面积虽有所减少,但大连市、锦州市和盘锦市仍占全省违法填海造陆面积的 83%。辽宁省海岸带的填海造陆活动显著改变了海域的自然属性,直接导致滩涂湿地的生态环境遭受破坏。

3. 港口交通航运对环境的影响

辽宁省海岸带港口资源优越,适宜港岸线长约 1000 公里,其中深水岸线 400 公里,优良港址 38 处,可造万吨级泊位的港址 25 处。各海水岸线均有相应尺寸的天然航道并与外海相连,锚地适宜,避风、过驳和待泊条件非常理想。辽宁省现已形成以大连港、营口港为主体的多功能综合性的现代港口群,以丹东港、锦州港为两翼的地区性重要港口,以盘锦港、葫芦岛港为辽宁省沿海一般港口的全省运输体系。

辽宁省港口航运占海域开发利用比例较大,近几年呈现出逐年增长的态势。目前,港口航运用海的主要类型有港口码头工程构筑物建设、港口建设填海造陆、港池围海工程,以及航道、铺地等开放性水域用海等。虽然港口建设与运营会对经济产生较大的推动作用,但其造成的负面影响也不容忽视。①港口建设期对环境的影响:港口填海造陆需要挖泥堆填,这将引起周边海底浮物的扩散,并对近岸底质环境造成不可逆的改变。另外,港口码头、防波堤等构筑物用海将改变海域水动力条件,影响海湾的水交换能力、海水的自净能力,以及污染物溶解的能力。②港口航运区运营期对环境的影响:其主要来自港船舶的含油污水、船舶压船水、燃油泄漏导致的油类污染及其他有害物质对环境产生的影响。近年来辽宁省海岸带航运日益密集,船舶溢油、港口码头作业溢油等风险不断增大,溢油事故常造成水质、沉积物和生物生存环境恶化,污染持续时间漫长,治理难度巨大。

(二)辽宁省海岸带生态环境问题

1. 海岸破坏严重,岸线缩减突出

辽宁省海岸带是全国海岸带侵蚀重灾区之一。截至 2010 年底,辽宁省开发利用海域面积约 5663 平方公里,各类用海形成的人工岸线约占全省海岸线的 70%。但大规模的填海造陆工程、高密度兴建的渔港和小型码头,以及沿岸采矿和岸滩采沙,使海岸线正以每年 12% 的速度减少,原生海岸线不断萎缩,海岸带生态系统严重失衡。目前,营口市和绥中县近百余公里的沙质海岸受侵蚀严重,原生海岸年萎缩速度最高达到 10 米。海岸侵蚀使众多沙滩浴场功能退化、土地流失，同时沿海工程和海防林都受到严重破坏。同时，辽宁省海岸带的辽河口、鸭绿江口、大凌河口等地，海岸线向海已推进数公里，丹东市浪头港、营口市老港码头出现大量淤积，而在营口市盖州—鲅鱼圈等地段出现严重的海岸蚀退现象。

2. 滨海湿地面积减少，海洋生物多样性下降

滨海湿地是指沿海区域、岛屿和低潮时水深不超过 6 米的水域。辽宁省滨海湿地的服务功能主要为物质生产、能量转换、气候调节、水质净化、生物多样性保育和人文科教等。2006 年辽宁省遥感调查显示，20 世纪 50 年代辽宁省天然湿地面积为 135.6 万公顷，90 年代降为 86.44 万公顷，减少了 36.3%。其中，沼泽芦苇湿地由 50 年代的 49.2 万公顷，下降到 2006 年的 13.6 万公顷，降幅高达 72.4%。1987～2002 年，辽河三角洲天然芦苇湿地面积由 6.04 万公顷减少到 2.4 万公顷，沿海不少地区陆域已向海延伸了十几公里。鸭绿江口芦苇面积由 80 年代的 0.8 万公顷锐减为 0.4 万公顷。辽宁省林业厅 2014 年调查显示，辽宁省滨海湿地区总面积为 224.13 万公顷，其中滨海湿地总面积为 92.73 万公顷，湿地率为 41.37%。与 2010 年公布的辽宁省第二次湿地资源调查数据相比，辽宁省滨海地区湿地面积减少 1.85 万公顷，其主要影响因素为城市建设占地、苗圃种植占地、农业占地和填海造陆等。滨海湿地骤减，导致海洋生物多样性普遍下降，高营养层次生物生产力明显降低，生物种类已不足原来的 50%。

3. 近岸海域水质污染严重

辽宁省海岸带近岸海域水质污染严重，水质污染源主要来自周围的入海河流。辽宁省境内主要有 19 条入海河流，其中大辽河、辽河和大凌河污染最为严重。2008 年，全省实施监测的入海口有 76 个，其中 71.1%的排污口超标排放污染物。设置在海水增养殖区、旅游区、港口航运区和其他功能区的排污口，超标排放率分别为 96.0%、66.7%、42.8%和 80.0%。2010 年，按照水环境功能区划要求，全省仅有 8 条河流的入海水质符合当地水环境功能区划级别要求。2015 年，辽宁省沿海地带工业废水排放总量为 26 597.8 万吨，其中直接入海量为 14 652.2 万吨。2016 年，辽河流域水质总体由中度污染转为轻度污染。目前，全省近岸海域水质III类、IV类海水面积分别占总面积的 7.2%和 4.4%，劣IV类海水面积占总面积的 12.8%。

4. 海水入侵严重, 土壤盐渍化突出

辽宁省是国内海水入侵最为严重的地区, 入侵总面积约 766 平方公里。海水入侵主要源于 "人为超量开采地下水造成水动力平衡的破坏"。海水入侵不仅会导致地下水咸化, 使土壤产生不同程度的盐渍化, 还会严重侵蚀地下管网。从海水入侵历史来看, 辽宁省区域性海水入侵自 20 世纪 60 年代初便有小规模发生。60 年代末至 70 年代, 随着工农业生产的发展, 海水入侵速度开始逐年增大; 至80 年代初期, 仅大连、辽西等沿海地区海水入侵面积就高达 415.8 平方公里; 80年代末至 90 年代初, 海水入侵面积和入侵内陆距离均达到峰值, 全区海水入侵总面积达 766.3 平方公里; 1997 年末至今, 海水入侵状况基本得到控制, 只有局部地段海水入侵面积略有增减, 如辽西地区锦州市海水入侵面积增加 16.5 平方公里, 大连市甘井子区海水入侵面积减少 76.7 平方公里。从海水入侵区域来看, 渤海沿岸海水入侵严重地区主要分布在营口市、盘锦市、大连市、锦州市和葫芦岛市沿岸; 辽东湾平原地区的严重入侵区一般分布在近岸 10 公里以内, 轻度入侵区一般分布在距岸 20～30 公里; 黄海北部沿岸海水入侵主要分布在丹东市滨海地区, 一般在距岸 10 公里以内。

目前, 海水入侵主要发生在锦州市、葫芦岛市、大连市、营口市的沿海地区, 海水入侵面积约 900 平方公里, 每年都略有变化。2015 年, 辽宁省海水入侵面积为 902.48 平方公里, 其中, 大连地区海水入侵面积为 537.82 平方公里, 营口地区海水入侵面积为 88.60 平方公里, 锦州地区海水入侵面积为 165.85 平方公里, 葫芦岛地区海水入侵面积为 110.21 平方公里。2016 年, 辽宁省海水入侵面积为924.08 平方公里, 其中, 大连地区海水入侵面积为 562.43 平方公里, 营口地区海水入侵面积为 80.70 平方公里, 锦州地区海水入侵面积为 160.17 平方公里, 葫芦岛地区海水入侵面积为 120.78 平方公里。

第二节 研 究 意 义

一、理论意义

海岸带是海洋、陆地及大气三大系统物质和能量相互交换、作用的地理单元,既是地球表面最为活跃的自然区域，也是资源和环境条件最优越的区域，与人类生存和发展的关系最为密切。在海岸带地区区位优势的带动下，海岸带开发活动尤为频繁，资源和环境问题越来越突出，三大系统之间的相互作用使海岸带成为响应全球变化及区域变化最迅速、生态环境最敏感及最脆弱的地带，同时也是环境灾害多发地区。

人类的一切活动均以资源为物质基础，以环境为活动空间，因此资源与环境状况直接决定着人类可持续发展的步伐与走向。海岸带资源承载力是海岸带资源禀赋的集中体现，同时也是实现资源可持续发展中的阈值，因此对海岸带进行开发利用应以地区资源承载力的极限为底线，进而使得海岸带资源既能够满足经济社会发展的需求，同时又不对资源造成永久性的破坏。环境脆弱性是生态环境系统健康状态的表征，其脆弱性诱发因素多元，对社会发展影响深远。因此，在可持续理论发展过程中，如何科学评价资源承载力大小和脆弱性程度，以及如何协调经济发展与资源环境之间的关系显得尤为重要。

生态环境与社会经济发展是对立统一的关系，前者是后者的基础。生存与发展的关系已经成为人类社会需要面对的重要主题，传统的经济发展模式往往是片面的，大多是为了换取社会和经济的繁荣而牺牲生态环境。生态环境是经济发展所需各种物质和能量的根本来源，是经济发展的物质源泉。社会经济的发展，可以为保护环境提供相应的条件，使生态环境得到良好的保护和适当的开发。但是在相互促进发展的过程中，人们似乎忽略了生态环境所能提供的资源都是有限的，当经济发展对生态环境资源的索取超过生态环境所能承受的最大限度时，生态环境的结构和自我修复更新的能力就会遭到破坏，进而导致经济发展缓慢，甚至是停滞不前。

辽宁省海岸带是我国海岸带的重要组成部分，是海洋资源开发利用的"黄金地带"，它为地区经济发展提供了充裕的资源，也为国家的经济发展做出了巨大贡献，其资源与环境问题也直接关乎人民的生活质量。随着沿海经济的发展和对外开放力度的加大，一方面促进了沿海地区的经济发展，另一方面也使海岸带面临越来越大的压力。海岸带由于受到多种作用力的交互影响，客观上存在各种灾害频繁、生态环境脆弱等问题。可见，当前海岸带资源与环境问题研究显得十分必要，确立海岸带可持续化发展战略、构建相应的理论与应用方法体系迫在眉睫，尤其对发展中的辽宁省而言更为迫切。因此，在辽宁省海岸带开展海岸带资源与环境研究，不仅可以为辽宁省海岸带资源与环境的政策制定、未来规划、开发建设、生态环境保护等提供决策支撑，同时也可在辽宁省海岸带资源与环境研究的基础上进行理论创新与提炼，推动和完善海岸带可持续发展理论的发展。其理论意义体现在：①进一步深化了海岸带的边界划定理论。通过对辽宁省海岸带边界划定的研究，可以进一步明晰海岸带边界的特征及划定标准，完善海岸带边界划定的理论。②丰富了海岸带环境脆弱性理论。通过梳理国内外研究进展，明确海岸带环境脆弱性的概念与内涵，并利用遥感技术进行数据采集与处理，构建海岸带环境脆弱性评价指标体系，最后对辽宁省海岸带环境脆弱性进行评价，这些过程都有助于对海岸带环境脆弱性的深入研究，更丰富了海岸带环境脆弱性的理论。③丰富了海岸带资源承载力研究方法与理论视角。通过分维度对海岸带水资源承载力、土地资源承载力与海域承载力的研究，丰富了海岸带资源承载力的研究方法与理论视角。④丰富了海岸带时空变化及驱动因素研究。通过利用 RS 和 GIS 技术，选取一些社会经济指标，借助 SPSS 统计软件并采用灰色关联分析方法，揭示了各海岸线长度变化与自然、社会和经济变量之间的相关关系，丰富了海岸带时空变化及驱动因素的理论。

二、现实意义

在系统研究海岸带边界划定的基础上，开展辽宁省海岸带陆地范围时空测度和预测研究，并深入分析辽宁省海岸带环境脆弱性问题和资源承载力问题。同时，以基于 RS 和 GIS 的辽宁省海岸带时空变化及驱动因素分析为海岸带时空变化研究专题，以鸭绿江滨海湿地景观格局变化及生态健康评价为滨海湿地研究专题。以两大专题的具体案例开展更为深入的研究与探讨，无疑具有很强的现实意义。①对辽宁省海岸带的边界划定研究，有利于为后续研究、政策制定、相关规划等划定清晰的自然界线，从而制定合适的资源与环境发展战略。②基于 Bass 模型构建了"湖泊效应"模型，分析"湖泊效应"模型的特征，并在此基础上对辽宁省海岸带陆地范围时空变化进行研究。③对辽宁省海岸带环境脆弱性的研究，揭示了辽宁省海岸带环境脆弱性的表现形式和内在机制，使人们能更清楚地认识辽宁省海岸带环境脆弱性现状、产生的原因和时空分布特征，有助于实现海岸带资源与环境的现代化管理，使海岸带资源与环境得到有效的保护。④深入分析辽宁省海岸带水资源承载力、土地资源承载力及海域承载力，有助于从水资源、土地资源及海域资源的角度更加深入地了解辽宁省海岸带资源开发利用的强度与效率,并有助于提出切实可行的辽宁沿海经济带可持续发展对策。⑤在广泛研究辽宁省海岸带资源与环境的基础上,以鸭绿江滨海湿地景观格局变化及生态健康评价为滨海湿地研究专题。该专题可为保护自然滨海岸线及海岸带环境、合理利用岸线资源,乃至整个沿海地区的可持续发展与综合管理提供有用的信息,同时可为以后的研究提供一些数据支持和背景资料。

第二章

辽宁省海岸带概况

21世纪是海洋自然环境保护与资源持续开发并重的世纪（颜海波，2008）。海岸带是地球表面最为活跃的自然区域，这里具有较高的物理能量、生物多样性和生产力，我国约一半的人口居住在 GDP 总量占全国 59.2%的海岸带地区。但是，海岸带的生态环境比较脆弱（范学忠等，2010；侯西勇等，2010；张耀光等，2010；恽才兴和蒋兴伟，2002），因此巨大的人口承载压力将对海岸带生态环境产生较大影响。伴随着城市化和工业化进程的加快，海岸带的可持续发展研究成为当今政府与社会各界关注的热点（Anker et al.，2004）。

第一节　海岸带概念及边界划定

一、海岸带概念

目前，关于海岸带的概念还没有达成共识。国际地圈生物圈计划（IGBP）（Liu et al.，2003）认为海岸带是由海岸、潮间带和水下岸坡三部分组成，其向陆为 200 米等高线，向海大约为–200 米等深线。《中国海岸带和海涂资源综合调查报告》（赵叔松，1991）指出海岸带的宽度是向陆延伸 10 公里，向海延伸–15 米等深线。陈述彭（1996）认为海岸带是指沿海岸线两侧一定距离呈带状分布，受人类活动影响比较显著，并且能较好地进行综合管理与规划的行政地理单元。Cicin-Sain 和 Knecht（1998）认为海岸带的范围主要包括内陆流域、河口水域、海岸线和海洋。金建君等（2002）认为海岸带是指陆地与海洋的交接地带，是海岸线向陆、海两侧扩展到一定宽度的带状区域，是陆地和海洋相互作用的地带。

现代地理学认为海岸带是陆地与海洋衔接并相互作用的地带，包括海陆交界的海域和陆域。现代海岸是指现代海浪能够达到的地方，由陆地向海洋划分为海岸、海滩和水下岸坡三部分，这里不仅具有较高的物理能量、生物多样性和人类的大量开发活动，也是最具有经济价值的国土区（左玉辉和林桂兰，2008），而且在全球变化中环境非常脆弱。

从海岸带生态系统含义考虑，它涉及河口、海湾、潟湖、海峡、三角洲、淡水森林沼泽、海滨盐沼、海滩、潮滩、珊瑚滩、海滨沙丘及各类海岸的近岸和远岸水域，其向陆方向上界为盐水和半咸水影响所及地区，海域的广义部分可扩展至整个大陆架（图 2-1），狭义部分为近岸浅水地区（图 2-2）。而从海岸变化的地质过程和物理过程角度出发，海岸带的陆上界限应是古海岸线和最大风暴潮所及区域，海域界限为波浪作用影响的浅水地区和河口羽流输移扩散的外界。

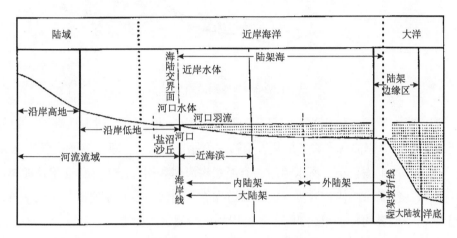

图 2-1　广义海岸带及近海分区图

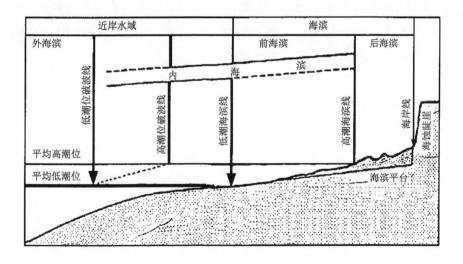

图 2-2　狭义海岸带分区图

海水涨落产生了平均高潮位和平均低潮位，二者之间的地带称为潮间带，即海滩（图 2-3）。平均低潮位线至波基面之间的地带称为潮下带，也就是水下岸坡。海岸、海滩和水下岸坡均属现代海岸带。现代海岸带之外属于浅海。

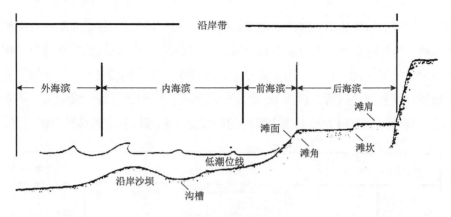

图 2-3　海滩剖面图

海岸带按照组成物质的不同可分为基岩海岸、沙质海岸、淤泥质海岸、生物海岸等。基岩海岸简称岩岸，是基岩裸露的山地丘陵海岸，潮间带很狭窄甚至缺失，水下岸坡范围很小，深水逼岸，有断层崖海岸和横海岸（又称亚里斯海岸）两种类型。沙质海岸简称沙岸，大部分分布在大河河口及平原地带，岸线平直，陆上和水下地势均较平坦，潮间带和海岸均由沙质组成而无基岩出露，海积地貌发育。淤泥质海岸由淤泥物质组成，高潮位线以下的滩地以极小的倾斜度向水下延伸，海岸带的水上、水下部分，地势十分平坦，潮间带有树枝状的潮沟，也常出现龟裂现象。生物海岸是在热带、亚热带的沿海，因生物对海岸的塑造作用形成的，主要分为珊瑚礁海岸和红树林海岸两种类型。

二、海岸带的边界划定

我们不能对任何一个地区的海岸带的宽度做出统一要求，因为要考虑生态-经济学方法的运用、自然和经济的独特之处、海域开发的程度等，所以海岸带的宽度不是固定的。尽管在海岸带区域建立一个精确的地理边界较为困难，但从科学、法律和资源管理的角度，理解和定义海岸带区域的范围非常重要。人们越来越清楚地认识到，海岸带区域多样的生物物种不可能孤独地生活在那里，它们是地球上不可或缺的一部分，它们与周围的物种一起影响生态的变化。

海岸带向陆一侧的范围一般有以下几类标准：①自然地理标准。例如，海岸带向陆一侧的边界延伸至沿海山脉分水线。②经济地理标准。例如，以滨海的一条公路作为海岸带向陆一侧的界限。③行政区域标准。例如，在中国可以以沿海乡镇的界限或沿海县界为标准。④任一距离标准。以高海平面边线起始，向内陆延伸一定的距离为标准。例如，斯里兰卡海岸带向陆一侧的边界是从平均高水位线向陆地延伸 300 米；危地马拉海岸带向陆一侧的边界是从高潮位线向陆延伸 3000 米。⑤人为选择的地理单元。海水对陆地的影响有时会扩大到很远地区。例如，在一些沿海地区海水会延伸到河流系统中，有时还会向陆地方向延伸很长一段距离。海岸带向海一侧的范围有以下几个标准：①自然地理标准。向海边界以水下台地或其他自然地理特征为界。②经济地理标准。以浅海水域养殖的海域边界为向海一侧边界。③行政区域标准。例如，美国海岸带向海一侧以划归州政府管理的领海外界为边界。④任一距离标准。例如，斯里兰卡海岸带向海一侧的边界是从平均低潮位线向海域延伸 2 公里；俄罗斯对北极附近海岸带的确定是考虑到尽可能便于通向北冰洋之路，海岸带的宽度也在几十米到几百公里。⑤人为选择的地理单元。向海边界一般为大陆架的边缘标准。大陆架就是海水表面紧连陆地的那部分，它可以水平延伸到低于海平面 200 米深处的大陆坡边缘（表 2-1）。

表 2-1　海岸带管理范围实例

国家和地区	陆上界限	海上界限
巴西	平均高潮位以上 2 公里	平均高潮位以下 12 公里
哥斯达黎加	平均高潮位以上 200 米	平均低潮位线
中国	平均高潮位以上 10 公里	15 米等深线
以色列	1～2 公里范围内变化	平均低潮位线以外 500 米
澳大利亚南部	平均高潮位以上 100 米	海岸基线外 3 海里
澳大利亚昆士兰州	平均高潮位以上 400 米	海岸基线外 3 海里
西班牙	最高潮位或风暴潮以上 500 米	向海 12 海里领海边界
斯里兰卡	平均高潮位以上 300 米	平均低潮位以下 2 公里

注：1 海里=1.852 公里

三、辽宁省海岸带的界定

根据海岸带边界的划定原则，采用现代 GIS 技术，可以精确计算出辽宁省海岸带的面积。本研究海岸带的陆上面积按照两种方案进行计算：一种方案是按照行政区方式计算，即将与海岸线有联系的所有县的面积相加；另一种方案是按照往陆上推进 10 公里，求该范围内的陆地面积。至于海岸带中的海上面积，则按照 15 米等深线的划定原则，计算出该范围内的海上面积。在此基础上，将陆地面积与海洋面积相加，即可得到辽宁省海岸带的总面积，具体计算结果如表 2-2 所示。

表 2-2　辽宁省海岸带面积计算　　　（单位：平方公里）

方案	陆上面积	海上面积	总面积
方案一	32 550.94	11 645.80	44 196.74
方案二	13 885.95	11 645.80	25 531.75

由表 2-2 可以看出，根据方案一与方案二计算出的海岸带面积有一定的差距，在此应该指出的是，在进行海岸带资源及社会经济评价的过程中，本研究是按照沿海六市的数据口径进行评价的，这主要是基于如下两个原因：一是目前公布的统计年鉴主要是以市为最基础的统计单位对外发布，要获取各个沿海县统计资料的难度很大。二是沿海六市的海洋经济产值在全省整个国民经济中占有很大比重，以市为单位进行如港口资源、渔业资源、滨海湿地资源、油气资源等资源评价所产生的误差很小，以市为单位进行土地资源、林业资源等的评价所产生的误差很大，这也是今后应该完善的部分。

根据上述有关概念和海岸带的划分标准，鉴于现有统计资料和数据的可获得性，本书依据行政区域标准将辽宁省海岸带定义为大连、丹东、锦州、营口、盘锦和葫芦岛六市行政规划区。

第二节　辽宁省海岸带自然环境概况

一、辽宁省海岸带类型

辽宁省海岸带类型的划分，主要遵循物质组成、形态及现代动力过程这一基本原则。据此，将海岸带划分为淤泥质海岸、基岩海岸和沙质海岸三大基本类型（表 2-3）。

表 2-3　辽宁省海岸带类型、分布区域及特点

类型	种类	分布	特点
淤泥质海岸	平原型淤泥质海岸	鸭绿江口至大洋河口、盖平角至小凌河口	岸线平直，地势较平坦，微向海倾斜，呈带状沿海岸分布，在广阔的平原上矗立着若干相对高度为 10～20 米的古海蚀残丘，平原北部与低山丘陵相连
	岬湾型淤泥质海岸	大洋河口至老鹰嘴	岬湾相间，岸线较曲折，岬角伸入海中，形成较陡的海崖
基岩海岸	港湾型基岩海岸	登沙河口西侧城山头至老铁山岬角	岬角突出，深水逼岸，水下斜坡陡峭，构成各种复杂的地貌形态
	岛礁型基岩海岸	长山列岛、长兴岛诸岛	岛屿均为基岩组成，波浪作用强烈，海岸分割明显，岛屿南侧水下岸坡较陡，深度大，北侧水浅，呈现出周围水域的不对称性，范围狭窄的海湾间隔分布，岸滩不发育，岸礁密布，多沿岛屿走向延伸
沙质海岸	岬湾型沙质海岸	黄龙尾至西崴子北角、龙头至山海关老龙头	该段为海蚀岬角和堆积平原交替分布的复式海岸，其中以熊岳一带最为典型，沿海宽阔的冲洪积平原的前缘发育有沙质岸堤群
	堤坝型沙质海岸	老鹰嘴至城山头（登沙河口西侧）	以滨岸砂体堆积为主，仅岬角处呈现衰老状态的海崖，其中堆积地貌有沿岸堤、沙嘴、海湾平原等，沿岸堤长 2 公里，宽 80～100 米，高 5～6 米

1. 淤泥质海岸

淤泥质海岸集中分布在鸭绿江口至老鹰嘴、盖平角至小凌河口一带，海岸线长分别为 468 公里、228 公里，共占全省海岸线长度的 36%。淤泥质海岸受古地貌格局控制，该类海岸可细分为鸭绿江口至大洋河口、盖平角至小凌河口的平原型淤泥质海岸，以及大洋河口至老鹰嘴的岬湾型淤泥质海岸两个亚类。

2. 基岩海岸（含岛屿）

从辽东半岛东部的城山头至旅顺营城子的黄龙尾是中国典型的基岩海岸之一。其海岸线长约 356 公里，占全省海岸线长度的 21%。该类海岸位于新华夏巨型隆起带上。NNE、NE 和 NW 两组断裂带与海岸整体轮廓走向具有成因上的联系。贯穿半岛中部的金州断裂带及其他依次排列的 NNE 向断裂带，在 NW 向断裂带纵横交错处，海岸常形成岬湾更迭、蜿蜒曲折的态势。

基岩海岸多为丘陵山体直逼岸边或直接倾没海中，组成高大悬垂岸，岸坡陡

急，个别山体坡度可达2%～10%，属辐聚型高能海岸，处于强烈侵蚀后退过程。各种海蚀地貌异常发育，如海蚀平台、海蚀拱桥、海天窗及崩塌滑坡体等多见，海滨熔岩地形尤为奇特，国内罕见。堆积地貌不甚发育，但在形态上却很典型，常形成狭窄的高角度砾石滩、碎石滩与连岛坝等。近岸区域性泥沙流不发育，其中只有个别海湾以海岸蚀余物为补给的横向物质运动较占优势。

波浪是塑造海岸的主要动力。由于海区开阔，常导致本区涌浪发生。以辽东半岛端部为例，区内平均波高为0.4米，最大波高可达2.4米（SSE向），在SE、SSE向强浪作用下，强烈地改变了海岸形态并使之后退。从口岸资源条件看，本区岸线曲折，岬湾相间更迭，海湾深凹，是中国良好的港湾岸段。辽东海岸的特点是航道短直，海域开阔，铺底面积大，掩护条件好，有利于大泊位深水港的建造。长山列岛、西中岛与菊花岛等，从侵蚀过程分析与前述大陆基岩海岸相似，是典型的岛屿基岩海岸。

3. 沙质海岸

沙质海岸是辽宁省分布最广的一种海岸类型。受古地貌条件和海岸现代过程控制，又可划分为岬湾型沙质海岸和堤坝型沙质海岸两个亚类，共占全省陆域岸线的43%。整个海岸线近于平直，总延伸方向为NE—SW向，与区域构造方向近乎一致。沿岸广布前震旦纪混合花岗岩、花岗闪长岩组成的低丘，并形成层状地形，其中以小于50米的波状剥蚀平原分布面积最大。近岸多由滨岸沙质堆积体组成，有海积阶地海滩、沙堤与沙嘴等发育。

二、辽宁省海岸带自然资源

1. 气候条件

辽宁省海岸带气候属温带湿润半湿润季风气候,既有大陆性气候又有海洋性温带气候。境内气候温和，雨热同季，日照丰富，积温较高，雨量不均，东湿西干。全省全年平均气温为5～10℃，受季风气候的影响，其分布趋势自西南向东北呈递减态势。1月平均最低温度为-24.2℃，7月平均最高气温为28.8℃。降水多分布在夏季，由西向东呈递增态势，东北地区降水量最多的省份，年平均降水量为600～1000毫米；西部山地丘陵区与内蒙古高原相连，年均降水量为400毫米左右，是全省降水最少的地区；中部平原降水量比较适中，年均降水量为

600 毫米左右。辽宁省沿海地区年日照时数，辽东湾西岸较多，黄海北部沿岸较少。

2. 地质地貌

辽宁省地势东西两侧高、中部低，山地丘陵面积约占辽宁省总面积的 2/3，平原面积约占辽宁省总面积的 1/3，全省可分为辽东中山丘陵区、辽西低山丘陵区和中部冲积平原区三个地貌。辽东中山丘陵区位于长大线以东，为长白山脉的西南延伸部分，在地质构造上属于辽南台地，山脉由东北走向西南，逐步降低进入中部平原，根据地势特点可分为东部中山丘陵和南部低山丘陵两个亚区。辽西低山丘陵区属燕山准地槽和内蒙古地质，地势由西北向东南逐渐倾斜，为燕山山脉七老图山的延续部分，主要由努鲁儿虎山、松岭山和医巫闾山等组成。中部冲积平原区属华北陆的渤海沟溢，东有辽河大断层，西有松岭大断层，形成一个陷落的地堑。辽河不断冲积大量泥沙，逐渐形成广阔的中部冲积平原，根据地势差异可分为辽北低山丘陵平原、辽南平原和辽西走廊三个亚区，新生代以来辽东、辽西低山丘陵区的边缘一直处于缓慢、间歇性上升的状态。中部下辽河平原的滨海地段一直呈缓慢下降状态。

3. 土地资源

辽宁省土地资源类型复杂多样，发展特色经济的前景广阔。按土地利用情况划分，全省现有可耕地面积为 4.32 万平方公里，占土地总面积的 29.5%；园地面积为 0.54 万平方公里，占土地总面积的 3.7%；林地面积为 5.63 万平方公里，占土地总面积的 38.6%；牧地面积为 0.39 万平方公里，占土地总面积的 2.7%；城镇村及工矿用地面积为 1.03 万平方公里，占土地总面积的 7.1%；交通用地面积为 0.21 万平方公里，占土地总面积的 1.4%；水域面积为 1 万平方公里，占土地总面积的 6.9%；未利用土地面积为 1.48 万平方公里，占土地总面积的 10.1%（张子鹏，2008）。土地资源的特点是：①耕地质量分布不均匀。高产区主要分布在自然条件和经济基础较好的辽河、浑河、太子河流域和东部山区沟谷地带，以及灌溉条件较好的沿海地区；中产区主要分布在辽东半岛丘陵区，以及西部的锦州市、葫芦岛市；低产区主要分布在西部的朝阳、阜新等地区。高产区每公顷粮食产量在 6000 千克以上，低产区则仅在 3750 千克以下。②山地资源广阔。东部山区以水分涵养林为主，宜于发展林业及柞蚕、人参、药材等种植业；辽东半岛的山区气候条件适宜苹果等水果生长，宜于发展果树种植业；辽西低山丘陵地区，多为无林山地，可在低坡和凹地开发种植果树，以及发展畜牧业。③草地资源、疏林草地资源和滩涂资源占一定的比重。全省现有草地和疏林草地面积为0.8万平方公里，占土地总面积的6%，宜于发展草食畜牧业生产；滩涂面积为3.96万公顷，宜于发展养殖业。④海岸线长，名胜古迹多。全省大陆海岸线长2202.7公里，有优良的海滨浴场、港口，境内还有诸多名胜古迹，宜于发展旅游、度假、疗养及港口贸易等。目前，境内土地资源利用率较低，城市土地利用率为75%左右，农村不足70%，海岸滩涂只利用了45%，开发利用土地资源的潜力很大（胡燕平，2010）。

4. 森林资源

辽宁省现有有林地面积为392万公顷，占全省林业用地面积的68.3%；疏林地、灌木林地及未成林造林地、宜林荒山地等面积为182万公顷，占全省林业用地面积的31.7%。全省活立木总蓄积量为1.5亿立方米，森林覆盖率（含疏林地）达28.7%。全省森林资源按林种划分，主要以用材林为主，面积为174万公顷，占有林地面积的44.4%，活立木蓄积量为1亿立方米；防护林面积为51万公顷，占有林地面积的13.0%，活立木蓄积量为2796万立方米；薪炭林面积为41万公顷，占有林地面积的10.5%，活立木蓄积量为26万立方米；特种用途林面积为5万平方米，占有林地面积的1.3%，活立木蓄积量为533万立方米；经济林面积为121万公顷，占有林地面积的30.8%（王娇，2015）。森林资源分布呈现出不同的森林植被景观，东部山区植被属长白针、阔叶混交林区，以天然次生林为主，主要树种除柞、桦、杨、柳、椴和油松、红松外，还有紫杉、银杏、刺楸、水曲柳、黄菠萝、天女木兰等珍贵树种，是全省比较集中连片的用材林基地；西部山区植被属华北植物区系，通过近年的植树造林，植被状况明显改善，植被主要以落叶林为主，山脊或阳坡分布有油松、刺槐林及油松树和柞树的混交林；辽东半岛丘陵区以落叶、阔叶林为主，主要树种有松、柞、槐、杨、柳等。

5. 水资源

辽宁省沿海岸带自西向东有大凌河、小凌河、双台子河、辽河、碧流河、大洋河、鸭绿江等30多条较大河流分别注入黄海、渤海。其中，辽河为中国七大江河之一，由发源于河北省七老图山脉光头山的西辽河和发源于吉林哈达岭的东辽河在辽宁北部古榆树附近汇合为辽河，最后注入渤海，在辽宁境内长 51.2 亿米，流域面积为 690 亿平方米，主要支流有浑河、太子河、清河、柴河、饶阳河、柳河等；鸭绿江为中朝两国的界河，也是辽宁省境内第二大河，发源于长白山天池，流经吉林省，在浑河口入辽宁省境内，至东港市分两支入黄海，在辽宁省境内长 21.8 亿米，流域面积为 620 亿平方米，主要支流有浑河、爱河等。辽宁省地处温带季风气候区，水资源补给主要来源为大气降水，年平均降水总量约 1000 亿立方米，多集中在 6～9 月，水资源开发利用尤为重要。

6. 海洋资源

辽宁省作为海洋经济大省，海岸线总长 2920 公里，其中大陆岸线全长 2202.7 公里，岛屿岸线长 717.3 公里。全省有岛、坨、礁 506 个，其中面积为 0.01 平方公里以上的岛屿有 205 个，总面积为 189.21 平方公里。全省管辖海域面积为 6.8 万平方公里，滩涂面积约 1696 平方公里，约占全国滩涂面积的 9.7%。其中，辽东湾沿岸滩涂面积为 1020 平方公里，约占全省滩涂面积的 60%；黄海北部沿岸滩涂面积约 676 平方公里，约占全省滩涂面积的 40%。辽宁省已形成以大连港、营口港为中心，以丹东港、锦州港、葫芦岛港为两翼，连接沿海地方中小港的海上交通运输体系，以及 40 余条海上通道，大连港、营口港、锦州港已分别同 100 余个国家和地区形成海上贸易网络（代晓松，2007a）。

海洋生物资源：辽宁省近海水域和海岸带海洋生物种类繁多，有 520 多种，其中浮游生物约 107 种，底栖生物约 280 种，游泳生物（包括头足类和哺乳动物）约 137 种。现已为渔业开发利用的经济种类有 80 余种。

海洋矿产资源：其种类多，分布广，现探明和发现的矿产资源主要有石油、天然气、铁、煤、硫、岩盐、重砂矿、多金属软泥（热液矿床）等。石油、天然气主要分布在辽东湾，石油资源量约 7.5 亿吨，天然气资源量约 1000 亿立方米，其中已探明具有开发价值的石油储量为 1.25 亿吨，天然气储量为 135 亿立方米。滨海砂矿主要有金刚石、沙金、锆英石、型砂、砂砾等，开发前景广阔。

海洋能资源：海洋能资源是一种可再生资源，通常指潮汐能、波浪能、海流能、海水温差能和海水盐差能等。辽宁省海洋能的蕴藏量约 700 万千瓦，在全国海洋能的蕴藏量中约占 0.67%。其中，开发利用价值较大的潮汐能约 193.6 万千瓦，理论装机容量在 500 万千瓦以上。

滨海旅游资源：辽宁省的沿海旅游资源十分丰富，初步营造了以大连市为中心的辽宁南部旅游区，以丹东市为中心的东部旅游区和以锦州市、葫芦岛市为中心的辽宁西部考古、滨海、山川 3 个旅游区，并建设了以大连市为中心，以丹东市、葫芦岛市为两翼，贯通辽宁沿海各市的 6 个滨海旅游带（代晓松，2007b）。

辽宁省的滨海自然旅游资源种类较多，海蚀景观资源主要分布在辽西沿岸和辽东半岛南部，较著名的有大连市金州区的海滨喀斯特地貌景观，大连市南部和旅顺口区的海蚀柱、海蚀洞，锦州市的大笔架山和兴城市的菊花岛等。滨海湿地景观主要分布在辽东湾顶部，辽河入海口和鸭绿江口至大洋河口一带，因沼泽面积大，芦苇丛生，野生动物种类繁多，具有很高的观赏和科学研究价值。辽宁省沿海还有天然海水浴场 72 处，是旅游度假的好去处（苗苗，2008）。

7. 水产资源

辽宁省沿海广阔，水产生物资源丰富，品种繁多，共三大类 520 多种。沿海捕捞直接利用的底栖生物和游泳生物中有鱼类 117 种，主要有大黄鱼、小黄鱼、带鱼、鲅鱼、鲐鱼、鲳鱼、鲆鲽鱼、远东拟沙丁鱼等；虾类 20 余种，主要有对虾、毛虾、青虾等；蟹类 10 种，主要有梭子蟹、中华绒螯蟹等；贝类 20 余种，主要有蚶、蛤、蛏等；头足类以枪乌贼、金乌贼为主；水母类以海蜇而闻名；哺乳类有长须鲸和海豹等。

辽宁省近海水域面积为 640 万公顷，其中 10 米以内的浅海面积为 77.3 万公顷，可供海水养殖业发展。目前，近海水域的利用面积只占 18.4%，尚有很大的开发利用潜力。现主要养殖品种有贻贝、扇贝、海参、海带、裙带菜、鲍鱼、魁蚶等，浅海养殖产量为 50 余万吨。辽宁省有潮间带滩涂面积为 16.2 万公顷；潮上带可利用面积为 1.7 万公顷；可供筑坝围堰养殖面积为 6 万公顷，现已开发利用的面积为 3.1 万公顷，仅占可养殖面积的 51.7%。

此外，辽宁省境内除河流水域外，还有供淡水养殖的水面面积为 11 万公顷，其中水库、湖泊、沙沟面积为 8.2 万公顷，池塘、池沼等小水面面积为 2.8 万公顷。现内陆水域共有淡水鱼类资源 119 种，其中典型淡水鱼类 97 种，河口洄游鱼类 15 种，咸淡水鱼类 7 种。淡水鱼类经济价值较高的品种有鲤、鲫、罗非、鲢、鳙、青、虹鳟、泥鳅和池沼公鱼等 20 多种。淡水贝类和虾蟹类主要品种有无齿蚌、田园螺、日本沼虾、中华绒螯蟹等（刘军，2006）。

8. 海洋灾害

辽宁省海域地处中纬度，海洋灾害严重，有 20 余种，主要有台风、寒潮、风暴潮、海冰、海雾、风浪、赤潮、地面沉降、海面上升等，辽宁省海域每季几乎都有不同的灾害发生，夏有暴雨、台风，冬有寒潮、海冰等。此外，某些灾害往往会引起并加重其他灾害，如暴雨形成洪水、泥石流。台风带来的大风、暴雨又可诱发风暴潮。赤潮近些年来几乎年年发生，但程度有所不同。需要指出的是，渤海是一个内海，由于动力因素，湍流交换较差，且两大浅海石油的开发加大了污染量，石油膜在海面形成温室效应，减弱了海气交换造成海洋荒漠化，再加上沿海排污及倾倒废弃物，因此可能导致渤海变成死海。

第三节　辽宁省海岸带社会与经济概况

一、社会发展现状

1. 城市化水平

2014 年，辽宁省海岸带常住总人口为 1893.9 万人，其中城市人口数量为 1250.45 万人，人口城市化率为 66.03%，略低于全省人口城市化率（67.05%）。其中，城市化水平最高的为大连市，城市人口为 545.30 万人，占总人口数的 78.08%；其次为盘锦市，城市人口为 103.40 万人，占总人口数的 71.81%；城市化水平最低的为葫芦岛市，城市人口为 122.00 万人，占总人口数的 47.38%。其余三市城市化率从高到低依次为 65.67%、63.92%和 53.51%，分别为丹东市、营口市和锦州市。

2. 人口自然增长率

人口自然增长率是反映人口发展速度和制定人口计划的重要指标，它表明人口自然增长的程度和趋势。辽宁省海岸带人口增长缓慢，由 2005 年的 1746.1 万人增长到 2014 年的 1893.9 万人，其中人口增长最快的为葫芦岛市、盘锦市和大连市，2014 年人口自然增长率分别为 0.40%、0.34%和 0.34%。其次为营口市和丹东市，人口自然增长率分别为 0.29%和 0.01%。只有丹东市人口自然增长率出现了零增长，2015 年为 235.96 万人，相比上年基本无增长。

3. 生活质量

恩格尔系数是衡量一个家庭、地区或国家富裕程度的主要标准之一，表示食品支出总额占个人消费支出总额的比重。一般来说，在其他条件相同的情况下，恩格尔系数较高，表明家庭收入较低或该地区（国家）较贫穷；反之，恩格尔系数较低，表明家庭收入较高或该地区（国家）较富裕。2014 年辽宁省海岸带居民的生活质量如表 2-4 所示。

表 2-4　2014 年辽宁省海岸带居民的生活质量

地区	农村居民家庭人均可支配收入（元）	城镇居民家庭人均可支配收入（元）	农村居民家庭恩格尔系数（%）	城镇居民家庭恩格尔系数（%）	人均水产品量（千克）
大连市	13 547	33 591.34	34.1	28.2	516.7
营口市	12 609	28 222.30	32.7	33.7	315.2
盘锦市	12 723	30 857.42	38.2	26.6	352.8
葫芦岛市	9 556	23 009.93	30.9	33.6	278.9
丹东市	11 528	22 931.18	39.3	34.4	346.3
锦州市	12 723	25 214.23	34.7	36.3	247.6
海岸带	72 686	163 826.40	34.3	32.8	371.7

由表 2-4 可以看出，2014 年辽宁省海岸带城镇居民家庭恩格尔系数的平均值为 32.8%，根据联合国的划分标准，该地区处于相对富裕阶段。其中，大连市、盘锦市和丹东市的城镇居民家庭恩格尔系数低于农村居民家庭恩格尔系数，表明三市的城镇居民相对富裕；营口市、葫芦岛市和锦州市出现城镇居民家庭恩格尔系数高于农村居民家庭恩格尔系数的现象，即出现城镇居民相对贫穷的状况。这一方面是因为中央一号文件减免了农业税收，相对增加了农民的收入；另一方面是城市下岗职工偏多，收入减少。

人均消费水产品量也是体现居民生活质量的一个重要指标。近 20 年来，伴随着居民收入水平的稳步提高，居民购买力水平持续增长，饮食结构发生了根本性的变化。水产品的营养与药用价值被人们逐步认同，使其市场和消费群体逐步扩大，需求量逐年增加。2014 年，辽宁省海岸带地区的人均水产品量达到 371.7 千克，其中，大连市的人均水产品量为 516.7 千克，高于辽宁省海岸带地区的整体水平，其余五市的人均水产品量均低于整体水平，从高到低依次为 352.8 千克、

346.3 千克、315.2 千克、278.9 千克和 247.6 千克，分别为盘锦市、丹东市、营口市、葫芦岛市和锦州市。

二、经济发展现状

1. 经济总量

GDP 是衡量国家经济状况的最佳指标。它不仅可以反映一个国家的经济表现，还可以反映一个国家的国力与财富。2014 年辽宁省海岸带的经济状况如表 2-5 所示。

表 2-5　2014 年辽宁省海岸带经济状况

地区	GDP（亿元）	人均 GDP（万元）	土地生产率（万元/公顷）	GDP 增长率（%）	海岸线经济密度（亿元/公里）
大连市	7 655.58	10.99	57.83	5.78	4.01
营口市	1 546.08	6.32	28.62	6.50	12.60
盘锦市	1 303.95	9.06	31.90	6.11	11.05
葫芦岛市	721.55	2.80	6.99	4.50	2.76
丹东市	607.52	2.50	3.99	7.74	4.94
锦州市	1 363.99	4.43	13.23	5.96	11.01
海岸带	13 198.67	8.12	30.23	6.33	7.68

资料来源：根据《辽宁统计年鉴 2015》计算得出

由表 2-5 可以看出，辽宁省海岸带整体 GDP 为 13 198.67 亿元，GDP 增长率为 6.33%，人均 GDP 为 8.12 万元。其中，大连市人均 GDP 最高，为 10.99 万元；盘锦市略低于大连市，为 9.06 万元；营口市次之，为 6.32 万元；接着是锦州市和葫芦岛市，分别为 4.43 万元和 2.80 万元；最低的为丹东市，为 2.50 万元。

土地生产率也是衡量城市或区域之间经济发展水平的重要指标，它是指某一地区当年 GDP 除以所辖区域的土地总面积。2014 年辽宁省海岸带土地生产率为 30.23 万元/公顷，大连市和盘锦市的土地生产率高于海岸带整体水平，分别达到 57.83 万元/公顷和 31.90 万元/公顷；丹东市、葫芦岛市和锦州市土地生产率处于 3 万~14 万元/公顷，分别为 3.99 万元/公顷、6.99 万元/公顷和 13.23 万元/公顷。

海岸线经济密度是指某一沿海地区当年的 GDP 除以该地区的海岸线长度。

它能反映一个地区单位长度海岸线所创造的价值。2014 年辽宁省海岸带海岸线经济密度为 7.68 亿元/公里，营口市、盘锦市和锦州市分别达到 12.60 亿元/公里、11.05 亿元/公里和 11.01 亿元/公里；丹东市、大连市和葫芦岛市的海岸线经济密度低于海岸带整体水平，分别为 4.94 亿元/公里、4.01 亿元/公里和 2.76 亿元/公里。

2. 经济结构

经济结构是指国民经济的组成和构造，是衡量一个国家和地区经济发展水平的重要尺度。2014 年辽宁省海岸带经济结构组成如表 2-6 所示。

表 2-6　2014 年辽宁省海岸带经济结构

地区	第一产业		第二产业		第三产业	
	生产总值（亿元）	占 GDP 比重（%）	生产总值（亿元）	占 GDP 比重（%）	生产总值（亿元）	占 GDP 比重（%）
大连市	441.83	5.77	3697.35	48.30	3516.39	45.93
营口市	110.52	7.15	776.96	50.25	658.60	42.60
盘锦市	114.63	8.79	739.30	56.70	450.03	34.51
葫芦岛市	95.07	13.18	319.62	44.30	306.87	42.53
丹东市	144.69	14.15	459.35	44.92	418.57	40.93
锦州市	201.58	13.71	739.30	50.30	529.12	35.99
海岸带	1108.32	8.00	6371.88	50.85	5879.58	42.44

20 世纪 90 年代以来，我国海洋经济迅速发展，经济总量逐年增加，已经成为国民经济中新的增长点。2014 年辽宁省海岸带海洋经济产值占 GDP 比重为 47.60%，葫芦岛市和丹东市的海洋经济产值占 GDP 比重均高于海岸带整体水平，分别达到 56.32% 和 41.43%；其余四市的海洋经济产值占 GDP 比重均低于整体水平，从高到低依次为大连市、锦州市、盘锦市和营口市，分别为 36.22%、31.29%、30.16% 和 27.15%。

3. 经济活动

经济活动是以劳动力等生产资料换取商品和服务，进而满足人类需求的活动。经济活动需要资源和活动空间。辽宁省海岸带的发展作为国家战略，其经济活动将不断加强。其中，房地产开发是近些年的热点，投资力度不断加大。2014 年，辽宁省海岸带房地产开发投资额为 2345.42 亿元，其中大连市房地产开发投资额最高，为 1429.34 亿元；其次为盘锦市，房地产开发投资额为 283.72 亿元；最低的为葫芦岛市，房地产开发投资额为 135.49 亿元。其余三市的房地产开发投资额从高到低依次为锦州市、营口市和丹东市，分别为 201.18 亿元、154.56 亿元和 141.13 亿元。

港口货物吞吐量是指由水运进出港区并经过装卸的货物数量，是表示港口生产能力的指标之一，是海洋经济活动大小的表现。2014 年，辽宁省海岸带港口货物吞吐量为 10.36 亿吨，其中大连市港口货物吞吐量最高，为 4.23 亿吨；其次为营口市，港口货物吞吐量为 3.31 亿吨；最低的为葫芦岛市，港口货物吞吐量为 0.18 亿吨。其余三市的港口货物吞吐量从高到低依次为丹东市、锦州市和盘锦市，分别为 1.38 亿吨、0.95 亿吨和 0.31 亿吨。

第三章

辽宁省海岸带陆地范围时空测度及预测

第一节 国内外研究现状

一、国外相关研究

Ketchum（1972）认为海岸带是毗邻海洋的陆地区域，海岸带的开发与利用将直接影响海洋的开发与利用，反过来，海洋的开发与利用也将反作用于海岸带的开发与利用，并且提出海岸带是动态的理论。Hildebrand 和 Norrena（1992）认为海岸带应该根据国家管理的不同需要、不同目标及海岸线、海岸带的地理特征而定义，不应该随便取定某个数值定义海岸带。Clark（1995）在 *Coastal Zone Management Handbook* 一书中提出，海岸带的界定没有统一的标准，应该根据海岸带的特殊性选择适宜的划分方法界定实际边界。2001 年联合国《千年生态系统评估报告》中关于海岸带的界定是"大陆架以上（深 200 米）潮间带和潮下带，以及相邻的离海岸带 100 公里以内的内陆"。Kay 和 Alder（2005）将国内外学者对海岸带陆地范围的界定总结归纳为四种方法，分别为固定距离定义法、可变距离定义法、用途定义法和混合定义法。

二、国内相关研究

陈述彭（1996）认为根据任意距离定义的海岸带陆地范围是不科学的，他认为海岸带影响的不仅仅是周边的几个区域，其腹地可能扩散到县，甚至可能是省。海岸带既是一个辐射的概念又是一个扩散的概念，经济的辐射是以海岸线为基线向两侧扩散的，而且越远离海岸线，辐射力越淡化、越模糊（陈述彭，1996）。房成义（1996）提出了我国海岸带的划界原则，他认为向海一侧可以采用任意距离法或等深线法，可以是向海 5 海里也可以是 10～15 米的等深线，而向陆一侧要依据不同的海岸类型采取不同的界定方法。例如，生态保护区应以生态区的完整性为划分原则，行政区不是很大的岸段，可以用行政区划分，无明显特征的岸段可以用任意距离法界定。陈宝红等（2001）认为国家应该在海岸带法规中定义一个全面的、原则性的海岸带陆地范围，即海岸带的法律定义，而在实际工作中则应考虑到沿海地区的自然条件、地理位置和管理工作的实际需要。胡斌和刘宪光（2007）从行政区的角度，将渤海的海岸带定义为：向陆一侧为毗邻渤海的县级行政区，向海一侧为平均高潮位以下 15 米等深线，并从人口和面积的统计角度分析了这种划分的优越性。张灵杰（2009）论述了海岸带划分的 4 项原则和 5 种方法，并对厦门进行了实例分析，认为没有一个标准是普遍适用的，也没有一个标准可以满足海岸带划分的全部条件。晏维龙和袁平红（2011）从实际研究中获取数据的便利性角度出发，认为海岸带向陆一侧应该以沿海乡镇或沿海县为界，向海一侧以国家所管辖海域的边界线为界。朱坚真和刘汉斌（2012）将中国海岸带的范围划分为：向陆一侧以中国沿海省份为界，向海一侧以中国管辖海域为界。在国内，朱坚真和刘汉斌（2012）首先提出了海岸带具有动态性的特点，他们指出海岸带将会随着技术的进步而不断扩大。赵锐和赵鹏（2014）运用"三分法"将中国海岸带分成三个层次，即沿海地区、沿海城市、沿海地带，并分别对三个层次的海岸带陆地范围进行了界定。李迅（2014）考虑到龙海市西北部到东南部被沿海主干道公路 S208 和 S201 贯穿，且在主干道到海岸线的这一范围内的产业开发及生态保护形成了一个比较完整的体系，因此，选用可变距离法将龙海市的海岸带陆地范围定义为沿海主干道到海岸线的区域。2014 年海南省人民政府印发的《海南经济特区海岸带范围》和《海南经济特区海岸带土地利用总体规划（2013—2020 年）》，明确划定了海南省海岸带的具体界线范围：海岸带向陆地一侧界线，原则上以海岸线向陆延伸 5 公里为界，结合地形地貌，综合考虑岸线自然保护区、生态敏感区、城镇建设区、港口工业区、旅游景区等规划区具体划定；海岸带向海洋一侧界线原则上以海岸线向海洋延伸 3 公里为界，同时兼顾海岸带海域特有的自然环境条件和生态保护需求，在个别区域进行特殊处理。

第二节　数据来源与研究方法

一、数据来源

本书选择渤海为研究对象，选取人口和 GDP 为研究指标。其所选取的数据纵向覆盖 12 年（2001～2012 年），横向覆盖辽宁省六个沿海城市（丹东市、大连市、营口市、盘锦市、锦州市、葫芦岛市）。所用数据取自《辽宁统计年鉴》（2002～2013 年）和《大连统计年鉴 2012》。

二、"湖泊效应"模型

1. "湖泊效应"概述

从自然地理学的角度来讲，"湖泊效应"是指湖泊对周围气候、人类栖息地分布及城市经济发展等的影响（Hinkel and Nelson，2012；刘耀彬等，2012）。自 Ellicott（1799）研究"湖泊效应"以来，国内外学者对"湖泊效应"展开了一系列研究。Neumann 和 Mahrer（1975）对湖泊的湖陆风效应进行了理论分析；Willian 和 Moroz（1967）利用中小尺度模式对湖风环流进行了数值模拟；王浩（1993）分析了湖区周围气温和降水的时空分布特征；李雪松（2009）从外部性理论的角度论述了水环境对社会环境的影响；刘耀彬等（2012）从湖区的城市分布密度和交通网络密度实证分析了湖泊对周围城市经济的影响；彭华涛等（2004）以土地价值为例对"湖泊效应"的影响范围进行了试算。目前，国内外对"湖泊效应"的研究已经取得了一定的成果，但关于湖泊如何影响人口及经济的问题尚未提出有理论支持的有效模型。因此，本书以 Bass 模型（Bass，1969；Boushey，2012）为理论基础，构建"湖泊效应"模型，并以渤海为例进行实证分析，以期能够丰富"湖泊效应"理论。

2. "湖泊效应"模型的构建

Bass 模型由 Bass（1969）在研究新产品扩散和销售预测时提出。该模型假设新产品的扩散通过两种途径影响潜在购买者，一种是新产品初期，大众传媒对创新爱好者的影响；另一种是随着时间推移，创新爱好者通过口头传播对模仿者的影响（Boushey，2012）。"湖泊效应"对内陆的影响有两种，一种是湖泊自身对环湖区域的影响；另一种是由率先发展的环湖区域带动内陆发展的影响。由此我们可以看出，新产品的扩散是基于时间的序列，而"湖泊效应"的辐射是基于距离的序列。虽然序列不同，但其原理一致，因此可以借鉴 Bass 模型构建"湖泊效应"模型。

"湖泊效应"模型的构建过程如下（杨敬辉，2005）：Bass 模型基本表达式为 $f(r)=[1-F(r)][p+qF(r)]$，设 $F(r)=\int_0^r f(r)\mathrm{d}r$。其中，$F(r)$ 表示"湖泊效应"在 r 处的潜在影响力度；$f(r)$ 表示"湖泊效应"在 r 处的边际潜在影响力度；p 表示湖泊自身对环湖区域的影响系数，简称辐射系数；q 表示环湖区域带动内陆发展的影响系数，简称带动系数。

取 Bass 模型特解如下：

$$F(r)=\frac{1-e^{-(p+q)r}}{1+\dfrac{q}{p}e^{-(p+q)r}}$$ （3-1）

$F(r)$ 被定义为 r 处"湖泊效应"潜在影响力度，因此该处"湖泊效应"实际影响力度为（彭华涛等，2004）

$$G(r)=1-F(r)$$ （3-2）

设"湖泊效应"的辐射带动力为 m，则 r 处"湖泊效应"实际影响力为

$$Y(r)=mG(r)=\frac{m(p+q)}{p}\frac{e^{-(p+q)r}}{1+\dfrac{q}{p}e^{-(p+q)r}}$$ （3-3）

3. "湖泊效应"模型特征分析

对"湖泊效应"实际影响力 $Y(r)$ 进一步求导，得

$$Y(r)'=-m\frac{(p+q)^2}{p}\frac{e^{-(p+q)r}}{\left(1+\dfrac{q}{p}e^{-(p+q)r}\right)^2}$$ （3-4）

因为 $m>0$，$p>0$，$p+q\neq0$，所以 $Y(r)'$ 恒小于零。由此可知，"湖泊效应"实际影响力严格单调递减。此结论与"距离衰减原理"（吴殿廷，2004）相吻合。

对"湖泊效应"实际影响力 $Y(r)$ 求二阶导数，得

$$Y(r)''=-\frac{m(p+q)^3}{p}\frac{e^{-(p+q)r}}{\left(1+\dfrac{q}{p}e^{-(p+q)r}\right)^3}\left(\frac{q}{p}e^{-(p+q)r}-1\right)$$ （3-5）

因为 $m>0$，$p>0$，$p+q\neq0$，所以 $Y(r)''$ 恒大于零。因此，在距离 r 为横坐标，实际影响力为纵坐标的坐标系中，"湖泊效应"实际影响力曲线是一条凸向原点的曲线。

4. 等辐射力曲线

借助微观经济学中的无差异曲线及等产量曲线的概念，定义"湖泊效应"实

际影响力曲线为等辐射力曲线。

无差异曲线是用来表示消费者偏好相同的两种商品的所有组合。或者说，它是表示能够给消费者带来相同效用水平或满足程度的两种商品的所有组合。

等产量曲线是在生产技术水平不变的条件下，生产同一产量的两种生产要素投入量的所有不同组合的轨迹。

等辐射力曲线是在"湖泊效应"辐射力水平一定时，"湖泊效应"实际影响力与距离的所有不同组合的轨迹。

在图 3-1 中，水平面的两个坐标轴 Or 和 OY 分别表示海岸线向陆域延伸的距离和"湖泊效应"实际影响力，Z 轴表示湖泊的辐射力水平。$OAZB$ 表示湖泊的辐射力曲面。$WW'=PP'=SS'$，说明 $W'P'S'$ 点的辐射力水平相等，所以 $W'P'S'$ 是一条等辐射力曲线。P' 点对应的海岸线向陆域延伸的距离为 r_1，对应的"湖泊效应"实际影响力为 Y_2，即 P' 坐标（r_1，Y_2），同理 Q' 坐标（r_2，Y_2），$r_2 > r_1$，说明距离海岸线较远的点 Q' 与距离海岸线较近的点 P' 的"湖泊效应"实际影响力相等，由"湖泊效应"实际影响力递减的规律可知，Q' 对应较高的"湖泊效应"辐射力水平。总结等辐射力曲线的三个基本特征如下。

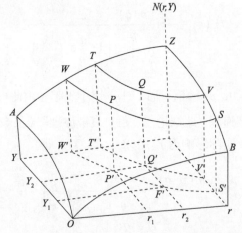

图 3-1 "湖泊效应"辐射力曲面和等辐射力曲线

1）同一坐标平面上的任何两条等辐射力曲线之间，可以有无数条等辐射力曲线，且离原点越远的等辐射力曲线的辐射力水平越高，离原点越近的等辐射力曲线的辐射力水平越低。图 3-1 中，等辐射力曲线 $T'Q'V'$ 的辐射力水平高于等辐射力曲线 $W'P'S'$ 的辐射力水平。

2）同一坐标平面中的任何两条等辐射力曲线不会相交。

3）等辐射力曲线是凸向原点的。

5. 湖泊边际替代率

借助微观经济学中的商品边际替代率及边际技术替代率的概念，定义湖泊边际替代率概念。商品边际替代率是指在维持效用水平不变的前提下，消费者增加一单位某种商品的消费数量时所需要放弃的另一种商品的消费数量。无差异曲线上某一点的商品边际替代率就是无差异曲线在该点斜率的绝对值。边际技术替代率是指在维持产量水平不变的条件下，增加一单位某种生产要素的投入量时所减少的另一种要素的投入数量。等产量曲线上某一点的边际技术替代率就是等产量曲线在该点斜率的绝对值。湖泊边际替代率是指在维持湖泊辐射带动力水平不变的条件下，增加一单位距离时所减少的实际影响力的数值。等辐射力曲线上某一点的湖泊边际替代率就是等辐射力曲线在该点斜率的绝对值。

6. 湖泊边际替代率递减规律

在维持辐射带动力水平不变的前提下，当海岸线向陆域延伸的距离不断增加时，每一单位的距离所能替代的实际影响力的数值是递减的。这一现象被称为湖泊边际替代率递减规律。

在图 3-2 中，横轴 Or 表示海岸线向陆域延伸的距离，纵轴 OY 表示"湖泊效应"实际影响力。其中，$Or_1 = r_1r_2 = r_2r_3 = r_3r_4$，$Y_3Y_4 > Y_2Y_3 > Y_1Y_2 > OY_1$。这说明，在辐射带动力水平不变的条件下，在距离海岸线的距离不断增加，实际影响力不断减少的替代过程中，湖泊边际替代率是递减的。

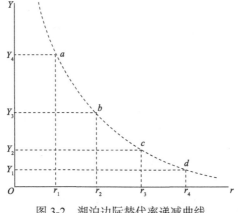

图 3-2　湖泊边际替代率递减曲线

三、预测模型

1. GM（1，1）模型

灰色预测理论由邓聚龙教授于 1982 年提出，对呈指数规律变化的时间序列有很好的模拟和预测效果。GM（1，1）模型的实质是对原始序列做一次累加，生成具有一定规律的新序列，然后建立一阶线性微分方程以求得拟合曲线。建立GM（1，1）模型的基本步骤如下（赖红松等，2004）。

1）原始数据序列为

$$X^{(0)} = \left\{ x^{(0)}(1), x^{(0)}(2), \cdots, x^{(0)}(N) \right\} \tag{3-6}$$

对原始数据序列做一次累加，得

$$X^{(1)} = \left\{ x^{(1)}(1), x^{(1)}(2), \cdots, x^{(1)}(N) \right\} \tag{3-7}$$

其中：

$$x^{(1)} = \sum_{k=1}^{t} x^{0}(k) \tag{3-8}$$

可建立一阶线性白化微分方程：

$$\frac{\mathrm{d}x^{(1)}}{\mathrm{d}t} = ax^{(1)} = u \tag{3-9}$$

2）构造累加矩阵 B 和常数项向量 Y_N，即

$$B = \begin{bmatrix} -\frac{1}{2}\left(x^{(1)}(1) + x^{(1)}(2)\right) & 1 \\ -\frac{1}{2}\left(x^{(1)}(2) + x^{(1)}(3)\right) & 1 \\ \vdots & \vdots \\ -\frac{1}{2}\left(x^{(1)}(N-1) + x^{(1)}(N)\right) & 1 \end{bmatrix} \tag{3-10}$$

$$Y_N = \left[x_1^{(0)}(2), x_1^{(0)}(3), \cdots, x_1^{(0)}(N) \right]^{\mathrm{T}} \tag{3-11}$$

3）用最小二乘法求解灰色模型参数 a 和 u，即

$$\hat{a} = \begin{bmatrix} a \\ u \end{bmatrix} = \left(B^{\mathrm{T}}B\right)^{-1}B^{\mathrm{T}}Y_N \tag{3-12}$$

4）将参数代入时间函数，得

$$\hat{x}^{(1)}(t+1) = \left(x^{(0)}(1) - \frac{u}{a}\right)\mathrm{e}^{-at} + \frac{u}{a} \quad (t=0,1,2,\cdots) \tag{3-13}$$

5）求出的 $\hat{x}^{(1)}(t+1)$ 方程式即为灰色预测 GM（1，1）模型，则实际预测值可用下式表示：

$$\hat{x}^{(0)}(t+1) = \hat{x}^{(1)}(t+1) - \hat{x}^{(1)}(t) \tag{3-14}$$

2. Logistic 模型

Logistic 增长曲线由比利时数学家 P. F. Verhulst 1938 年首先提出，是一条单调递增、逐渐逼近渐近线的 S 形曲线（陈其清，2007）。Logistic 预测模型就是从已经发生的活动中寻找这种规律，然后利用历史数据拟合成一条 Logistic 增长曲线，进而进行预测。Logistic 模型的基本原理如下。

Verhulst 提出种群在有限的环境资源中，初期呈现指数增长趋势，后来由于受到周围环境的限制，增长速度逐渐放缓，最终趋近于峰值。模型中各参数的生态意义如下：N 为当时种群的数量，K 为环境容纳量，即有限的环境中支持种群生长的最大数量（吉蕴和李祖平，2009）。

种群增长的微分方程为

$$\frac{\mathrm{d}N}{\mathrm{d}t} = r\left(1 - \frac{N}{K}\right)N \tag{3-15}$$

$$N(t_0) = N_0 \tag{3-16}$$

解上面的一阶微分方程可得 Logistic 增长模型：

$$N(t) = \frac{K}{1 + \left(\dfrac{K}{N_0} - 1\right)\mathrm{e}^{-rt}} \tag{3-17}$$

Logistic 增长模型的常见形式为

$$N(t) = \frac{K}{1 + ae^{-rt}} \tag{3-18}$$

Logistic 增长曲线特征分析：

$$\lim_{t \to \infty} N(t) = \lim_{t \to \infty} \frac{K}{1 + ae^{-rt}} = K \tag{3-19}$$

$$\frac{d^2N}{dt^2} = r\left(1 - \frac{2N}{K}\right)\frac{dN}{dt} = r^2\left(1 - \frac{2N}{K}\right)\left(1 - \frac{N}{K}\right)N \tag{3-20}$$

式（3-19）表示，随着时间不断增加，种群所能达到的最大数量为 K，在图中表现为一条数值为 K 的水平线。式（3-20）表示，当种群数量 $N=K/2$ 时，种群增长逐渐减缓，在图中表现为曲线的拐点。

3. Gompertz 模型

Gompertz 模型是由英国 B. Gompertz 教授于 1825 年提出，用于描述种群消亡规律的模型。这是一条开始比较平滑，随后快速增长，最终转为平滑的 S 形曲线，即先上凹后下凹的 S 形曲线。Gompertz 模型公式如下（孙康等，2015）：

$$y = ae^{-be^{-ct}} \tag{3-21}$$

式中，a、b、c 为常数；t 为时间；y 为预测值。

在应用 Gompertz 模型预测时，首先根据历史数据进行曲线拟合，得出 a、b、c 的数值，其次运用不含参数的 Gompertz 模型对未来进行预测。历史数据应满足以下四个条件：①模型所需的真实数据；②数据的个数应为 3 的倍数；③连续的时间数据；④连续的时间数据变成时序数列时，应从 0 开始。

Gompertz 模型进行预测的一般步骤如下。

1）将数据分成 $3 \times n$ 的时序数列，n 为各组数据个数；

2）取 y 的对数；

3）将各组 y 的对数相加，分别求得 $\sum I(\lg y)$，$\sum II(\lg y)$，$\sum III(\lg y)$；

4）取 $t_1=0$，$t_2=1$，$\cdots$，$t_n=n-1$；

5）将数据代入公式：

$$\begin{cases} b^n = \dfrac{\sum III(\lg y) - \sum II(\lg y)}{\sum II(\lg y) - \sum I(\lg y)} \\ \lg a = \left(\sum II(\lg y) - \sum III(\lg y)\right)\dfrac{b-1}{(b^n-1)^2} \\ \lg k = \dfrac{1}{n}\left(\sum I(\lg y) - \lg a \dfrac{b^n-1}{b-1}\right) \end{cases} \qquad (3-22)$$

6.) 通过反对数表求得参数 a、b、c，并代入模型进行预测。

第三节　辽宁省海岸带陆地范围测度

应用"湖泊效应"模型测度海岸带陆地范围，主要涉及以下步骤：①获取人口密度及 GDP 密度；②确定引力模型的权重及经验系数；③"湖泊效应"模型参数估计方法选择；④"湖泊效应"模型参数的检验；⑤确定"湖泊效应"模型参数估计方法；⑥根据不同参数估计方法计算结果。

一、获取人口密度及 GDP 密度

1. 运用 GIS 技术获取面积数据

距离海岸线 10 公里以内的数据受城市主导产业及城市势力圈（王桂圆和陈眉舞，2004）等外在因素的影响较小，所以将海岸线向内陆缓冲 10 公里作为研究的基础数据。主要技术过程如下：①利用 ArcGIS 10.0 软件提取辽宁省范围内各行政区的点线面数据；②以辽宁省海岸线为边界做步长为 1 公里的缓冲，并将缓冲区与辽宁省底图做叠加分析，得到 10 个带状区域；③打开叠加后缓冲区的属性表，通过几何计算统计出各带状区域中各城市的面积数据；④由于地图数据与实际数据存在细微误差，为准确获取数据，用每年各行政区实际面积除以地图面积，得到每年各行政区实际面积与地图面积不同的缩放比例，再乘以带状区域中各行政区的面积，得到每年实际的带状区域面积。

2. 人口密度 M_i 及 GDP 密度 M_j 计算

假设人口（GDP）在各行政区是均匀分布的，所以用各行政区的人口总数

（GDP 总数）除以各行政区的总面积，得到各行政区的人口密度（GDP 密度），再用带状区域中各行政区的面积乘以各行政区的人口密度（GDP 密度），得到带状区域中的人口总数（GDP 总数），再除以带状区域的总面积，得到各带状区域的人口密度（GDP 密度）。人口密度 M_i 用公式表示如下：

$$M_{ik} = \frac{\sum\limits_{k=1}^{n}\left(\dfrac{p_k}{S_k}S_k'\right)}{\sum\limits_{k=1}^{n}S_k'} \qquad （3\text{-}23）$$

式中，M_{ik} 为圈层 i 中行政区 k 的人口密度；p_k 为行政区 k 的人口总数；S_k 为行政区 k 的总面积；S_k' 为圈层中行政区 k 的面积；$i=1,2,\cdots,20$；$k=1,2,\cdots,n$。

GDP 密度 M_j 用公式表示如下：

$$M_{jk} = \frac{\sum\limits_{k=1}^{n}\left(\dfrac{G_k}{S_k}S_k'\right)}{\sum\limits_{k=1}^{n}S_k'} \qquad （3\text{-}24）$$

式中，M_{jk} 为圈层 j 中行政区 k 的 GDP 密度；G_k 为行政区 k 的 GDP 总数；S_k 为行政区 k 的总面积；S_k' 为圈层中行政区 k 的面积；$j=1,2,\cdots,20$；$k=1,2,\cdots,n$。

二、确定引力模型的权重及经验系数

首先使用熵值法确定人口密度及 GDP 密度的权重（乔家君，2004）。构建 6 组 12 个年份两个指标的原始数据矩阵 $x=\left(x_{ij}\right)_{12\times2}$，计算出辽宁省海岸带六市的人口密度及 GDP 密度权重。其具体计算步骤如下。

1）消除量纲，标准化处理。$x_{ij}'=\left(x_{ij}-\bar{x}_j\right)/s_j$，式中 x_{ij}' 为标准化后的指标值，$\bar{x}_j$ 为第 j 项指标的均值，s_j 为第 j 项指标的标准差。

2）消除负数，坐标平移。$x_{ij}''=x_{ij}'+3$，x_{ij}'' 为平移后的指标值。

3）计算指标 x_{ij}'' 的比重 R_{ij}。其中，$R_{ij}=x_{ij}''\bigg/\sum\limits_{i=1}^{12}x_{ij}''$。

4）计算第 j 项指标的熵值 e_j。其中，$e_j=-(1/\ln12)\sum\limits_{i=1}^{12}R_{ij}\ln R_{ij},e_j\in\left[0,1\right]$。

5）计算第 j 项指标的差异性系数 g_j。其中，$g_j = 1 - e_j$。

6）计算指标 x_j 的权重 w_j。其中，$w_j = g_j \Big/ \sum\limits_{j=1}^{2} g_j$。

在得到各市指标权重（表3-1）的情况下，计算各市的综合质量 M（表3-2），公式为 $M = w_i M_i + w_j M_j$。然后选取2001～2012年各市的综合质量构建原始数据矩阵，继续运用熵值法（不需要标准化）得到各市综合质量的差异性系数 g'。差异性系数具有独立性，与选取指标的多少无关，且自身具有稳定性，与选取的时间跨度关系不大，因此选取经验系数 $k = g' \times 10$（表3-3）。

表 3-1　辽宁省海岸带六市人口密度及 GDP 密度指标的权重

项目	丹东市		大连市		营口市		盘锦市		锦州市		葫芦岛市	
	人口	GDP	人口	GDP	人口	GDP	人口	GDP	人口	GDP	人口	GDP
权重	0.59	0.41	0.50	0.50	0.59	0.41	0.53	0.47	0.52	0.48	0.52	0.48

表 3-2　2001～2012 年辽宁省海岸带六市综合质量

年份	丹东市	大连市	营口市	盘锦市	锦州市	葫芦岛市
2001	141.85	454.27	401.75	269.84	230.38	189.62
2002	147.02	476.43	410.39	288.27	242.66	201.57
2003	154.93	517.36	460.70	315.68	256.52	211.04
2004	167.82	582.30	518.30	345.12	273.86	225.15
2005	184.24	677.00	585.89	384.23	289.45	228.40
2006	203.31	799.36	667.01	771.25	313.33	239.68
2007	226.39	925.29	772.55	451.88	341.11	257.82
2008	258.81	1112.20	915.13	573.71	388.11	282.49
2009	329.28	1513.80	1035.55	966.82	456.50	288.32
2010	368.46	2035.37	1286.59	914.80	535.17	346.06
2011	431.55	2405.78	1480.43	1109.31	613.37	426.86
2012	482.48	2674.48	1578.70	1272.83	666.51	454.58

表 3-3　经验系数值

城市名	丹东市	大连市	营口市	盘锦市	锦州市	葫芦岛市
经验系数 k	0.36	0.76	0.44	0.55	0.27	0.17

三、"湖泊效应"模型参数估计方法选择

参数估计是应用"湖泊效应"模型的前提，正确选择参数估计方法是"湖泊效应"模型创建成功的关键因素之一。国内外学者在长期的研究中建立了多种参数估计方法，应用较广的有普通最小二乘法、极大似然法、非线性最小二乘法、遗传算法等。

1. 普通最小二乘法

普通最小二乘法是通过使残差平方和最小求出回归系数估计值的方法。β_0 和 β_1 为任意实数，回归函数为

$$y_t = \beta_0 + \beta_1 x_t + u_t \ (t=1,2,\cdots,T) \tag{3-25}$$

式中，u 为误差项；T 为样本个数。假设参数 β_0、β_1 的估计值为 b_0、b_1，则样本回归函数为

$$\hat{y}_t = b_0 + b_1 x_t \tag{3-26}$$

残差 $\hat{u}_t$ 为

$$\hat{u}_t = y_t - b_0 - b_1 x_t \tag{3-27}$$

残差平方和 RSS 为

$$\sum_{t=1}^{T} \hat{u}_t^2 = \sum_{t=1}^{T} \left(y_t - b_0 - b_1 x_t \right)^2 \tag{3-28}$$

由此可以看出，RSS 是 b_0、b_1 的二次函数并且非负，所以其极小值总是存在。对 RSS 函数求一阶偏导，当 b_0、b_1 的一阶偏导同时等于 0 时，RSS 达到最小。偏导数如下：

$$\begin{cases} \dfrac{1}{T}\sum_{t=1}^{T} \hat{u}_t = \dfrac{1}{T}\sum_{t=1}^{T}\left(y_t - b_0 - b_1 x_t \right) = 0 \\ \dfrac{1}{T}\sum_{t=1}^{T} x_t \hat{u}_t = \dfrac{1}{T}\sum_{t=1}^{T} x_t \left(y_t - b_0 - b_1 x_t \right) = 0 \end{cases} \tag{3-29}$$

由式（3-29）解出 b_0、b_1，得

$$b_0 = \overline{y} - b_1 \overline{x} , \quad b_1 = \frac{\sum\limits_{t=1}^{T}(x-\overline{x})(y-\overline{y})}{\sum\limits_{t=1}^{T}(x-\overline{x})^2} \tag{3-30}$$

$$\overline{x} = \frac{1}{T}\sum_{t=1}^{T} x_t , \quad \overline{y} = \frac{1}{T}\sum_{t=1}^{T} y_t \tag{3-31}$$

2. 极大似然法

极大似然法是利用总体的分布函数表达式及样本提供的信息，建立未知参数估计量的方法（盛骤等，2008）。

设总体 ξ 的概率密度函数为 $f(x;\theta_1,\theta_2,\cdots,\theta_l)$，其中，$\theta_1,\theta_2,\cdots,\theta_l$ 为未知参数，参数空间 l 维。$\xi_1,\xi_2,\cdots,\xi_n$ 为简单随机样本，其联合概率函数为 $f(x_1,x_2,\cdots,x_n;\theta_1,\theta_2,\cdots,\theta_l)$。称 $L(\theta_1,\theta_2,\cdots,\theta_l) = \prod\limits_{i=1}^{n} f(\xi_i;\theta_1,\theta_2,\cdots,\theta_l)$ 为 $\theta_1,\theta_2,\cdots,\theta_l$ 的似然函数。若有 $\hat{\theta}_1,\hat{\theta}_2,\cdots,\hat{\theta}_l$，使得 $L(\hat{\theta}_1,\hat{\theta}_2,\cdots,\hat{\theta}_l) = \max\limits_{(\theta_1,\theta_2,\cdots,\theta_l)\in\Omega}\{L(\theta_1,\theta_2,\cdots,\theta_l)\}$ 成立，则称 $\hat{\theta}_j = \hat{\theta}_j(\xi_1,\xi_2,\cdots,\xi_n)$ 为 θ_j 的极大似然估计量。

回归函数 $\xi_i = \theta_0 + \theta_1 x_i + u_i$ 求解步骤如下（谷秋鹏，2012）。

1）写出似然函数为

$$L(\theta_0,\theta_1) = (2\pi\sigma^2)^{-\frac{n}{2}} \exp\left\{ -\frac{\sum\limits_{i=1}^{n}(\xi-\theta_0-\theta_1 x_i)^2}{2\sigma^2} \right\} \tag{3-32}$$

2）对似然函数取对数，得

$$\ln L(\theta_0,\theta_1) = \frac{n}{2}\ln(2\pi\sigma^2) - \frac{\sum\limits_{i=1}^{n}(\xi-\theta_0-\theta_1 x_i)^2}{2\sigma^2} \tag{3-33}$$

3）求 θ_0 和 θ_1 的偏导数，得

$$\begin{cases} \dfrac{\partial \ln L}{\partial \theta_0} = \dfrac{1}{\sigma^2}\sum\limits_{i=1}^{n}(\xi_i-\theta_0-\theta_1 x_i)^2 = 0 \\[3mm] \dfrac{\partial \ln L}{\partial \theta_1} = \dfrac{1}{\sigma^2}\sum\limits_{i=1}^{n} x_i(\xi_i-\theta_0-\theta_1 x_i)^2 = 0 \end{cases} \tag{3-34}$$

4）解似然方程，得

$$
\begin{cases}
\hat{\beta}_0 = \overline{y} - \hat{\beta}_1 \overline{x} \\
\hat{\beta}_1 = \dfrac{\displaystyle\sum_{i=1}^{n} x_i \xi_i - n\overline{x}\,\overline{\xi}}{\displaystyle\sum_{i=1}^{n} x_i^2 - n\overline{x}^2}
\end{cases}
\tag{3-35}
$$

$$
\overline{x} = \frac{1}{n}\sum_{i=1}^{n} x_i , \quad \overline{\xi} = \frac{1}{n}\sum_{i=1}^{n} \xi_i
\tag{3-36}
$$

3. 非线性最小二乘法

非线性最小二乘法是以误差平方和最小为准则，进而估计非线性静态模型参数的一种估计方法。

设非线性模型为

$$
y_t = f(x_t, \beta) + u_t
\tag{3-37}
$$

式中，f 为解释变量 x 和参数向量 β 的函数。

模型的非线性决定了非线性最小二乘法不能用多元函数求极值的方法得到参数估计值，而是需要采用复杂的优化算法进行求解。常用的算法可以分为两大类：一类是搜索算法，如蚁群算法、神经网络算法、粒子群算法等；另一类是迭代算法，如牛顿-拉夫森方法、最速下降法、信赖域算法。一般来说，较常用的是迭代算法，下面介绍一种迭代算法：牛顿-拉夫森方法。

设参数 β 的估计值 b 使残差平方和 $S(b)$ 最小，用公式表示为

$$
S(b) = \sum_{t=1}^{T}\left(y_t - f(x_t, b)\right)^2
\tag{3-38}
$$

将式（3-38）在初值 $b^{(0)}$ 处泰勒公式展开至二阶，即

$$
S(b) \approx S\left(b^{(0)}\right) + S'\left(b^{(0)}\right)\left(b - b^{(0)}\right) + \frac{1}{2}S''\left(b^{(0)}\right)\left(b - b^{(0)}\right)^2
\tag{3-39}
$$

使式（3-39）极小的一阶条件为

$$
S'(b) \approx S'\left(b^{(0)}\right) + S''\left(b^{(0)}\right)\left(b - b^{(0)}\right) = 0
\tag{3-40}
$$

则有

$$b = b^{(0)} - S'\left(b^{(0)}\right)\frac{1}{S''\left(b^{(0)}\right)}$$ （3-41）

当给定迭代的初值 $b^{(0)}$ 后，利用式（3-41）可以得到 $b^{(1)}$，这样反复迭代，直到连续两次得到的参数估计值相差小于给定的确定标准 δ，$\delta > 0$，即 $|b^{(l+1)} - b^{(l)}| < \delta$，迭代收敛。所得到的 $b^{(l)}$ 即为参数 β 的估计值。

若式（3-38）中含有多个参数，可以通过下式迭代：

$$b^{(l+1)} = b^{(l)} - \frac{1}{H_l}g_l$$ （3-42）

其中：

$$H_l = H\left(b^{(l)}\right) = \frac{\partial^2 S(b)}{\partial b \partial b^{(l)}}\Big|_{b=b^{(l)}}, \quad g_l = g\left(b^{(l)}\right) = \frac{\partial S(b)}{\partial b}\Big|_{b=b^{(l)}}$$ （3-43）

4. 遗传算法

遗传算法最早由美国 Holland 教授于 1969 年提出，是借鉴生物界的进化规律演化而来的随机搜索方法。遗传算法是将要解决的问题模拟成一个生物进化的过程，通过选择适应度高的个体进行复制、交叉、突变等操作产生下一代的解，这样可以逐步淘汰适应度低的解，增加适应度高的解，进化 N 代后就很有可能出现适应度极高的个体。从某种意义上说，遗传算法可以称作是生物进化论的数学仿真。

遗传算法执行步骤如下。

1）初始化：确定种群规模 T，随机生成 T 个个体作为初始种群 $P(0)$，交叉概率 P_c，变异概率 P_m，设置进化代数计数器 $t=0$。

2）个体评价：计算群体 $P(t)$ 中各个个体的适应度。

3）选择运算：从 $P(t)$ 中运用选择算子选择出 $N/2$ 对母体（$N \geqslant T$）。

4）交叉运算：对选择出的母体依概率 P_c 执行交叉，形成 N 个中间个体。

5）变异运算：对 N 个中间个体依概率 P_m 执行变异，形成 N 个候选个体。

6）选择子代：从 N 个候选个体中依适应度高低选择 T 个个体组成新一代种群 $P(t+1)$。

7）终止检验。若新一代种群满足终止准则，则以进化过程中所得到的最大适应度个体作为最优解，终止计算。否则，转步骤 4）继续运算，直到获得最优解点。

遗传算法的主要特点如下：①不仅可以直接对结构对象进行操作，而且可以解决复杂的非结构化问题；②搜索过程不存在求导和函数连续性的限定；③具有并行性和全局寻优能力。

四、"湖泊效应"模型参数的检验

"湖泊效应"模型是曲线，选用的方法也是曲线拟合，所以相应线性回归的各种参数检验法（T 检验、F 检验）就不适用了。因此，对曲线模型一般不强调参数检验，而是通过拟合优度和预测误差做整体的评价（张桂喜，2003）。

"湖泊效应"模型参数拟合程度的高低，可采用可决系数与残差平方和两个指标进行检验。

1）计算可决系数 R^2。R^2 的取值范围是[0，1]，R^2 的值越接近 1，说明回归直线对观测值的拟合程度越好；反之，R^2 的值越接近 0，说明回归直线对观测值的拟合程度越差。

可决系数的计算式为

$$R^2 = \frac{\sum (\hat{y}_i - \overline{y})^2}{\sum (y_i - \overline{y})^2} = \frac{S_{回}}{S_{总}} = 1 - \frac{\text{RSS}}{S_{总}} \qquad （3-44）$$

式中，$\hat{y}_i$ 为拟合值；y_i 为实际值；$\overline{y}$ 为拟合的平均值；$S_{回}$ 为回归平方和；$S_{总}$ 为总体平方和；RSS 为残差平方和。

2）计算残差平方和 RSS。RSS 的大小用来表明函数拟合的好坏。RSS 的值越大，说明函数拟合得越差；RSS 的值越小，说明函数拟合得越好。

残差平方和的计算式为

$$\text{RSS} = \sum (y - \hat{y})^2 \qquad （3-45）$$

式中，$\hat{y}$ 为拟合值；y 为实际值。

五、确定"湖泊效应"模型参数估计方法

1. 各参数估计方法比较

普通最小二乘法是时间不变参数估计中应用最多的方法，但它将所有样本都纳入最后的计算，因此不能剔除输入样本中的异常值，而这些异常值会给参数估计带来极大的影响，致使估计结果变得很差（Plackett，1972）。极大似然估计法虽然克服了普通最小二乘法的不足，但它只考虑样本观测值的误差，将导致被估参数的标准差偏小，对统计显著性的判断造成影响（高铁梅，2009）。非线性最小二乘法和遗传算法不仅克服了以上不足，并且还满足曲线拟合的要求。这是因为，"湖泊效应"模型的因变量与自变量呈非线性关系，如果使用线性回归方法对"湖泊效应"模型进行参数估计，就需要对数据进行非线性到线性关系的转换，这种估算方法的结果误差较大，不如直接使用原始数据进行的曲线拟合方法精确。

因此，首先选用非线性最小二乘法和遗传算法对"湖泊效应"模型进行参数估计，其次通过参数检验确定最优的参数估计方法。

2. 非线性最小二乘法和遗传算法的拟合情况比较

运用非线性最小二乘法和遗传算法分别对辽宁省 6 个沿海城市 12 年的数据进行参数估计。运用非线性最小二乘法对"湖泊效应"模型进行参数估计时，选择的软件平台是 MATLAB；运用遗传算法对"湖泊效应"模型进行参数估计时，选择的软件平台是 1stOpt15PRO。将各城市 12 年的可决系数和残差平方和进行对比，取可决系数大、残差平方和小的方法作为最终拟合方法，结果如表 3-4 和表 3-5 所示。

表 3-4　非线性最小二乘法的可决系数和残差平方和

| 年份 | 丹东市 | | 大连市 | | 营口市 | | 盘锦市 | | 锦州市 | | 葫芦岛市 | |
	R^2	RSS	R^2	RSS	R^2	RSS	R^2	RSS	R^2	RSS	R^2	RSS
2001	0.999	1.931	0.999	50.683	0.999	3.528	0.997	4.792	0.999	0.300	0.998	0.387
2002	0.999	2.306	0.999	60.492	0.999	3.409	0.997	4.952	0.997	1.127	0.998	0.527
2003	0.999	2.719	0.999	61.303	0.999	4.302	0.998	5.522	0.998	0.911	0.995	1.164
2004	0.999	3.121	0.999	72.169	0.999	7.643	0.998	6.708	0.997	1.422	0.998	0.482
2005	0.999	3.407	0.999	93.125	0.999	9.381	0.999	3.728	0.998	0.964	0.997	0.929
2006	0.999	4.098	0.999	116.351	0.999	9.762	0.998	7.721	0.998	1.457	0.996	1.182

续表

年份	丹东市		大连市		营口市		盘锦市		锦州市		葫芦岛市	
	R^2	RSS	R^2	RSS	R^2	RSS	R^2	RSS	R^2	RSS	R^2	RSS
2007	0.999	4.995	0.999	144.732	0.999	12.430	0.998	17.269	0.999	1.148	0.997	1.150
2008	0.999	6.023	0.999	198.700	0.999	15.818	0.998	16.509	0.998	1.932	0.994	2.699
2009	0.999	7.346	0.999	288.169	0.999	22.407	0.999	10.203	0.999	1.435	0.996	1.961
2010	0.999	7.199	0.999	423.984	0.999	28.306	0.999	15.281	0.999	2.152	0.996	2.699
2011	0.999	9.094	0.999	525.622	0.999	30.586	0.999	22.569	0.999	1.942	0.995	4.918
2012	0.999	9.813	0.999	566.783	0.999	38.367	0.998	28.106	0.999	2.667	0.996	3.852
平均值	0.999	5.171	0.999	216.843	0.999	15.495	0.998	11.947	0.998	1.455	0.996	1.829

表 3-5　遗传算法的可决系数和残差平方和

年份	丹东市		大连市		营口市		盘锦市		锦州市		葫芦岛市	
	R^2	RSS	R^2	RSS	R^2	RSS	R^2	RSS	R^2	RSS	R^2	RSS
2001	0.999	1.897	0.999	49.266	0.999	3.363	0.998	2.746	0.998	0.467	0.998	0.376
2002	0.999	2.186	0.999	57.121	0.999	3.378	0.998	3.193	0.998	0.558	0.998	0.505
2003	0.999	2.539	0.999	60.069	0.999	4.932	0.998	4.056	0.998	0.617	0.998	0.575
2004	0.999	3.048	0.999	74.639	0.999	6.601	0.998	4.924	0.998	0.912	0.998	0.671
2005	0.999	3.431	0.999	92.255	0.999	8.151	0.998	6.042	0.998	1.015	0.998	0.708
2006	0.999	4.129	0.999	117.942	0.999	9.907	0.998	6.495	0.998	1.370	0.997	0.825
2007	0.999	4.856	0.999	122.166	0.999	10.168	0.998	14.272	0.998	1.621	0.997	0.974
2008	0.999	6.157	0.999	195.202	0.999	15.471	0.998	13.748	0.998	2.082	0.997	1.155
2009	0.999	7.285	0.999	278.354	0.999	15.129	0.998	14.103	0.998	2.070	0.997	1.201
2010	0.999	7.117	0.999	403.159	0.999	26.143	0.998	17.730	0.998	2.764	0.997	1.901
2011	0.999	8.921	0.999	461.305	0.999	26.186	0.998	16.348	0.998	3.387	0.997	2.730
2012	0.999	9.608	0.999	513.427	0.999	30.164	0.998	20.939	0.998	3.814	0.997	2.696
平均值	0.999	5.098	0.999	202.075	0.999	13.299	0.998	10.383	0.998	1.723	0.997	1.193

　　将表 3-4 与表 3-5 进行对比可知,遗传算法的可决系数整体上均大于非线性最小二乘法的可决系数,遗传算法的残差平方和总体上均小于非线性最小二乘法的残差平方和,虽然有极个别数据不符合规律。对比平均值可以发现,遗传算法的可决系数平均值无一例外大于非线性最小二乘法的可决系数平均值,遗传算法的残差平方和平均值无一例外小于非线性最小二乘法的残差平方和平均值,且1stOpt15PRO 软件平台避免了迭代法中对初始值设定的难题,通过其独特的全局

搜索能力，从任意随机值出发找到最优解，所得结果稳定性更高。因此，采用遗传算法、1stOpt15PRO 软件平台对"湖泊效应"模型进行参数估计，结果如表 3-6 所示。

表 3-6 "湖泊效应"模型参数估计值

年份		2001	2002	2003	2004	2005	2006	2007	2008	2009	2010	2011	2012
丹东市	m	303	325	337	376	417	452	500	541	578	585	654	688
	p	4.78	4.87	4.65	4.74	4.82	4.79	4.81	4.71	4.40	4.35	4.40	4.31
	q	−4.75	−4.84	−4.62	−4.70	−4.79	−4.76	−4.78	−4.68	−4.38	−4.34	−4.38	−4.30
大连市	m	1804	1882	2087	2204	2446	2812	3126	3506	4372	5358	5875	6254
	p	5.01	5.02	4.95	4.99	4.95	5.03	5.04	4.95	4.90	4.93	4.95	4.99
	q	−4.88	−4.89	−4.81	−4.86	−4.82	−4.89	−4.91	−4.81	−4.76	−4.79	−4.81	−4.85
营口市	m	584	620	762	887	1009	1160	1307	1519	1633	1946	2130	2236
	p	4.23	4.17	4.24	4.18	4.11	4.17	4.11	4.12	4.00	4.01	3.99	4.04
	q	−4.16	−4.11	−4.17	−4.11	−4.04	−4.10	−4.04	−4.05	−3.92	−3.94	−3.92	−3.97
盘锦市	m	308	332	368	402	453	467	686	692	703	777	877	972
	p	5.24	5.27	5.26	5.26	5.31	5.27	5.24	5.28	5.37	5.27	5.35	5.20
	q	−5.20	−5.24	−5.22	−5.23	−5.27	−5.24	−5.21	−5.25	−5.34	−5.24	−5.32	−5.17
锦州市	m	130	145	161	188	190	219	243	274	278	318	352	375
	p	5.38	5.49	5.43	5.56	5.31	5.34	5.42	5.49	5.40	5.44	5.47	5.54
	q	−5.33	−5.44	−5.38	−5.51	−5.26	−5.29	−5.36	−5.43	−5.34	−5.38	−5.42	−5.48
葫芦岛市	m	105	121	130	136	144	150	163	176	180	210	256	272
	p	5.53	5.82	5.83	5.63	6.03	5.99	6.04	5.92	5.99	5.76	5.96	6.06
	q	−5.47	−5.76	−5.77	−5.57	−5.97	−5.93	−5.98	−5.86	−5.93	−5.70	−5.89	−5.99

注：$R^2 \geqslant 0.997$

六、根据不同参数估计方法计算结果

1. 基于"湖泊效应"模型的海岸带陆地范围测定方法

海岸带作为海洋的边缘，临近大陆的前沿，对周边区域具有强烈的辐射力。海岸带通过各种物理过程接收和存储能量，并以各种"流质"为载体向外散发能量，使之与其接临的区域发生强烈的相互作用，而这种作用将会随着与海岸线距离的增加而逐渐减弱、模糊。从数值的角度，将强烈相互作用的临界值所对应的范围定义为海岸带陆地范围（Garmendia et al., 2010；王丽等，2011；范斐等，2013）。

由"湖泊效应"模型的基本特征可知,海洋与接临区域发生强烈相互作用的边界点就是"湖泊效应"实际影响力曲线上距离原点最近的点,因此,选取该点的横坐标作为海岸带陆地范围的边界。计算公式为

$$\min \sqrt{r^2 + Y(r)^2} = \min \sqrt{r^2 + m^2 \frac{(p+q)^2}{p^2} \frac{e^{-2(p+q)r}}{\left(1 + \frac{q}{p} e^{-(p+q)r}\right)^2}} \quad (3\text{-}46)$$

2. 遗传算法下辽宁省海岸带陆地范围

海岸带陆地范围的测定方法较复杂,计算量较大,因此选择应用1stOpt15PRO 软件平台进行计算,结果如表 3-7 所示。

表 3-7 2001~2012 年辽宁省六市海岸带陆地范围　　(单位:公里)

年份	丹东市	大连市	营口市	盘锦市	锦州市	葫芦岛市
2001	7.587	13.725	10.429	7.251	4.644	4.099
2002	7.784	13.923	10.955	7.576	4.856	4.294
2003	8.101	14.174	11.733	7.895	5.141	4.445
2004	8.378	14.744	12.620	8.332	5.489	4.621
2005	8.843	15.321	13.443	8.692	5.638	4.602
2006	9.226	15.566	14.184	8.958	6.030	4.710
2007	9.672	16.526	15.009	10.829	6.248	4.888
2008	10.151	16.782	15.966	10.836	6.581	5.124
2009	10.982	18.008	16.220	10.832	6.678	5.152
2010	11.267	19.084	17.861	11.469	7.098	5.657
2011	11.670	19.572	18.555	12.071	7.508	6.079
2012	12.273	19.876	18.824	12.850	7.614	6.209

第四节　辽宁省海岸带陆地范围时空分异分析

一、时间分异特征

从表 3-6 可以看出,海洋的辐射带动力随时间不断增长。这说明,随着国民

经济发展水平的提高,尤其是海洋开发战略的推进,海洋的辐射带动力持续增长。此外,辐射系数与带动系数波动微弱且变动方向一致,变动幅度基本一致。这说明,辐射力的增减伴随着带动力的增减,辐射力的大小对带动力的大小起决定性作用。在此需要说明的是,辐射力与带动力是矢量,带动系数的负号代表的不是负值,而是方向。以临海区域为参照物,定义海洋对临海区域的辐射力是正向的力,那么临海区域带动内陆发展是对自己力量的削弱,所以,带动力为反方向的力,即带动系数为负值。另外还需要说明的是,海洋的辐射带动力是辐射力与带动力标量值的叠加,这是因为此时的参照物是海洋而非临海区域。

　　从表 3-7 可以看出,辽宁省海岸带正全面、稳步地向内陆扩张。这表明,海岸带陆地范围是一个动态演变的过程。分析其原因,主要有以下四点:①要素的空间集聚。海岸带凭借其独特的区位优势,吸引了以劳动力和资本为代表的要素在海岸带这一狭小区域高度集聚,其广阔的市场形成了磁场效应,继续吸引具备较高水平的人力资本的劳动者迁入,这种正反馈机制的要素累积必然推进海岸带向内陆扩张。②要素的梯度转移。要素集聚会形成规模经济,但当要素达到某个合理值之后,便会出现规模不经济,为了突破要素过量所带来的瓶颈,就会迫使部分要素向内陆转移,以拓宽新的发展空间,进而推进海岸带向内陆延伸。③要素的流动。从经济全球化的特征来看,高级、易流动的要素会向低级、不易流动的要素集聚,其根本优势是提高区域间及区域内的资源配置效率。海岸带的人口不断增长、海岸带产业持续扩张、经济发展水平快速增长,这说明海岸带集聚了众多高级要素,也就意味着这些高级要素会向内陆的低级要素集聚,以使资源配置效率最大化,因而海岸带不断向内陆扩张。④政策支持。辽宁省海岸带在 2010 年出现了一个较快的增长,这是因为 2009 年国务院审批通过了《辽宁沿海经济带发展规划》,政府的引导会对内部投资者和外部投资者产生极大的激励效应,在引发要素集聚的同时,加速了技术进步和技术创新,增加了海岸带对内陆的带动力,因而海岸带不断向内陆辐射和扩张。此外,要指出的是,葫芦岛市 2005 年海岸带陆地范围较 2004 年缩小了 0.019 公里。从原始数据可以看出,出现这种现象的原因是葫芦岛市 2005 年的生产总值较 2004 年减少了 13.8796 亿元。这表明,海岸带陆地范围受经济的影响较大,而经济往往因区域发展导向及政策等因素的变动而被瞬间扰动,所以表现出海岸带陆地范围的波动性,但我们认为这种偏离是暂时的,会随着时间推移回到原有的轨迹。

　　结合表 3-6 和表 3-7 可以看出,海岸带陆地范围随着渤海辐射带动力的增强而逐步增长，辐射系数与带动系数的波动并未影响到海岸带陆地范围向内陆扩张。这是因为辐射系数与带动系数的波动极其微弱，且同增同减，幅度基本一致，所以对实际影响力尚不构成明显影响，而在辐射带动力增长的背景下，即使辐射系数与带动系数降低也不足以阻挡实际影响力增长的趋势，所以海岸带陆地范围必然是稳步扩张的。

二、空间分异特征

从表3-6可以看出，海洋辐射带动力的空间差异显著，呈现高低不同的排列态势，大连市领跑其他沿海城市，营口市也处在一个较高的水平，葫芦岛市位居最后。由此可以看出，经济越发达的地区，海洋辐射带动力越强，反之，海洋辐射带动力越弱。这表明经济发展程度直接影响区域的拉动作用，进而影响到海洋的辐射带动力。

从表3-7可以看出，辽宁省海岸带陆地范围的空间差异显著。分析其原因，主要有以下两点：①要素禀赋差异。要素禀赋空间分布的非均衡性及知识、技术水平的差异性是辽宁省海岸带陆地范围空间差异显著的最关键因素。这是因为要素禀赋好、知识技术水平高的区域，会对其他区域的生产力要素产生更强大的吸引力，形成更大规模的产业集聚，这就意味着该区域存在大量的人口和高水平的经济，所以海岸带陆地范围也较广。而要素禀赋差、知识技术水平低的区域对其他地区的生产力要素产生的吸引力相对较小，所以海岸带陆地范围也相对狭窄。②制度因素。制度因素是辽宁省海岸带陆地范围空间差异显著的重要因素。这是因为宏观经济政策对投资经济具有导向作用，且地方保护主义及区际贸易壁垒等都促使区域间分工不合理，而区域间的分工差异体现出要素的空间差异，进一步体现出海岸带陆地范围的差异。

另外，大连市和营口市的海岸带陆地范围明显高于其他地区，且其周边地区也有较广的海岸带陆地范围，因此可以认为大连市和营口市是辽宁省海岸带的增长极。分析其原因，我们认为大连市和营口市具有区位、资源、市场、技术等比较优势，所以地区经济得到迅速增长，海岸带陆地范围得到快速扩张。而城市发展虽然以纵深发展为主，但海洋的辐射力和区域的拉动力都具有各向异性，且区域间的要素流动、周边地区的密切合作都会造成涓滴效应，从而使增长极带动周边地区发展。

结合表 3-6 和表 3-7 可以看出，经济越发达的地区，渤海对其辐射带动力越强，相应城市的海岸带陆地范围就越广。这就是说，城市的海岸带陆地范围与经济增长呈正相关。

三、海岸带扩张速率

海岸带的变化范围除以相应的监测时段，即得海岸带的扩张速率，公式为

$$V = \frac{\Delta D_i}{T} \qquad (3\text{-}47)$$

式中，V 为海岸带的扩张速率（公里/年）；ΔD_i 为监测时段内海岸带的变化范围（公里）；T 为时间段（年）。

表 3-8 为辽宁省不同城市的海岸带扩张速率。

表 3-8　辽宁省不同城市的海岸带扩张速率　　（单位：公里/年）

城市名	丹东市	大连市	营口市	盘锦市	锦州市	葫芦岛市
扩张速率	0.39	0.51	0.70	0.47	0.25	0.18

由表 3-8 可以看出，辽宁省海岸带扩张速率最快的是营口市，其次是大连市，最慢的是葫芦岛市。显然，城市的海岸带陆地范围越广，相应的海岸带扩张速率就越快。但也存在不吻合之处，如营口市。营口市较快的扩张速率主要受沈阳经济区的影响，这是因为营口港是距离沈阳经济区最近的港口，这就意味着沈阳经济区选择营口港进出口贸易能够在产品的传输过程中获取距离差效益，进而获得时间差效益，降低交易成本。随着沈阳经济区的快速发展，营口沿海经济也迅猛发展，因此，营口海岸带向陆地扩张速率较快。

第五节　辽宁省海岸带陆地范围预测

一、辽宁省海岸带陆地范围的预测结果

以辽宁省 2002～2013 年的海岸带测定结果为基础数据，运用三种模型分别

对辽宁省海岸带 2013～2020 年的时空变化进行预测。

1. GM（1，1）模型的预测结果

GM（1，1）模型的预测结果如表 3-9 所示。

表 3-9　GM（1，1）模型海岸带陆地范围预测值　　　（单位：公里）

年份	丹东市	大连市	营口市	盘锦市	锦州市	葫芦岛市
2013	12.884	20.798	20.052	13.814	8.342	6.342
2014	13.499	21.614	21.473	14.615	8.775	6.591
2015	14.143	22.461	23.027	15.459	9.233	6.850
2016	14.818	23.343	24.731	16.349	9.720	7.118
2017	15.524	24.258	26.602	17.288	10.238	7.397
2018	16.264	25.210	28.665	18.279	10.789	7.688
2019	17.038	26.199	30.943	19.323	11.377	7.989
2020	17.849	27.226	33.470	20.424	12.006	8.303

2. Logistic 模型预测结果

Logistic 模型的预测结果如表 3-10 所示。

表 3-10　Logistic 模型海岸带陆地范围预测值　　　（单位：公里）

年份	丹东市	大连市	营口市	盘锦市	锦州市	葫芦岛市
2013	12.704	20.619	19.604	13.310	8.003	6.310
2014	13.245	21.355	20.267	13.893	8.284	6.545
2015	13.800	22.109	20.894	14.478	8.560	6.788
2016	14.371	22.881	21.486	15.064	8.831	7.038
2017	14.955	23.671	22.041	15.649	9.096	7.296
2018	15.553	24.478	22.560	16.231	9.354	7.561
2019	16.164	25.302	23.042	16.808	9.605	7.835
2020	16.789	26.144	23.489	17.378	9.847	8.117

3. Gompertz 模型预测结果

Gompertz 模型的预测结果如表 3-11 所示。

表 3-11 Gompertz 模型海岸带陆地范围预测值 （单位：公里）

年份	丹东市	大连市	营口市	盘锦市	锦州市	葫芦岛市
2013	12.696	20.432	19.453	13.310	7.942	6.529
2014	13.208	21.116	20.229	13.887	8.220	6.765
2015	13.730	21.810	20.996	14.469	8.497	7.006
2016	14.260	22.513	21.753	15.056	8.772	7.251
2017	14.798	23.225	22.498	15.647	9.045	7.501
2018	15.345	23.945	23.230	16.241	9.315	7.755
2019	15.898	24.674	23.948	16.837	9.582	8.014
2020	16.459	25.411	24.652	17.434	9.846	8.277

二、几种模型预测结果的比较分析

分别采用 GM（1，1）模型、Logistic 模型、Gompertz 模型对辽宁省海岸带向陆范围进行了预测。通过对 2001～2012 年共计 12 个数据点的拟合，得到三种模型的拟合值及 2013～2020 年的预测值。从预测结果来看，三种方法的预测结果均符合海岸带不断扩张的趋势，但在 GM（1，1）模型预测结果中我们发现营口市的海岸带陆地范围在 2015 年超过大连市，这明显是不符合客观事实的。大连市位于中国辽东半岛最南端，东濒黄海，西临渤海，处于环渤海地区的圈首，是京津的门户，北依中国东北的吉林省、黑龙江省和内蒙古自治区广大腹地，南与中国山东半岛隔海相望，与日本、韩国、朝鲜和俄罗斯远东地区经济联系紧密。大连市是辽宁省第二大城市，是中国东北主要的对外门户，也是东北亚重要的国际航运中心、国际物流中心、区域性金融中心。由此可以看出，大连市无论是在区位上还是在国际经济地位上，都远远超过营口市，所以营口市的海岸带短时间内不可能超过大连市，也就是说，GM（1，1）模型预测结果并不理想。

从表 3-10 和表 3-11 我们可以看出，Logistic 模型与 Gompertz 模型预测的结果比较接近，主要区别在于大连市和营口市的海岸带陆地范围。首先，从可决系数及残差平方和两个评价指标来看，应用 Logistic 模型进行预测的可决系数 R^2 均在 0.94 以上，残差平方和均在 1.33 以下；应用 Gompertz 模型进行预测的可决系数 R^2 均在 0.94 以上，但残差平方和均控制在 1.31 以下，这说明相比 Logistic 模型，Gompertz 模型更适用于海岸带陆地范围的预测。其次，从实际情况来看，

表 3-8 中营口市的海岸带扩张速率为 0.70 公里/年，而大连市的海岸带扩张速率为 0.51 公里/年，这说明营口市较大连市有一个更快的扩张速率。我们实际测算的 2012 年的海岸带陆地范围中大连市的海岸带陆地范围为 19.876 公里，营口市为 18.824 公里。由此可知，大连市的海岸带陆地范围仅超过营口市 1.052 公里，应用 Logistic 模型预测的 2020 年的海岸带陆地范围中，大连市的海岸带陆地范围却超过营口市 2.655 公里，显然在营口市具有更快扩张速率的情况下，这是不合理的；应用 Gompertz 模型预测的 2020 年的海岸带陆地范围中，大连市海岸带陆地范围较营口市超出 0.759 公里，与 2012 年相比缩减了 0.293 公里，这显然更加合乎实际。

综上所述，选择 Gompertz 模型预测的结果，即表 3-11。

三、辽宁省海岸带陆地范围预测时空分异分析

1. 时间分异特征

时间上，从表 3-11 可以看出，辽宁省海岸带陆地范围整体仍然呈现上升的趋势。一方面，海岸带有利的区位优势和资源优势，吸引人们自发地向海岸带集聚。人口集聚伴随的是产业集聚，进而形成产业规模经济，而这一过程产生的集聚经济效应又会对其他区域的劳动力和资本等要素产生强大的吸引力，生产要素进一步向海岸带集聚。因此，海岸带如同巨大的磁体，吸引了越来越多的生产要素在此集聚，如此循环下去，海岸带陆地范围必然是不断发展和扩张的。另一方面，海岸带经济发展水平较高，经济规模相对较大，因此海岸带对其周边地区产品的需求能力较大，这就意味着海岸带的经济发展对内陆具有强劲的带动作用。也就是说，只要正外部溢出效应持续存在，海岸带就会不断地向内陆扩张。

2. 空间分异特征

空间上，从图 3-3 可以看出，辽宁省海岸带陆地范围的区域总差异呈平缓下降趋势。出现这种空间差异变化的原因在于：初期海洋对区位优势明显、经济基础较好的区域，辐射带动力更强，而对区位优势薄弱、经济基础较差的区域，辐射带动力较弱，因此，表现出空间差异显著。但随着时间的推移，海岸带生态系统已有较高利用程度的区域，海岸带陆地范围的增长率会有所降低，而经济欠发达、区位优势不明显、潜在使用价值很高的地区，海岸带陆地范围会表现出较快

的增长，此消彼长下，空间差异必然缩小。此外，要素的自由流动缩小了要素禀赋的空间差异，也就缩小了海岸带陆地范围的空间差异，加之政府的引导，这种空间差异必然得到控制并缩小。

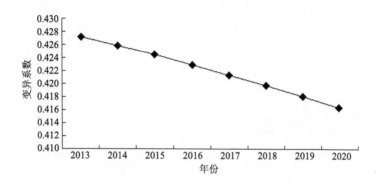

图3-3　辽宁省海岸带陆地范围的区域总差异变化

第六节　结论与讨论

1）本章基于Bass模型构建了"湖泊效应"模型，并分析了"湖泊效应"模型的特征，提出了等辐射力曲线的概念，计算了2001~2012年辽宁省六个沿海城市的海岸带陆地范围。从数据本身并结合所得结果来看，比较真实地反映了渤海的辐射能力。这为中国海岸带陆地范围的科学界定提供了一个简单易行的方法。

2）"湖泊效应"模型的计算结果显示：①研究期内，渤海的辐射带动力持续增长，辐射范围逐渐扩大，海岸带陆地范围稳步向内陆扩张；②辐射系数与带动系数波动微弱且变动方向一致，变动幅度基本一致；③区域经济越发达，渤海对其辐射带动力就越强，海岸带陆地范围就越广；④大连市和营口市是辽宁省海岸带的增长极，对周边地区产生涓滴效应；⑤辽宁省2013~2020年的海岸带陆地范围将继续向内陆扩张，而空间差异将逐步缩小。

3）"湖泊效应"的扩散是在理想空间下进行的，忽略了力在空间上延伸的各向异性。同时，受解译精度的限制，且所采用的数据主要为县级以上数据，结果的精确度难免会受到影响。随着力的合理分解，解译技术的逐步提高，资料的充分完善，将对海岸带陆地范围精确界定提供有力的保障。

第四章

辽宁省海岸带时空变化及驱动因素分析

第一节　国内外研究现状

一、国外研究现状

目前,国外的专家学者对海岸线的研究,主要集中在如何快速地从遥感影像中提取海岸线,以及如何利用多时相遥感影像并结合历史地图进行有关海岸线变化的监测方面,而在海岸线变化驱动机制的定量分析方面的研究较少(范晓婷,2008;许旭,2007;刘焕鑫等,2007;韩震等,2006)。近20年来,各地针对海岸带及海岸线的变迁开展了一系列研究,如WOCE(世界大洋环流实验计划)、TOGA(热带海洋和全球大气实验计划)及LOICZ(海岸带海陆相互作用研究计划)等(褚忠信,2003)。

美国地质调查局的国家海岸线变化评价项目,首先从NOAA(美国国家海洋和大气管理局)的"T类地形图"和航空照片中提取海岸线并对其进行数字化,现在则利用GPS和激光雷达技术快速获取所需数据,然后根据海岸带位置、数据来源及科学性进行选择,运用不同的岸线位置指标(替代性参数)标示海岸带的变化。

Donoghue等(1994)利用遥感图像数字处理技术对英国东部海岸进行了海岸带遥感制图和土地利用变化监测。

Lin(1996)研究了Pei-Kang至Tseng-Wen河地区1955~1995年海岸线利用类型及周边岸滩的演变,通过分析地形图、航空图、遥感影像,揭示了人类作用对这一变化的重要影响,并提出了相关建议。

White和El Asmara(1999)利用TM影像对尼罗河三角洲海岸线快速变化的地区进行了监测,并对其变化最快区域进行了更为严密的监测,为尼罗河三角洲流域的海岸带管理提供了有力的技术支持。

Marghany(2001)为探测马来群岛Terengganu海岸的岸线变化和侵蚀速率,利用地形合成孔径雷达数据建立了一个波光谱模型,确定了侵蚀最快的地区并获得了准确的侵蚀速率。

D'Iorio(2003)利用RS和GIS技术,评估了红树林损坏对沉积质变化和岸线迁移的影响,提出现代航空和航天遥感可为描绘基线状况和监测岛屿环境的变化提供技术支持。

Edward（2004）利用多期航空摄影影像及历史地形图，分析了牙买加韦尔附近海岸 1804～1999 年的海岸线演变，结果显示，海岸线整体海向推进，但淤进速度逐渐减缓。这一现象产生的原理是洪水破坏、沿岸泥沙物质沉积和近期人类活动的影响。

Adrian 等（2007）利用地形图和遥感影像，监测了罗马尼亚苏利纳湾地区 150 年来海岸线及离岸沙坝的演变，分析了人类活动对沿岸泥沙流的影响，最终得出苏利纳湾终将演变为潟湖的结论。

Sesli 等（2009）利用航空和遥感影像数据对土耳其东部地区的海岸线变化进行了监测，利用鸟瞰图（1973 年和 2002 年）和卫星影像（2005 年）对沿海土地利用情况的时间演变进行了研究。

二、国内研究现状

20 世纪 80 年代以来，我国对全国范围内的海岸线展开了多次定期调查（Yang et al.，2004）。在海岸线监测应用中，一般利用 RS 技术对影像进行综合分析以提取海岸线矢量图，并将不同日期的矢量图叠加，从而进行对比分析。

黄海军等（1994）对比了黄河三角洲海岸线的变化速率与陆地卫星资料的空间分辨率，论证了用卫片研究该区海岸线变化的可行性，通过潮位校正、坡度改正等方法提供了一套使用卫片研究验潮站位较少的淤泥质海滩海岸线变化的方法，并讨论了提高该方法精度的途径，在此基础上，对比了三组陆地卫星影像，分析了黄河最后一次改道以来海岸线变化的特点及其影响因素。蔡则健和吴曙亮（2002）利用三期卫星遥感影像资料对江苏省近 20 年来海岸线的演变特点和趋势进行了定量和定性分析，同时对历史海岸线做了概略分析，并对海岸线的稳定性进行了划分。常军等（2004）以不同时期的遥感影像为主要数据源，对影像进行监督分类处理后自动提取海岸线并进行 GIS 分析，得出了现行黄河河口地区海岸线演变的时空动态特征；通过探讨黄河口海岸线演变与黄河来水来沙条件之间的关系，初步预测了黄河口未来水沙条件及演变趋势。黄鹄等（2006）利用不同时段的遥感影像、数字化地形图和历史航空相片，在 GIS 平台上对广西海岸线时空变化特征进行了分析。马小峰等（2007）以辽宁省大连、营口地区的海岸为研究对象，利用数字图像处理技术和 IDL 语言自动提取卫星影像中的海岸线，并提出根据不同类型海岸的地貌特点对卫星影像中海岸线进行解译的方法；证明了使用潮位高度与卫星影像结合计算坡度的方法，并应用于海岸线位置的校正。宫立新等（2008）利用多时相卫星遥感影像复合的方法，对烟台市四个时相的 TM 影像进行处理，并比较四个时相的海岸线长度和海湾面积的变化；认为近 20 年来人为因素是导致烟台市海岸线长度波动和海湾面积变化的主要原因，并初步探讨了这些变化对海岸环境和海岸生态系统的影响。李猷等（2009）在深圳市 1978～2005 年海岸线的动态演变分析中，利用阈值结合 NDVI（归一化植被指数）法，通过 Landsat 卫星遥感影像提取了各期海岸线，并对海岸线时空动态演变特征及其驱动因素进行了系统分析。

第二节　数据来源与研究方法

海岸线的动态变化利用传统手段进行监测，不但费时费力、效率低、工作周期长、人力成本高，而且获得的数据不易加工处理和统计应用。遥感作为一种以物理手段、数学方法和地学分析为基础的综合性应用技术，具有强大的数据获取能力，在海岸线调查中具有显而易见的优势（杜丽萍等，2009）。遥感因其多时相性可以真实记录同一地区在不同时间由于自然环境变迁及人类活动而产生的变化，其多光谱、高分辨率的特点为人们提供了肉眼无法感受到的地物电磁信息及在地表无法观测到的宏观信息。遥感影像数据的来源、种类繁多，在实际工作中，须根据需要选取合适的遥感数据源，并对它们进行分析和一系列的处理。本研究所涉及的数据处理平台主要包括 ERDAS IMAGINE、MapInfo、ArcView、SPSS 等。

一、遥感影像数据

本书以遥感影像为主要数据源，综合考虑各种数据源的优缺点，以及滨海湿地的特点、地表景观的季相差异等因素，分别选取 11 个时段（1978 年、1988 年、1993 年、1995 年、2000 年、2002 年、2004 年、2006 年、2007 年、2008

年和 2014 年）的 MSS、TM、ETM+、CCD 和 OLI 的遥感影像，每年分别选取 6～10 帧影像拼接成整个辽宁省范围的影像。卫星遥感数据信息如表 4-1 所示。

表 4-1　卫星遥感数据信息

成像时间	数量（幅）	卫星	传感器	波段数	空间分辨率（米）	覆盖范围
1978-08-06	6	Landsat-3	MSS	4	80	全省范围
1988-09-12	6	Landsat-5	TM	7	30	全省范围
1993-09-30	6	Landsat-7	ETM+	5	60	全省范围
1995-05-25	8	Landsat-7	ETM+	5	60	全省范围
2000-09-07	6	Landsat-7	ETM+	8	30	全省范围
2002-06-03	7	CBERS-01	CCD	5	20	全省范围
2004-07-12	8	CBERS-02	CCD	5	20	全省范围
2006-10-03	8	CBERS-02	CCD	5	20	全省范围
2007-06-19	10	CBERS-02	CCD	5	20	全省范围
2008-10-26	10	CBERS-02	CCD	5	20	全省范围
2014-10-03	8	Landsat-8	OLI	9	30	全省范围

Landsat MSS 多光谱传感器共四个波段，可见光光谱范围内两个波段，近红外光谱内两个波段。在 Landsat-1、Landsat-2、Landsat-3 这三颗卫星上，这些波段被指定为波段 4、5、6、7，而在 Landsat-4、Landsat-5 这两颗卫星上，这些波段被指定为波段 1、2、3、4（樊建勇，2005）。Landsat MSS 光谱信息如表 4-2 所示。

表 4-2　Landsat MSS 光谱信息

Landsat-1/2/3	Landsat-4/5	波长（微米）	空间分辨率（米）
MSS-4	MSS-1	0.5～0.6	78
MSS-5	MSS-2	0.6～0.7	78
MSS-6	MSS-3	0.7～0.8	78
MSS-7	MSS-4	0.8～1.1	78

Landsat（陆地卫星）是美国国家航空航天局（NASA）专门为陆地资源调查而发射的。卫星采用近极地圆形太阳同步轨道，轨道高度为 705 公里，倾角为 98.2°，运行周期为 98.9 分钟。轨道的设计保证了对北半球中纬度地区获得中等太阳高度角（25°～30°）的上午成像，为利于进行影像对比，卫星以同一地方时、

同一方向经过同一地点，保证了遥感观测条件的一致性。目前仍在使用的是Landsat-5 和 Landsat-7，它们均考虑了在各自条件下最大限度地区分和监测不同类型的陆地资源。Landsat-5 上携带着专题成像仪（TM），Landsat-7 上则携带着增强专题成像仪（ETM+）。TM、ETM+都是多光谱传感器（樊建勇，2005）。TM、ETM+影像波段特征如表 4-3 所示。

表 4-3　TM、ETM+影像波段特征

波段	波长（微米）	波段名称	空间分辨率（米）	波段特征
B1	0.45～0.52	蓝光波段	30	对水体有较强的透视能力，对叶绿素及叶色素浓度反应敏感，对区分干燥的土壤和茂密的植物也有较好的效果
B2	0.52～0.60	绿光波段	30	对水体有较强的透视能力，对健康茂盛植物反应敏感，能区分植被类型
B3	0.63～0.69	红光波段	30	为叶绿素的主要吸收波段，可测量植物叶绿素吸收率
B4	0.76～0.90	近红外波段	30	对绿色植物类别差异最敏感，可以更集中地反映植物近红外波段的强反射，测定生物量和作物长势；区分植被类型，绘制水体边界
B5	1.55～1.75	短波红外波段	30	处于水的吸收范围内，对含水量反应敏感，可用于区分不同作物类型
B6	10.40～12.50	热红外波段	60	对地物热信息敏感，可用于区分农、林覆盖类型
B7	2.08～2.35	短波红外波段	30	对植被水分辐射敏感，可用于区分主要岩石类型、岩石的水热蚀变、探测与交代岩石有关的黏土矿物等
B8	0.52～0.90	全色波段	30	该波段为 Landsat-7 新增波段，它覆盖的光谱范围较广，空间分辨率较其他波段高，因而多用于获取地面的几何特征

CBERS（中巴地球资源卫星）是我国和巴西联合研制的，1999 年 10 月 14 日发射 01 星，目前运行的是 2003 年 10 月 21 日发射的 02 星，与 01 星相比它可以提供更加可靠及时的遥感影像数据，现已接收并存档的 CCD 相机、红外多光谱扫描仪（IRMSS）和宽视场成像仪（WFI）的影像数据共计 4 万多景（吴美蓉，2000）。CBERS 的波段范围与 Landsat TM 的光谱波段相似；CBERS 的遥感影像分辨率高、中、低齐备，与 SPOT 卫星的多光谱和红外波段的分辨率相似，最高可达 20m；虽然 CBERS 全色波段的分辨率不如印度 IRS-1C 高，但其波段范围和信息量更广、更大（宋月君等，2006）。CBERS-01/02 各相机技术参数如表 4-4 所示。

表 4-4　CBERS-01/02 各相机技术参数

传感器	波段	波长（微米）	波段名称	空间分辨率（米）
CCD 相机	B1	0.45～0.52	蓝光波段	20
	B2	0.52～0.59	绿光波段	20
	B3	0.63～0.69	红光波段	20
	B4	0.77～0.89	近红外波段	20
	B5	0.51～0.73	全色波段	20
红外多光谱扫描仪（IRMSS）	B6	0.50～0.90	红光波段	78
	B7	1.55～1.75	短波红外波段	78
	B8	2.08～2.35	短波红外波段	78
	B9	10.40～12.50	热红外波段	156
宽视场成像仪（WFI）	B10	0.63～0.69	红光波段	258
	B11	0.77～0.89	近红外波段	258

资料来源：孙华生等，2008

2013 年 2 月 11 日，NASA 成功发射了 Landsat-8 卫星，其上携带两个主要载荷：OLI（陆地成像仪）和 TIRS（热红外传感器）。其中，OLI 用于获取可见光、近红外、短波红外光谱范围的遥感影像。OLI 沿用了美国地球观测-1（EO-1）卫星上搭载的先进陆地成像仪（ALI）的技术和经验，采用了推扫式结构设计。这使 OLI 比摆扫式结构设计的 Landsat-5/7 上的成像仪具有更好的几何稳定性，获取的影像质量也更好，几何精度和数据的信噪比也更高。Landsat-8 OLI 波段信息如表 4-5 所示。

表 4-5　Landsat-8 OLI 波段信息

波段	波长（微米）	波段名称	空间分辨率（米）
B1	0.43～0.45	海岸波段	30
B2	0.45～0.51	蓝光波段	30
B3	0.52～0.60	绿光波段	30
B4	0.63～0.68	红光波段	30
B5	0.84～0.88	近红外波段	30
B6	1.56～1.66	短波红外 1 波段	30
B7	2.10～2.30	短波红外 2 波段	30
B8	0.50～0.68	全色波段	15
B9	1.36～1.39	卷云波段	30

二、遥感影像预处理

ERDAS IMAGINE 影像数据预处理是由生成单值影像（create new image）、创建三维地形表面（create surface）、影像分幅裁剪（image subset image）、影像几何校正（image geometric correction）、影像拼接处理（image mosaic images）、影像非监督分类（image unsupervised classification）及影像投影变换（image reproject images）等一系列影像数据处理工具构成的。数据预处理主要是根据工作区域的地理特征和专题信息提取的客观需要，对数据输入模块中获得的 IMG 影像文件进行范围调整、误差校正、坐标转换等处理，以便进一步开展影像解译、专题分类等分析研究（党安荣等，2003）。

数据预处理模块简称 Data Preparation 或 DataPrep，它是处理由于一个或多个质量降级因素而记录下来的影像，使处理后的影像能更好地接近原始景物。

1. 波段选择

同一类型地物在不同波段影像上，不仅影像灰度有较大差别，而且影像形状也有差异。不同地物的光谱特征不同，因此不同地物的特征可以通过不同的电磁波段反映。可见光波段主要通过颜色和亮度差异反映地物特征；近红外波段主要反映植被、碳酸盐、土壤湿度和氧化铁等矿物特征；热红外波段主要反映不同的硅酸盐矿物、岩溶和地物的热性质；中红外波段主要反映地质岩体类型、植被、土壤边界和土壤的含量（梅安新等，2001）。因此，获得理想判读结果的重要途径就是根据不同解译对象选择不同的光谱影像，从而确定不同波段的最佳组合方式。

根据 MSS 数据、TM 数据、ETM+数据和 CBERS 数据各波段的电磁波特征及主要设计用途（表 4-2 和表 4-3），采取不同的假彩色合成方式。为了获得最好的目视效果，应主要考虑以下几个因素：①选择的波段或组合波段所包含的信息量要大，且波段间的相关性要小；②选择的波段或组合波段有助于地物的区分；③组合波段构成的颜色应尽可能与肉眼看到的现实地物颜色相符，有助于人工目视解译。

本书针对 MSS 影像选择了 4（R）3（G）2（B）波段进行合成。TM 影像有七个波段，其中可见光波段 1、2、3 间相关性最大，其次为波段 5 和波段 7，而波段 4 拥有较大的独立性。为了使遥感影像能够提供更多类别和更高分类精度，本书综合陆地卫星各波段的特征、不同波段之间的组合对比及前人研究成果，选取了 TM 4（R）3（G）2（B）波段组合。这三个波段合成的假彩色影像接近于真彩色，陆地地物容易识别，水陆边界亦清晰可见。ETM+有八个波段，除全色波段（PAN）的分辨率为 15 米外，其他七个波段与 TM 的七个波段相同，7、5、3 波段对于水体、植被的识别效果较好，因此选择 ETM+ 7（R）5（G）3（B）的波段组合方式。由于 CBERS 影像的 1~4 波段与 TM 影像的 1~4 波段基本相同，故对于 CBERS 影像也选用 4（R）3（G）2（B）的波段组合方式。各类型遥感影像的波段组合如图 4-1 所示。

（a）MSS 4、3、2 波段影像

（b）TM 4、3、2 波段影像

（c）ETM+ 7、5、3 波段影像

（d）CBERS 4、3、2 波段影像

图 4-1　各类型遥感影像波段组合图（详见书末彩图）

2. 辐射校正

传感器在观测目标物辐射或反射的电磁能量时，由于其受到光电系统特征、大气、太阳高度和地形等因子的影响，加之传感器本身也会引起光谱亮度发生变化，因此所得测量值与地物本身往往会存在一定的偏差，为正确评价地物的反射特征及辐射特征，须尽量避免这些失真情况，因此需要对特定影像进行辐射校正处理（孙家柄，2003）。

传感器本身的误差由卫星地面站根据传感器的参数进行校正，而大气对MSS、TM、ETM+影像的影响，本研究采用直方图最小值去除法进行粗略的大气校正，这样不仅能够很好地消除大气辐射的影响，还能使影像亮度动态范围得到改善，增强对比度，提高影像质量。另外，本研究所用CBERS遥感数据已由卫星地面接收站进行了大气校正、太阳高度校正和传感器校正等辐射校正，因此只对其进行几何校正。

3. 几何校正

几何校正（geometric correction）就是在遥感影像成像过程中，将影像数据投影到平面上，使其符合地面投影系统的过程（宁书年等，1995；韩震等，2006）。

由于 5 种数据源中，2002 年的 CBERS 数据分辨率及影像质量较好，因此本书首先利用 ERDAS IMAGINE 软件，参照原始影像头文件给出的原始参数导入原始数据；其次利用"Interpreter/Utilities/Layer Stack"命令将导入的单波段影像数据合成为初始多光谱影像；最后对其进行几何校正，参照 1 : 50 000 辽宁省地形图，选用高斯-克吕格投影和 1980 西安坐标系，对扫描区域 1 : 50 000 地形图进行几何校正，主要工作流程如图 4-2 所示。

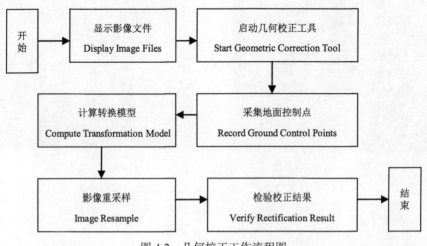

图 4-2　几何校正工作流程图

（1）显示影像文件　在 ERDAS IMAGINE 遥感软件中，双击图标面板中的"Viewer"图标，打开两个窗口，并将两个窗口平铺放置，打开需要校正和作为地理参考的校正过的影像。

（2）采集地面控制点

几何校正运用多项式（Polynomial）变换模型进行计算，该模型在影像校正中应用较多，在调用多项式变换模型时，需要确定多项式的次方数（Order），多项式转换次数 n 与最少控制点数 N 之间的关系为 $N=1/2$（$n+1$）（$n+2$）。本书采用二次多项式函数进行几何精校正，即 $n=2$，因此至少选取 6 个控制点。具体操作步骤如下。

1）利用 "Raster/Geometric Correction" 命令，打开 "Set Geometric Model" 对话框，如图 4-3 所示。

图 4-3 设置几何校正模型对话框

2）选择 "Polynomial" 为几何校正模型，进入 "Polynomial Model Properties" 对话框，定义 "Polynomial Order" 为 2，如图 4-4 所示。

图 4-4 多项式模型属性对话框

3）单击"Apply"后，打开"GCP Tool Reference Setup"对话框，如图 4-5 所示。

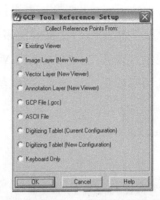

图 4-5 几何校正工具参考设置对话框

4）选择采点模式，即选择"Existing Viewer"单选按钮，单击"OK"关闭"GCP Tool Reference Setup"对话框。打开"Viewer Selection Instructions"指示器，如图 4-6 所示，在显示作为地理参考影像的视图窗口中单击，打开"Reference Map Information"对话框，如图 4-7 所示，显示参考影像的投影信息。

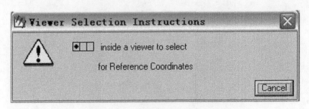

图 4-6 视图选择指示器

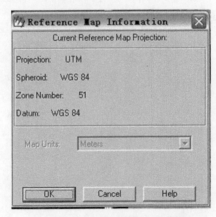

图 4-7 参考地图信息对话框

5）单击"OK"关闭对话框，开始采集地面控制点，如图 4-8 所示为鸭绿江口附近的控制点采集界面。

图 4-8　鸭绿江口控制点采集界面（详见书末彩图）

在影像上选定分布较为均匀的控制点对 30～35 个。在选择控制点时，控制点应具备以下特征：应当选取如公路、铁路等清晰的线状地物交叉点，或轮廓明显的永久性地物的拐角点；被选为控制点的地物应不随时间而变化，以保证两幅或多幅不同时间段的影像在几何校正时，可以同时识别出来；对于地物特征变化较大的地区，应多选取一些控制点，但并非控制点越多越好，尽量保证特征点满幅均匀。校正后影像的 RMS（均方根）误差应小于 0.5 个像元。对于 RMS 误差较大的控制点对应当舍弃。

（3）影像重采样

影像重采样过程是依据未校正影像像元值生成一幅校正影像的过程，原影像中所有的栅格数据都将进行重采样（党安荣等，2003），常用的采样方法有最近邻点插值法（nearest neighbor）、双线性插值法（bilinear interpolation）、立方卷积插值法（cubic convolution）。本书采用双线性插值法进行重采样，该方法几何精度好，计算较简单。在"Geo Correction Tools"对话框中单击"Image Resample"图标，打开"Resample"影像重采样对话框，定义重采样参数，如图 4-9 所示。

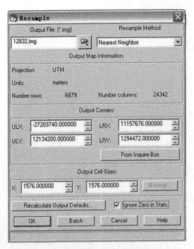

图 4-9　影像重采样参数对话框

（4）检验校正结果

检验校正结果主要是通过视窗地理链接及查询光标对视图中校正后影像和参考影像进行目视定性检验。其基本方法是同时在两个窗口中打开两幅影像，其中一幅是校正以后的影像，另一幅是当时的参考影像。通过窗口地理连接（geo link/unlink）功能及查询光标（inquire cursor）功能进行目视定性检验，观测其在两幅影像中的位置及匹配程度，并注意光标查询对话框中的数据变化，直至影像匹配程度满意。

其他影像分别用校正后的 2002 年 CBERS 数据进行图对图（image to image）校正，保证所使用的卫星影像数据处于同一坐标系统内，便于进行对比。

4. 影像增强

影像增强处理是为了突出相关的专题信息，提高影像的视觉效果，利用像元自身及其周围像元的灰度值进行运算，以达到增强整个影像的目的（党安荣等，2003）。有些地物在多光谱影像中受多方面因素（如云层、条带等）的影响而未能清晰地显示在影像上，为了能更准确地提取这些地物，需要对这些地物进行特定的信息提取。影像增强处理主要可以提供空间增强（spatial enhancement）、辐射增强（radiometric enhancement）、光谱增强（spectral enhancement）和傅里叶变换（Fourier analysis）等几种功能的模块。本书根据研究区域及影像的具体特点，首先选择校正后影像的最佳波段组合，再进行适当的对比度增强、直方图均衡化处理。

（1）对比度增强

对比度增强常采用线性拉伸（LUT stretch）方法，线性拉伸是按比例扩大待处理影像原始灰度级的范围，从而使原来较窄的直方图变为范围较宽的直方图，可以充分利用设备显示的动态范围，改善对比度，增强反差，提高影像质量，变换公式为

$$g(x, y) = f(x, y)C + R \qquad （4-1）$$

式中，C、R 由输出影像的灰度值动态范围决定，具体参数设置如图 4-10 所示。

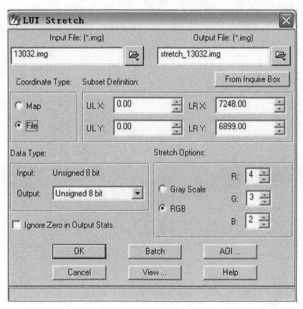

图 4-10　线性拉伸对话框

（2）直方图均衡化

直方图均衡化（histogram equalization）又称直方图平坦化，实质上是对影像进行非线性拉伸并重新分配影像的像元值，从而使一定灰度范围内像元的数量大致相等的过程。因此，原来直方图中间的峰顶部分对比度得到增强，而两侧的谷底部分对比度降低，输出影像的直方图是一个较平的分段直方图，如果输出数据分段值较小，则会产生粗略分类的视觉效果（党安荣等，2003）。

在 ERDAS IMAGINE 图标面板工具条中，利用 "Interpreter/Radiometric Enhancement/Histogram Equalization" 命令执行直方图均衡化处理，具体参数设置如图 4-11 所示。

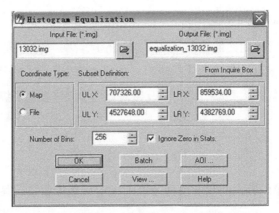

图 4-11　直方图均衡化对话框

对研究中使用的各影像都做了几何校正和合适的影像增强处理，经过影像增强处理后的 CBERS 遥感影像如图 4-12 所示。

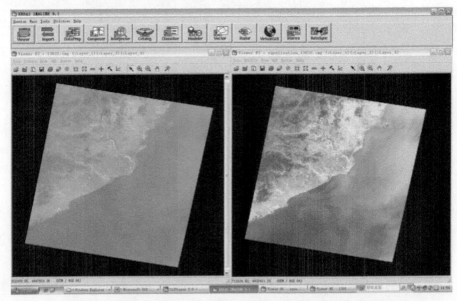

图 4-12　葫芦岛市附近影像增强处理前后对比图（详见书末彩图）

左侧图为影像增强处理前；右侧图为影像增强处理后

三、海岸线解译

海岸线解译的关键是建立正确的遥感解译标志，不同类型的海岸线有不同的遥感解译标志，不能将影像中的海陆分界线作为海岸线进行简单提取，而应针对不同类型的海岸线进行解译分析,确定其在影像中的准确位置。海岸线解译实质上就是遥感影像边缘的提取,遥感影像是特定地理空间的地理事物与一定波段的电磁波相互作用的结果,地物的光谱特性决定了其在影像空间的表现形式(赵英时等,2003)。目前,海岸线特征的自动提取主要是选定陆地与水体区分明显的波段,根据影像空间海岸线周围的色调、纹理等特征获得水陆的分界线(宁书年等,1995)。本书对海岸线解译即监督分类的基本步骤如下:定义分类模板(define signatures)、评价分类模板(evaluate signatures)、执行监督分类(perform supervised classification)。

1)定义分类模板。首先,打开分类模板编辑器,显示需要分类的影像如图4-13所示。

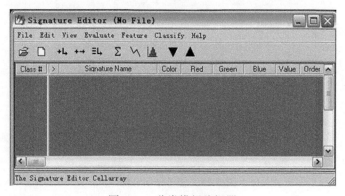

图4-13　分类模板编辑器

可以分别应用AOI[①]绘图工具、AOI扩展工具和查询光标等方法中的任意一种,在原始影像或特征空间影像中获取分类模板信息。本书应用 AOI 绘图工具在原始影像上获取分类模板信息,并保存分类模板。

2)评价分类模板。AOI 训练样区的分类可应用下列几种分类原则:平行六面体(panallele piped)、特征空间(feature space)、最大似然(maximum likelihood)法及马氏距离(Mahalanobis distance)法。本书应用可能性矩阵方法对分类模板进行评价。可能性矩阵方法是根据分类模板,分析 AOI 训练区的像元是否完全落在响应类别中。其输出结果是一个百分比矩阵,说明每个 AOI 训练区中有多少个像元分别属于相应类别。

---

① AOI,area of interest,兴趣区。

3）执行监督分类。监督分类的实质是在一定的分类决策规则条件下，依据所建立的分类模板，对影像像元进行聚类判断的过程。在监督分类过程中，用于分类决策的规则是多类型、多层次的，如对非参数分类模板有特征空间、平行六面体等方法，对参数分类模板有最大似然法、马氏距离法、最小距离法等方法（党安荣等，2003）。本书采用的是最大似然法，执行监督分类的对话框如图 4-14 所示。

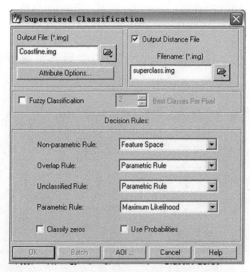

图 4-14 监督分类对话框

1. 淤泥质海岸岸线解译

淤泥质海岸潮间带宽且平缓，靠近陆地一侧的潮间带上耐盐植物生长状况明显变化的界限为海岸线，但是影像成像时海岸瞬时水边线并不能代表平均大潮高潮的水陆分界线位置，在对海岸线长度进行量算和对比时，其对结果的精度会产生一定的影响（韩震等，2006）。另外，淤泥质海岸坡降较小，潮波性质复杂地区微小的潮差，都会引起潮间带宽度的极大变化。因此，在进行海岸线解译时不能直接将影像上的水边线作为海岸线，而应根据淤泥质海岸开发利用的具体情况进行解译。

淤泥质海岸可分为以下两种类型，一类是大部分已经被开发建成了虾蟹池、盐田等养殖区的淤泥质海岸；另一类是未经开发保持自然状态的淤泥质海岸，如图 4-15 所示。

（a）已开发区域的淤泥质海岸1

（b）已开发区域的淤泥质海岸2

（c）未开发区域的淤泥质海岸1

（d）未开发区域的淤泥质海岸2

图4-15 淤泥质海岸遥感影像（详见书末彩图）

已开发区域的淤泥质海岸，如图 4-15（a）和图 4-15（b）所示，岸滩面积小，在大潮高潮时，海水能覆盖整个海岸，在卫星遥感影像上可以选择虾池、盐田等经济区域有明显解译标志的地物与淤泥质海岸的分界线作为海岸线，部分经济区域近海一侧修筑了防浪堤坝，堤坝与淤泥质海岸的分界线就是其海岸线。对于未开发区域的淤泥质海岸，如辽河三角洲附近的淤泥质海岸[图 4-15（c）]和鸭绿江口附近的淤泥质海岸[图 4-15（d）]，由于岸滩面积较大，岸滩坡度较缓，随着涨落潮的变化，水边线十分模糊，无法在卫星影像上确定其解译标志，则通常选择陆地植物生长分布边缘为海岸线分界。

2. 基岩海岸岸线解译

基岩海岸海蚀崖明显，高度较大，崖体上下地物区分明显，崖上为侵蚀、剥蚀台地，上有土壤层及耕地，生长有许多植被、作物，光谱反射率高，与海水相接的边界非常明显。崖下为碎石堆积物及磨蚀岸滩，常被潮水淹没，少有植被生长，光谱反射率低。在短波红外波段上，水体的反射率很低，灰度值很小，而岩石、植被、道路和建筑物等其他地物则具有较高的反射率，灰度值也很大，因此选取 TM5 波段进行水陆边界信息提取。基岩海岸遥感影像如图 4-16 所示。

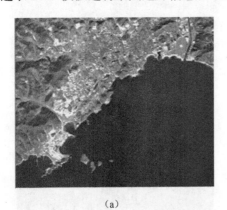

（a）　　　　　　　　　　　　（b）

图 4-16　基岩海岸遥感影像（详见书末彩图）

岫角之间的海湾顶部存在老沙堤，一般大潮很难到达，同时养殖池塘的挖掘与堆积，致使部分沙堤高度增加，形成的沙堤与两侧地物光谱差异明显。海边的潮滩和靠近陆地人工养殖所建池塘及池塘之间的湿地，光谱反射率低，沙堤顶部则是光谱反射峰值区，这一差异可作为对比不同时期基岩岸线变化的标志线。因此，可选取海岫角、直立陡崖与海水的相交处作为提取基岩海岸岸线的解译标志。

3. 沙质海岸岸线解译

沙质海岸是沙滩在海流、潮汐和波浪的作用下形成的沙粒堆积物，沙滩中含水量极小，降水易渗透，沙粒凝聚力小，因此在影像上亮度较高。海岸线可以界定为沙滩与陆地上非沙质地物的分界线。红光波段能够区分不同地物类型与陆地植被，适用于提取沙质海岸岸线，因此选用 TM3 波段对影像进行解译，取沙质海岸靠近陆地一侧的边缘作为海岸线（赵明才和章大初，1990）。一般情况下提取的沙质海岸岸线比真实的海岸线要低，需要参考相关地图对海岸线进行修正（王琳等，2005）。沙质海岸遥感影像如图 4-17 所示。

4. 人工海岸岸线解译

辽宁省人工海岸主要的类型有盐田、港口及滩涂养殖池塘堤坝、海堤（护岸）

和码头等。这些人工海岸大部分是由混凝土修筑而成的水工建筑，为阻挡海水之用。人工海岸建筑的几何形状一般比较规则，如码头与岸上的仓库，而船在水面上行驶时会出现逐渐扩展的水迹线，这些都是判别人工海岸的标志，在影像上具有较高的光谱反射率，与影像中的海水区分明显，其海岸线易于计算机自动提取。人工海岸遥感影像如图 4-18 所示。

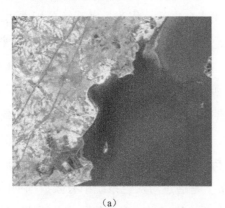
（a）

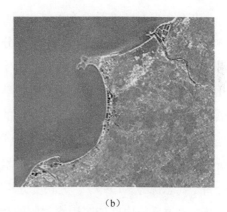
（b）

图 4-17　沙质海岸遥感影像（详见书末彩图）

（a）

（b）

图 4-18　人工海岸遥感影像（详见书末彩图）

四、灰色关联分析

1. 基本思想

灰色系统理论由我国学者邓聚龙等于 20 世纪 80 年代提出。灰色系统是指相对于一定的认识层次，内部信息部分已知、部分未知的信息不完全的系统。各种环境因素对系统的影响，使表现系统行为特征的离散数据呈现出离乱。灰色系统理论认为，这一无规的离散数列是潜在有规序列的一种表现，系统中必然蕴含着某种内在规律。因此，任何随机过程都可看作是在一定时空区域变化的灰色过程，随机量可看作是灰色量，通过生成变换可将无规序列变成有规序列（邓聚龙，1990；刘思峰等，1999）。

灰色关联分析在社会和经济生活中应用十分广泛，作为一种系统分析方法，弥补了回归分析、方差分析、主成分分析等数理统计方法的不足。从其思想上来看，属于几何处理的范畴，其实质是对反映各因素变化特性的数据序列所进行的几何比较。在应用过程中，随着不同学科的学者对灰色关联度的进一步认识，相继提出了一些改进方法，这些关联度的主要差别在于关联因数的定义。灰色系统理论采用关联度分析的方法进行系统分析，作为一个发展变化的系统，关联度分析事实上是对动态过程发展态势的量化分析，确切地说，是发展态势的量化比较分析（刘思峰等，1999）。关联度分析事实上是通过对灰色系统中有限数据列的分析，寻求系统内部诸多因素之间的相互关系，找出影响目标值的主要因素，进而从总体上把握系统动态运动规律。

2. 数学描述

设 x_1，x_2，$\cdots$，x_n 为 N 个因素，反映各因素变化特性的数据列分别为 $\{x_1(t)\},\{x_2(t)\},\cdots,\{x_n(t)\},t=1,2,\cdots,M$。因素 x_i 对 x_j 的关联系数定义为

$$\xi_{ij}(t)=\frac{\varDelta_{\min}+k\varDelta_{\max}}{\varDelta_{ij}(t)+k\varDelta_{\max}}(t=1,2,\cdots,M) \tag{4-2}$$

式中，$\xi_{ij}(t)$ 为因素 x_j 对 x_i 在 t 时刻的关联系数。其中，$\varDelta_{ij}(t)=\left|x_i(t)-x_j(t)\right|$；$\varDelta_{\max}=\max\limits_{j}\max\limits_{i}\varDelta_{ij}(t)$；$\varDelta_{\min}=\min\limits_{j}\min\limits_{i}\varDelta_{ij}(t)$；$k$ 为[0，1]上的灰数。

不难看出，$\varDelta_{ij}(t)$ 的最小值为 $\varDelta_{\min}$，当它取最小值时，关联系数 $\xi_{ij}(t)$ 取最大值 $\max\limits_{i}\xi_{ij}(t)=1$；$\varDelta_{ij}(t)$ 的最大值为 $\varDelta_{\max}$，当它取最大值时，关联系数 $\xi_{ij}(t)$ 取最小值 $\min\limits_{i}\xi_{ij}(t)=\frac{1}{1+k}\left(k+\frac{\varDelta_{\min}}{\varDelta_{\max}}\right)$，可见 $\xi_{ij}(t)$ 是一个有界的离散函数。若取灰数 k 的白化值为1，则有

$$\frac{1}{2}\left(1+\frac{\varDelta_{\min}}{\varDelta_{\max}}\right)\leqslant\xi_{ij}(t)\leqslant1 \tag{4-3}$$

在实际计算中，可取 $\varDelta_{\min}=0$ ，这时有

$$0.5 \leqslant \xi_{ij}(t) \leqslant 1 \qquad （4\text{-}4）$$

作函数 $\xi_{ij}=\xi_{ij}(t)$ 随时间变化的曲线，该曲线被称为关联曲线。

将关联曲线 ξ_{ij} 与 $\xi_{ii}(t)$ 和坐标轴围成的面积分别记为 S_{ij} 与 S_{ii} ，则定义 x_j 对 x_i 的关联度为

$$\gamma_{ij} = \frac{S_{ij}}{S_{ii}} \qquad （4\text{-}5）$$

第三节　海岸线演变结果分析

通过对遥感影像的预处理并将不同期次海岸线分别解译出的影像转化为矢量影像，以便在 ArcGIS 软件中对其进行编辑并提取各海岸线的长度。应用"Vector Utilities"菜单下的"Raster to Vector"命令将栅格影像转化为矢量影像，栅格向矢量转化对话框如图 4-19 所示。

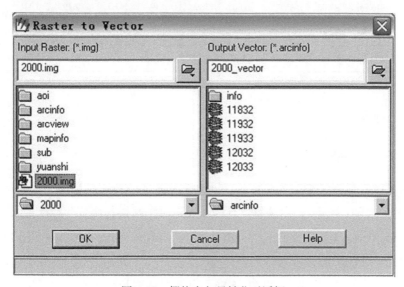

图 4-19　栅格向矢量转化对话框

最后将矢量图转化为 MapInfo TAB 格式，在 MapInfo 环境中对解译结果进行裁剪、合并等修改，将处理后的图件及各期地形图解译专题图件按地理坐标叠加，统一比例尺，进行复合。根据海岸线不同时段的变化，选取时段变化较大的 1978 年、1988 年、2000 年、2008 年和 2014 年的海岸线，绘制出辽宁省 1978～2014 年海岸线变化图。

一、辽宁省海岸线时间变化特征

1978～2014 年，辽宁省海岸线长度变化呈现出快速缩短、缓慢缩短和稳定变化的规律，海岸线缩短 255.72 公里，流失率近 11%，如表 4-6 所示。

表 4-6　1978～2014 年辽宁省海岸线长度变幅数值　　　（单位：公里）

时段	1978～ 1988 年	1988～ 1993 年	1993～ 1995 年	1995～ 2000 年	2000～ 2002 年	2002～ 2004 年	2004～ 2006 年	2006～ 2007 年	2007～ 2008 年	2008～ 2014 年
丹东市	−15.55	−4.33	−5.80	−11.55	−2.44	−7.51	11.48	4.32	3.28	6.34
大连市	−153.81	−34.72	−9.41	2.49	−14.52	4.02	−1.21	12.99	−2.27	−3.32
营口市	−3.70	−0.39	−7.51	−0.93	−0.25	4.95	7.00	−3.26	1.40	3.88
盘锦市	−19.72	−8.27	−0.96	−1.08	21.29	−2.14	0.82	−7.43	1.89	7.38
锦州市	−16.84	−7.02	−2.77	−6.06	3.93	3.39	4.63	−2.49	1.11	4.78
葫芦岛市	−6.28	−1.41	−1.54	1.40	−1.17	−0.91	−0.06	−1.56	0.12	1.58
海岸带	−215.90	−56.14	−27.99	−15.73	6.84	1.80	22.66	2.57	5.53	20.64

（一）整体变化

1. 1978～1988 年海岸线快速缩短阶段

从长度变化看，如表 4-6 所示，1978～1988 年，海岸线总体均呈缩短趋势，辽宁省海岸线共缩短 215.9 公里。其中，大连市海岸线长度变化幅度最大，缩短了 153.81 公里，年平均缩减 15.38 公里，主要原因在于此期间大连市正值新旧港口建设，导致该段海岸线缩短加剧。其次为盘锦市、锦州市和丹东市，海岸线分别缩短 19.72 公里、16.84 公里和 15.55 公里，海岸线长度年平均缩减幅度均超过 1.5 公里。

从形态变化看，营口市和葫芦岛市海岸线变化较小，年均缩短不足 1 公里。这说明海岸线变化与海岸带类型有密切关系，其中河口淤泥质海岸海岸线变化较大，而沙质海岸海岸线变化不明显。以双台子河口为例，其海岸低平，发育多为淤泥质或沙、泥混合质海滩，是围垦养殖的主要区域，海岸线变化显著。

2. 1988～2000 年海岸线缓慢缩短阶段

与上一时段相比，1988～2000 年，辽宁省海岸线长度递减速度变缓，海岸线缩短 99.86 公里。该时段的滩涂围垦和港口建设使部分海岸线长度变化相对较大。1988～1995 年，锦州市虾庄子和何屯的大面积围垦，导致海岸线缩短 9.79 公里；1995～2000 年，丹东市东港沿岸的滩涂围垦，导致海岸线缩短 11.55 公里，锦州市大凌河口新增围垦养殖区，使海岸线缩短 6.06 公里。与此同时，由于环渤海地区经济的发展，区域港口群发展迅猛，港口规模不断扩大，大东港、大连港和锦州港建设均使海岸线向海域推进，海岸线分别延长 4～8 公里。

3. 2000～2014 年海岸线稳定变化阶段

与上两个时段相比，辽宁省海岸线的长度变化幅度相对较小，各市海岸线年平均长度变化幅度普遍在 2 公里左右，此阶段随着海岸线改造的完成和裁弯取直，海岸线形态逐渐趋于规则。部分城市海岸线缩短，其中变化明显的为大连市，海岸线缩短了 4.31 公里，葫芦岛市海岸线仅缩短 2 公里；部分城市用地及原有填海区域继续扩大，导致海岸线延伸，盘锦市、锦州市和丹东市变化显著，海岸线分别延长 21.81 公里、15.35 公里和 15.47 公里，另外营口市海岸线延伸 13.72 公里。填海造陆使海岸线突变延伸，滩涂围垦使海岸线均匀延伸。基岩海岸进行填海造陆，导致海岸线突变延伸；淤泥质海岸同时存在滩涂围垦与填海造陆，海岸线具有均匀或突变延伸的特点。

从理论上看，每一阶段海岸线长度变化的发展趋势应当是相同的，具有均逐年缩短的特点。人类生产和生活过程中制造新大陆海岸线的速度远大于海岸线缩短的速度，因此会改变原来海域的属性。例如，大连港的建设，通过人工填海使原来的海域成为陆地，陆域面积扩大，海岸线长度延长。另外，人工海岸如港口码头等的建设，有时也会使岸线变长；对于某些没有闭合的海岸人工建筑，虽然岸线形状趋于平直，但整体岸线长度却不断增加。

（二）各岸段海岸线长度变化分析

1. 淤泥质海岸

辽宁省淤泥质海岸，主要分布在渤海辽东湾顶部的辽河三角洲和鸭绿江口的冲海积平原上。其中，鸭绿江和大洋河泥沙充填与潮流挟沙落淤共同作用形成鸭绿江口的冲海积平原。由于大辽河、双台子河、大凌河、小凌河等大小河流入海泥沙的大量补给，在辽东湾附近形成宽阔的大潮滩，该类型岸段是围垦和养殖的主要区域。辽宁省淤泥质海岸线长度总体呈增长趋势，1978～2014 年海岸线长度增加 80.28 公里，年均增长 2.23 公里。

（1）鸭绿江口至英那河口岸段

鸭绿江口至英那河口岸段海岸线呈先快速增长后缓慢缩短的变化趋势，如图 4-20 所示。其海岸低平，向海微倾，发育多为淤泥质或沙、泥混合质海滩，此类海岸以堆积趋势为主要特征。1978 年改革开放后，人们开始对海岸带进行改造，海岸线曲率变小，凹凸不平的海岸线逐渐变得平直圆滑；1980 年东港开始进行港湾养殖，海岸线小幅度延伸；1993 年建成大东港港口，海岸线进一步延伸；2002 年滩涂贝类和浅海养殖生产迅速发展，使陆地面积增加，海域面积减少，海岸线向海延伸。1978～2004 年，海岸线延伸 8～42 公里，2004 年以后，海岸线改造完成和裁弯取直，致使海岸线有缩短趋势，特别是在 2014 年，总体变化量为 13～37 公里。

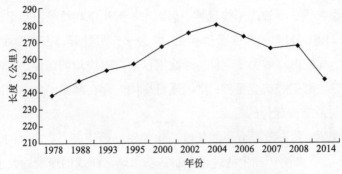

图 4-20　1978～2014 年鸭绿江至英那河口岸段海岸线长度变化

（2）西崴子至葫芦岛岸段

西崴子至葫芦岛岸段海岸线从营口市的大石桥市至葫芦岛市的龙港区，其海岸线长度变化平稳，如图 4-21 所示。1978 年本段海岸岸线参差不齐，经填海造陆和围海养殖之后，到 1988 年变成了养殖场、盐田和港口等，海岸线变得圆滑。1988 年海岸线长度变化量达到最大，缩短约 50 公里；大规模的人工建设造成的岸线变化主要发生在 1989 年以后。1978～2000 年，双台子河口东岸建堤围海及油田大规模开发，虽然陆地向海域推进，但海岸线长度呈下降趋势；2000～2004 年，城市用地及原有填海区继续扩大，海岸线延伸 30～60 公里；2004～2008 年，海岸线长度变化很小，部分海岸线重合；2008～2014 年，海岸线有明显的缩短趋势，这与辽东湾新区等填海地区的开发有关。

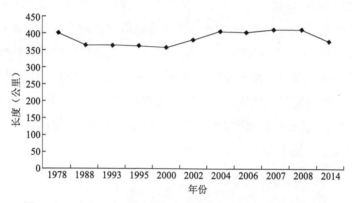

图 4-21　1978～2014 年西崴子至葫芦岛岸段海岸线长度变化

2. 基岩海岸

辽宁省基岩海岸主要分布在英那河口至登沙河口、登沙河口经辽东半岛端部至复州湾。其中，辽东半岛南端岬湾曲折，港阔水深，海蚀地形雄伟。该岸段旅游资源丰富，各种海蚀地貌异常发育，常见海蚀平台、海蚀拱桥、海天窗及崩塌坡体等，且海岸广布，水深为 5～10 米，是大连市成为东北亚重要国际航运中心坚实的港口资源。

（1）英那河口至登沙河口岸段

英那河口至登沙河口岸段海岸线长度变化趋势不明显，如图 4-22 所示。1978～1988 年岸线长度发生较大变化，碧流河口处开发了养殖场、盐田，建设了皮口港，陆地面积增加并向海域扩展，但海岸线缩短 43.72 公里；2000～2004 年，海岸线增加 49.94 公里；2004 年以后，海岸线持续呈缩短的趋势。

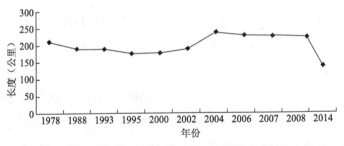

图 4-22 英那河口至登沙河口岸段海岸线长度变化

（2）登沙河口至复州湾岸段

登沙河口至复州湾岸段海岸线长度变化幅度较大，呈现快速缩短后缓慢增加再缩短的变化趋势，如图 4-23 所示。大连市城市建设的土地资源非常有限，因此通过围海造地、移山填海缓解大连市用地矛盾，老港口的改造扩建和新港口的建设发展均使本区海岸线发生变化。1978～1995 年，大连市新旧港口正值建设，导致该段海岸线长度变化加剧，海岸线迅速缩短 80～100 公里；1995～2006 年，海岸线缓慢增长，海岸线向海域推进了 7～55 公里；2006 年以后，大部分建设完成，海岸线最终趋于平直，长度缩短。

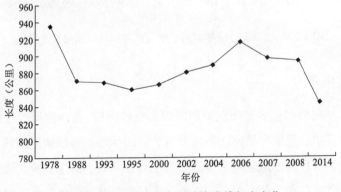

图 4-23 登沙河口至复州湾海岸线长度变化

3. 沙质海岸

辽宁省沙质海岸分布于复州湾至西崴子、葫芦岛至红石礁两个岸段，沙质海岸上分布着狭窄的滨海平原和沙质海滩，这种岸段开发程度较弱，主要发展旅游业，在高潮位线上修建防浪堤，海水侵蚀和人为因素对海岸线的变化作用很小。

（1）复州湾至西崴子岸段

港口建设使复州湾至西崴子岸段海岸线发生变化，由于 1984 年兴建鲅鱼圈新港,1978～1988年海岸线向前推进10公里,同时营口港鲅鱼圈港区二期于1994年开工建设。2006 年起开工建设的营口市滨海公路,扩大了土地使用范围和价值,促进了沿海养殖业、渔业和海洋生物业的发展。至 2006 年,海岸线长度达到此段最高点 172.32 公里。2006 年以后,海岸线形态在波动中逐渐趋于规则,如图 4-24 所示。

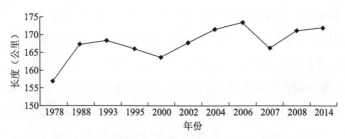

图 4-24　复州湾至西崴子岸段海岸线长度变化

（2）葫芦岛至红石礁岸段

20 世纪 90 年代,在葫芦岛至红石礁岸段海岸大规模的岸滩采砂和不合理的海洋工程是造成海岸线长度变化的主要原因。2000 年以后由于加强海域管理,该段海岸侵蚀逐年减弱,侵蚀岸段海岸线长度减小。但是,2002～2006 年,海岸线长度变化又呈现出加剧趋势,海岸线增长 2～3 公里,其主要原因是海上采砂的兴起,尤其是在六股河口外海砂的大量开采。2006 年以后,大部分岸线重合。葫芦岛至红石礁岸段海岸线长度变化如图 4-25 所示。

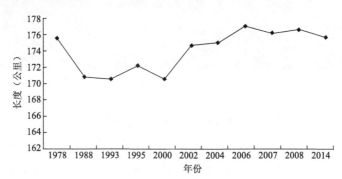

图 4-25　葫芦岛至红石礁岸段海岸线长度变化

二、辽宁省海岸线空间变化特征

对比辽宁省沿海六市海岸线长度变化的特征可以发现,相同类型岸段海岸线长度变化趋势具有一致性。丹东市、盘锦市和锦州市沿海海岸为淤泥质海岸，养殖场和堤坝建设导致岸线延伸，大连市为基岩海岸，填海造陆和港口建设改变了海岸线长度，营口市和葫芦岛市为沙质海岸，海岸线变化不显著。辽宁省海岸线空间变化特征如下。

（1）丹东市、盘锦市和锦州市海岸线变化幅度较大

1978~1988 年，向海要地和滩涂的大规模、无序化的开发是海岸线长度递减速度加快的主要原因，其中盘锦市海岸线长度递减速度最快，海岸线长度缩短 11%，丹东市海岸线长度缩短 8%，锦州市海岸线长度缩短 2%。1988~2000 年，因滩涂的大量围垦和土壤改良等需要较长的时间，海岸线长度缩短速度减缓。2000 年后由于政府将海岸开发纳入有序化的管理，进入又一海岸开发高潮期，2000~2004 年海岸线的长度递减速度相对较快。2004 年以后，随着时间的推移，海岸线增长与缩短交替变化。辽东湾附近海岸线变化如图4-26 所示。

图 4-26　辽东湾附近海岸线变化（详见书末彩图）

（2）大连市自 1978~2000 年海岸线长度迅速缩短后，海岸线变化趋于平稳

1978~2000 年，鲇鱼湾油港和大连港均有较快发展，在人类活动影响下，海岸线迅速缩短。2000 年以后，岸线进退交替，人类活动对自然岸线裁弯取直和人工改造在使海岸线变短的同时，形成了新的人工岸线，增加了海岸线长度，老港口改造扩建和新港口建设发展使海岸线产生小幅度变化。大连市附近海岸线变化如图 4-27 所示。

图 4-27　大连市附近海岸线变化（详见书末彩图）

（3）营口市和葫芦岛市海岸线有微弱的后退趋势，海岸线长度基本不变

如表 4-6 所示，营口市仅在 2000～2007 年岸线突变明显，这是因为该时期营口市开工建设滨海公路，扩大了土地使用的范围和价值，使海岸线长度达到1978 年后的最高点 108.75 公里。营口市复州湾至西崴子岸段和葫芦岛至红石礁岸段为沙质海岸，这些区域自然侵蚀幅度不大，人为干扰较少，海岸线有微弱的后退趋势，但海岸线长度变化不大。

第四节　驱动因素分析

一、指标选取

由于影响海岸线长度变化的因素多且复杂，地理系统中的气候、地形等与社会经济系统中的经济发展、经济政策、人口变化、城市化等各要素，总是不停地相互影响并相互制约，很难将其中某一个驱动因素独立出来揭示它与海岸线长度变化之间的复杂关系，分析时只能选取有限的主要指标进行分析。

本书根据研究区的实际情况，结合资料收集程度，在参考国内外相关研究成果的基础上（聂承静等，2009；Xeidakis et al.，2007；张健等，2007），利用MapInfo将得到的海岸线长度按照各市进行分割，统计得到沿海六市1978年、1988年、2000年、1993年、1995年、2002年、2004年、2006年、2007年、2008年和2014年的海岸线长度，从自然因素、经济因素和社会因素三个方面选取9个指标进行定量分析，选取的各指标来源于《辽宁统计年鉴》。因变量组Y为研究区内海岸线长度变化，x_1为平均气温，x_2为日照时数，x_3为年降水量，x_4为GDP，x_5为港口货物吞吐量，x_6为渔业总产值，x_7为年末总人口，x_8为城市化水平，x_9为农村人均住房面积。影响海岸线长度变化的自然因素中，虽然不同海岸带对海岸线的影响有一定差异，但其指标选取难度较大，因此在此对其进行定性分析。

二、操作及运行结果

由于可以将辽宁省海岸线与自然、社会经济系统视为一个灰色系统，本书尝试利用灰色关联度模型对辽宁省海岸线时空变化的驱动机制进行研究。

设$X_i(k)$，$i=1，2，\cdots，h$为h个驱动因子；$Y(k)$为海岸线长度因子，时间序列$k=1，2，\cdots，n$。由于各数列单位或初值不同，作关联度分析时为使结果准确，需进行无量纲处理。利用式（4-5）计算各驱动因子对各市海岸线长度的平均关联系数（袁林山等，2008）：

$$G_i(k) = \frac{D_i(k)_{\min} + bD_i(k)_{\max}}{D_i(k) + bD_i(k)_{\max}} \tag{4-6}$$

式中，$D_i(k) = |Y(k) - X_i(k)|$，即$D_i(k)$为第k点Y与X_i的绝对差；$D_i(k)_{\min}$为两极最小差；$D_i(k)_{\max}$为两极最大差；b为分辨系数，$b \in (0,1)$，通常$b=0.5$。则各驱动因子与海岸线长度的灰色关联度为

$$P_i = \frac{1}{n} \sum_{k=1}^{n} G_i(k) \tag{4-7}$$

式中，P_i越大，驱动因子与海岸线长度的关联性越好，将h个P_i由大至小排列，得预报因子关联程度强、弱排序；b值只影响P_i本身的大小，不影响h个P_i的排序。

本书拟定海岸线为母因素，将平均气温、GDP、港口货物吞吐量和年末总人口等 9 个指标作为子因素，通过定量和定性相结合的方法分析各因素对海岸线长度变化的影响。首先，在 SPSS 中打开已经准备好的数据文件，将所有数据调入 SPSS 中的工作文件窗口，对原始数据采取初值化处理；其次，作灰色关联分析，整理得到辽宁省海岸带六市海岸线长度与影响因子之间的关联度大小，如表 4-7 所示。

表 4-7　辽宁省海岸带六市海岸线长度与影响因子之间的关联度

海岸线长度	自然因素			经济因素			社会因素		
	平均气温	日照时数	年降水量	GDP	港口货物吞吐量	渔业总产值	年末总人口	城市化水平	农村人均住房面积
丹东市	0.817	0.745	0.721	0.618	0.652	0.609	0.677	0.752	0.684
大连市	0.783	0.749	0.713	0.653	0.919	0.663	0.862	0.822	0.795
营口市	0.711	0.735	0.699	0.670	0.773	0.765	0.845	0.902	0.832
盘锦市	0.886	0.831	0638	0.739	0.787	0.870	0.847	0.851	0.854
锦州市	0.850	0.913	0.689	0.733	0.811	0.749	0.674	0.969	0.617
葫芦岛市	0.762	0.791	0.567	0.579	0.580	0.650	0.758	0.774	0.748

三、驱动因素定量分析

1978～2014 年，自然因素影响海岸变化的同时，人类活动对海岸线的影响也越来越深刻，经济发展和社会发展在速度、广度和深度上全方位地影响海岸带的演化，成为海岸线长度变化不可忽视的因素。结合辽宁省海岸线长度变化的时空特征及各市海岸带地貌类型，下面从自然因素、经济因素和社会因素三个方面探讨不同地区海岸线长度变化的驱动因子。

1. 自然驱动力

平均气温和日照时数是影响锦州市和盘锦市海岸线长度变化的主要驱动因素之一。表 4-7 显示，锦州市和盘锦市的平均气温与海岸线长度变化的灰色关联度最大，分别为 0.850 和 0.886，日照时数分别为 0.913 和 0.831，均在 0.8 以上。主要原因在于平均气温的逐年升高和日照时数的加长，引起海平面的上升，辽河河口段淤积严重，辽东湾西部和北部海滩（沙滩或泥滩）后退变窄，逐渐上升的海平面降低了河流坡降而减少了入海沙量，使海滩遭受冲刷，沙坝向陆地移动，海岸边缘变得参差不齐，海岸线延伸。

如表 4-7 所示，年降水量与海岸线长度变化的灰色关联度最大的是丹东市，为 0.721。辽宁省年降水量从辽东半岛南端向东北逐渐增加。2007 年，丹东市年降水量最高，达 1234 毫米，如图 4-28 所示。因为降水是河流的主要补给来源，河流是海洋和陆地交流的通道，其入海部分是海岸带的重要组成部分，且从内陆带来的泥沙使海岸线向海域延伸，增加了海岸线长度。

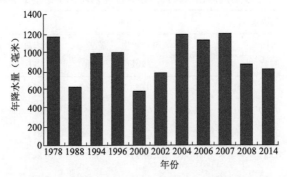

图 4-28　1978～2014 年丹东市年降水量变化

2. 经济驱动力

GDP 和渔业总产值也是影响盘锦市海岸线长度变化的驱动因素，与海岸线长度变化的灰色关联度分别为 0.739 和 0.870 （表 4-7）。这是因为自 1978 年改革开放以来，辽宁省沿海经济带的经济实力增长较快，沿海六市 GDP 从 1978 年的 546.28 亿元增加到 2014 年的 14 076.61 亿元，如图 4-29 所示。盘锦市地处河口淤泥质海岸带，滩涂养殖业是水产品产业的支柱，滩涂养殖业和围垦养殖产业的发展，使参差不齐的海岸变得平直圆滑，海岸线长度缩短。

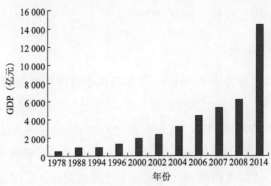

图 4-29　1978～2014 年辽宁省沿海六市 GDP 变化

大连市港口货物吞吐量与海岸线长度变化的灰色关联度高达 0.919。主要原因在于，大连市作为一个与海洋有密切联系的港口城市，港口经济的发展与大连城市经济的发展正在结合为一个整体，港口货物吞吐量由 1978 年的 4000 万吨增加到 2014 年的 3.5 亿吨。港口的建设，临港型工业的发展，使近陆海域成为建设用地扩展的区域，这一过程势必引起沿海土地使用面积的增加，海岸带向海域扩展，海岸线长度增加。

3. 社会驱动力

社会因素对海岸线长度变化具有较大的影响，其中，人口因素对海岸线长度变化的影响尤其明显。大连市年末总人口与海岸线长度变化的灰色关联度最大，为 0.862，其次为盘锦市和营口市；锦州市最小，为 0.674。这与人口的分布密切相关，人口稳定区和聚居区主要分布在沿海经济带的大连市辖区、瓦房店市、普兰店市、海城市、大石桥市、庄河市、东港市及凌海市等（张明等，2007）。由于人口增加必然表现为居民对住房、交通和公共设施等方面的需求增加，大规模的城镇建设和填海造陆使海岸线变得平直，海岸线长度缩短。

从城市化水平来看，锦州市和营口市的城市化水平与海岸线长度变化的灰色关联度最大，分别为 0.969 和 0.902；从农村人均住房面积来看，盘锦市和营口市农村人均住房面积与海岸线长度变化的灰色关联度最大，分别为 0.854 和 0.832。这说明城市化水平和农村人均住房面积对海岸线长度变化的影响较大，主要表现为：改革开放以来，锦州市、营口市和盘锦市的城市化水平显著提高，分别从 1978 年的 11.91%、18.94%和 28.34%增加到 2014 年的 42.68%、48.92%和 68.45%。同时，随着锦州市和营口市开发区的发展，农村劳动力大量涌入城市，导致城市人口压力增大，促使城镇用地扩张。当农村地区转移劳动力富裕起来后，在农村建房造屋增多，影响了农村土地的开发利用。城市化进程的加快和农村人均住房面积的增加，使沿海地区的人们通过填海造陆的方式增加陆地面积以满足人们的需求，最终导致海岸线向海延伸。

四、驱动因素定性分析

本节从海岸类型方面对影响辽宁省海岸线长度变化的自然因素和人为因素进行定性分析。自然因素包括海平面上升、海洋动力变化、风暴潮、区域地面沉降、入海河流水量、泥沙变化等。人为因素是指滩涂围垦、修建岸堤、养殖场、盐田、填海造陆、港口修建等。1978～2014 年，辽宁省海岸线相对快速的变化是在人类加大滩涂开发利用与多种自然因素共同作用下形成的。

1. 自然因素

1）淤泥质海岸由粉砂和黏土构成，受河流水系变迁、河流入海水沙量的变化及海平面上升等复杂自然因素影响较大，人类活动程度从低平地区逐渐向高峻地区递减（张景奇等，2006），使淤泥质海岸全面进行滩涂围垦和填海造陆，海岸线长度变化明显，如丹东市海岸线长度变化主要受年降水量的影响，平均气温是盘锦市和锦州市海岸线长度变化的主要驱动因素。

2）基岩海岸岸线曲折且曲率大，受自然因素影响较小，除局部岸段外，未进行大规模开发。大连市沿岸除人工海岸外，广泛分布着坡度较大的基岩海岸，海岸线长度变化不明显。

3）沙质海岸由沙和砾石组成，可以进行开发强度较大的滩涂围垦和填海造陆，但目前以旅游开发为主，开发强度较弱，营口市和葫芦岛市海岸线长度在各因子综合作用下发生小幅度变化。

2. 人为因素

海岸线将地表分为陆地和海域两部分，陆地面积的改变必然引起海岸线长度的变化。人类作用下陆地面积的增加主要有以下两种方式：滩涂围垦和填海造陆（李加林等，2007；国家海洋局科技司和辽宁省海洋局《海洋大辞典》编辑委员会，1998）。

通过对比 1978 年和 2014 年两期海岸线长度的变化数据，并对其遥感影像进行解译，运用 MapInfo 的功能，得到辽宁省人为造陆地面积的变化情况，如表 4-8 所示。1978～2014 年，全省陆地面积增加 561.36 平方公里。人为造陆面积为 554.78 平方公里，其中滩涂围垦面积为 535.29 平方公里，填海造陆面积为 19.49 平方公里。河口淤泥质岸段人为造陆面积为 163.54 平方公里，基岩和淤泥质岸段人为造陆面积为 283.84 平方公里，沙质岸段人为造陆面积为 43.06 平方公里。由此可以看出，人为造陆面积占全省新增陆地面积的 99%，河口淤泥质岸段人为造陆面积占全省新增陆地面积的 29%，基岩和淤泥质岸段人为造陆面积占全省新增陆地面积的 51%，沙质岸段人为造陆面积占全省新增陆地面积的

8%。人为造陆面积占全省新增陆地面积的比重表明，人为因素是海岸线长度变化的主要因素。

表 4-8　1978～2014 年辽宁省人为造陆面积　（单位：平方公里）

岸段	人为造陆	
	滩涂围垦	填海造陆
鸭绿江口至英那河口	127.54	9.29
英那河口至登沙河口	286.90	—
登沙河口至复州湾	14.94	—
复州湾至西崴子	71.65	1.40
西崴子至葫芦岛	26.71	8.80
葫芦岛至红石礁	7.55	—
总计	535.29	19.49

第五节　结论与讨论

1）1978～2014 年辽宁省海岸线长度发生了复杂变化。从时序变化看，20世纪 80 年代初期海岸线长度呈迅速下降趋势；到 21 世纪，海岸线缩短速度减缓，近 10 多年来海岸线长度变化不明显。从空间上看，大连市海岸线长度变化最大，丹东市、锦州市、盘锦市次之。从地貌类型上看，淤泥质岸段海岸线长度变化最大。

2）采用灰色关联理论，通过定量分析，初步探讨了自然因素、经济因素和社会因素对海岸线长度变化产生的作用和影响，同时定性分析了海岸类型对海岸线长度变化的影响。辽宁省海岸线长度变化是自然因素、经济因素和社会因素与海岸带类型综合作用的结果，不论自然因素还是社会因素和经济因素都表明了海岸侵蚀的不可避免性。

3）2009 年，辽宁省沿海经济带作为整体开发区域被纳入国家战略，该地区在沿海经济建设中存在港口建设与临港经济问题，以及沿海防护林体系建设和湿地保护问题。这必将引起海岸区域面积的不断增加和海岸线长度的变化，并引起海岸带多种资源与生态过程的改变。对辽宁省海岸线时空变化进行监测，揭示沿海地区海岸线长度变化的驱动因素和影响因素，对于促进辽宁省沿海经济带的可持续发展具有重要意义。

第五章

辽宁省海岸带资源承载力

第一节 国内外研究现状

一、水资源承载力研究现状

1. 水资源承载力研究的理论基础

（1）可持续发展理论

可持续发展是以自然资源为基础，强调自然资源的持续利用、生态环境的持续改善、生活质量的持续提高、经济的持续发展和人的全面发展等。可持续发展理论在水资源管理领域的具体体现和应用是水资源承载力研究。可持续发展要求社会经济与资源环境之间的协调性，不仅要追求经济增长，同时更要达到资源环境的可持续利用。因此，可持续发展理论可作为水资源承载力研究的指导思想和理论基础。

（2）水资源、生态环境、社会经济的复合系统理论

水资源承载力系统是由水资源系统、生态环境系统和社会经济系统组成的复合系统，各系统之间彼此存在密切联系，互相制约并互相促进，任何一个系统都是其他系统的必要条件。因此，水资源承载力研究应该从水资源系统、生态环境系统和社会经济系统的复合机理上综合考虑。

（3）二元模式下水文循环过程与机理理论

二元模式是天然循环与人工循环的综合模式，二者此消彼长，对于社会经济的发展和生态环境的控制具有重要影响，因此它也是进行水资源承载力研究的基础理论。

（4）区域经济发展理论

水资源承载力研究使水资源开发利用模式由以需定供转变为以供定需，并使社会经济系统与水资源系统结合起来，已达到社会经济的可持续发展。但是，受一些因素的影响，相同的经济发展规模所需的水资源量不同。因此，研究社会经济的发展规模，对于提高区域水资源承载力和保证社会经济的可持续发展具有十分重要的意义。

2. 水资源承载力的国内外研究现状

（1）国外研究现状

在国外，关于水资源承载力的专门研究很少，它一般与社会可持续发展结合进行研究。Okubo 等（2003）研究了泰国东南沿海热带湿润低地平原上人类活动导致硫化物排放的情况，提出了环境对酸化破坏的承载极限；National Research Council（2001，2002）对佛罗里达群岛地区进行了承载力分析；Varis 和 Vakkilainen（2001）将长江流域的水环境承载力与经济社会现状进行了初步比较；Chadenas 等（2008）采用横向分析的方法评价了法国海岸带的承载力状况；Thapa 和 Paudel（2000）研究了脆弱的环境系统对经济社会的承载力。

（2）国内研究现状

在国内，我国对水资源承载力研究的起步较晚，但是研究较多，出现了"百花齐放"的局面。苏志勇等（2002）对黑河中游的生态系统和水资源承载力进行了初步的耦合研究；王栋等（2003）将水资源承载力的研究纳入区域的社会经济和生态环境等复杂系统中；刘昌明和王红瑞（2003）对黄河流域水资源承载力进行了定性与定量研究；王铁成等（2002）对孔雀河流域近 50 年来绿洲环境退化的原因进行了详尽的分析；李丽娟等（2000）采用系统动力学方法，对柴达木盆地的水资源承载力进行了深入研究。

二、 土地资源承载力研究现状

1. 土地资源承载力研究的理论基础

（1）可持续发展理论

可持续发展理论强调公平性、持续性和共同性原则（马永亮，2008；方智明，2008）。土地作为人类生存和社会经济发展的物质载体，其承载力及可持续利用研究已成为国际热点。目前，土地资源持续利用的特殊矛盾在于土地资源的有限性与土地需求的增长性，为了解决这一矛盾，就必须研究土地资源承载力及可持续利用，真正做到土地资源与社会经济的可持续发展。

（2）资源短缺理论

资源短缺理论是当今自然资源与经济发展的理论；它源于 19 世纪初古典经济学理论。古典经济学家所考察的是自然资源（尤其是土地资源）是怎样影响经济发展的。例如，马尔萨斯的绝对稀缺论是指资源物理数量的有限和经济上的稀缺都是必然存在的，而且是绝对的，它不会因技术进步和社会发展而有所改变；李嘉图的相对稀缺论是指自然资源不存在均质性，有数量和质量的高低之分，对经济发展不会造成很大的制约；穆勒的静态经济是指资源存在绝对极限，但社会进步和技术革新会拓展这一极限，而且还可以延伸这一极限，体现了为子孙后代着想的理念；自然和谐论认为自然界是一个整体，会受到人类的破坏，主张重建和谐。

（3）土地产权理论

土地产权是以土地所有权为核心的一系列土地财产权利所组成的权利体系。土地所有权可以取得地租，土地使用权则可以通过经营获得利润。一般来说，土地产权界定得越明确、越完整，土地利用就越经济，资源配置效率就越高，越容易实现土地资源的可持续利用；反之，土地资源的配置就不经济，没有效率。政府实行的土地产权制度可以实现土地资源的有效配置，产权的激励功能可以提高土地生产率，产权的约束功能可以防止土地质量下降。

总之，这些理论从不同角度反映了资源与可持续发展的关系，为土地资源承载力及可持续利用研究提供了理论基础。

2. 土地资源承载力的国内外研究现状

（1）国外研究现状

澳大利亚的 Miilington 和 Gifferd 采取多目标决策分析法，从各种资源对人口的限制角度出发，讨论了该国的土地承载力（罗贞礼，2005）。1978～1989年联合国粮食及农业组织（FAO）在全球 117 个发展中国家进行了土地资源人口承载力研究，这项研究提供了确定世界农业土地生产潜力的新途径，即农业生态区法（AEZ）。20 世纪 80 年代，Sleeser（1990）提出承载力研究的 ECCO（enhancement of carrying capacity options）模型，即提高承载力的策略模型。Vogot（1949）在延续马尔萨斯理论的框架基础上，以粮食为标准研究土地资源承载力，在理论界产生了较大影响。William Allan 在土壤不发生退化的前提下，给出了某一区域的土地所能供养的最大理论人口，明确提出了以粮食为标志的土地承载力方程，并给出了承载人口的上限（张红，2007）。

（2）国内研究现状

陈百明（1991）采用线性规划方法对新疆呼图壁县的土地人口承载力进行了

计算。王书华等（2001）在提出土地综合承载力的评价指标体系后，从四个方面对我国沿海地区进行了综合评价。周纯等（2003）从珠江三角洲的主要特点出发，提出土地承载力的新定义，并计算了珠江三角洲地区现有可用作建设用地的土地资源承载力。程丽莉等（2006）利用预测模型对安徽省土地资源承载力进行了动态研究。胡焱（2007）对重庆市的城市土地承载力进行了计算与评价。许联芳和谭勇（2009）运用状态空间法对长株潭城市群的土地资源承载力进行了研究。高志强和孙希华（2000）在土地生产潜力计算的基础上，利用中国科学院在"八五"期间生成的"中国资源环境数据库"的土地资源数据，借助 GIS 工具对中国土地资源最大人口承载量进行了实证分析。彭凤琼（2004）在讨论相对承载力的基础上，尝试对广东、广西两地的土地资源承载力进行了比较性分析。吕宝等（2007）对绵阳市的土地资源承载力及变化趋势进行了分析预测，并指出土地资源承载力的主要影响因子。

三、海域承载力研究现状

1. 海域承载力研究的理论基础

"在理论种群生态学中，承载力被定义为：某一个生物区系内的各种资源（光、热、水、植物、被捕食者等）能维持的某一生物种群的最大数量。可以看出，生态学研究中承载力是考察生物系统演替的规模及方向的重要指标，可将承载力理解为：反映某种物质基础与其受载体之间互动耦合的关系，其最终的表现形式为该物质基础所能维持的受载体的数量特征（郭艳红，2010）。

海域承载力的基本含义与上述承载力是一致的，是对海洋人地系统中作为物质基础的"海洋"与作为受载体的"人"之间互动耦合关系的反映。但是海域承载力与其他各种承载力又有不同，这是由"海洋"这一特殊的载体，以及在海域承载力中作为受载体的人类及人类活动的特殊性决定的。海洋是个连续的、持续运动的水体，与陆域环境明显不同。海洋资源具有公有性、流动性、可再生性等特点，除海洋空间、海底矿产等处于静止外，其他的海洋资源并不是静止不动的，而是沿着水平方向和垂直方向移动的，如鱼类等海洋生物的洄游，溶于海水的矿物和污染物随海水的流动而发生位移等；同时，海洋不仅以提供资源来支持人类活动，在改善生态环境等多方面也为人类做出了较大贡献。因此，单从海洋资源角度并不能完整反映出其承载力的大小。从海洋资源开发角度来看，人们关心的是海洋资源能否恢复，即可持续利用，以及在此前提下对海洋的最大开发程度，因而海域承载力实际上是海洋对人类活动的最大支持程度。考虑到海域承载力研究的现实与长远意义，对它的理解和界定，还要遵循以下事实：第一，必须把它置于可持续发展战略框架下进行讨论；第二，要识别海洋资源与其他资源不同的特点，它既具有可再生性、流动性、共享性与地域差异性，又是可耗竭、可污染、利害并存和不确定性的资源；第三，海域承载力除受自然资源影响外，还受到许多社会因素，如社会经济状况、国家方针政策（包括海洋产业政策、管理水平和社会协调发展机制）的影响和制约。综合各方面的研究成果，沿袭生态学中承载力的概念但并不局限于此，我们认为：海域承载力是指一定时期内，以海洋资源的可持续利用、海洋生态环境的不被破坏为原则，在符合现阶段社会文化准则的物质生活水平下，海洋通过自我调节、自我维持，能支持人口、环境和社会经济协调发展的能力或限度。因此，海域承载力可从以下方面进行表征。

（1）海洋资源供给能力

将支持人口、环境和经济协调发展作为社会经济可持续发展和海洋资源可持续利用的前提条件，海洋资源的供给能力则必须作为衡量海域承载力的基本条件进行考虑，包括海洋资源种类、数量、可供给量、潜在价值量等。

（2）海洋产业的经济功能

海洋不仅可以提供丰富的资源，其相应形成的海洋产业对社会经济的发展也有巨大的推动作用。海洋产业产值的比重及增长速率，从资源开发角度说明了人类对海洋的开发程度。

（3）海洋环境容量

海洋环境容量是指在一定的水质或环境目标下，海洋能够允许容纳的污染物的最大数量，这个环境容量对人类活动的支持能力同样影响海域承载力的大小。由此可以看出，海域承载力包括以下两层基本含义：一是指海洋的自我维持与自我调节能力，以及资源与环境子系统的供容能力，此为海域承载力的承压部分；二是指海洋人地系统内社会经济子系统的发展能力，此为海域承载力的压力部分。海洋的自我维持与自我调节能力是指海洋系统弹性力的大小；资源与环境子系统的供容能力则分别指海洋资源和海洋环境承载力的大小；而社会经济子系统的发展能力则是指海洋所能维持的社会经济规模和具有一定生活水平的人口数量。同时，海域承载力是以海洋的可持续发展为基础，以人口、环境与社会经济的协调发展为目标。

2. 海域承载力的国内外研究现状

（1）国外研究现状

目前国外对海域承载力并没有进行综合性研究，多集中于海洋渔业、贝类、海岸带等资源的承载力及可持续发展研究。Dame 和 Prins（1997）对 11 个海岸带生态系统的双壳贝的承载力进行了对比分析。Luo 等（2001）利用空间显式（spatially explicit）的方法（水质模型、鲱鱼觅食模型和鲱鱼生物能模型的组合）和现场数据对切萨皮克湾大西洋鲱鱼的承载力进行了时空分析。Vasconcellos 和 Gasalla（2001）运用营养模型（trophic model）研究了巴西南部地区的渔业捕捞和海洋生态系统承载力。Chadenas 等（2008）研究了资源的季节性压力和显著的区域性突变对承载力的影响，提出了包括承载力和发展能力的一套指标体系，并将其用于法国沿海地区战略资源的承载力评价，进而为国家和当地政府制定政策提供帮助。Filgueira 和 Grant（2009）运用生态框架模型（ecosystem box model）对加拿大爱德华王子岛特拉卡迪湾的贝类养殖承载力进行了评价分析。

（2）国内研究现状

国内关于海域承载力的研究起步较晚，但已经取得了一定成果。"承载力"一词源于生态学，原用于衡量特定区域在某一环境条件下可维持某一物种个体的最大数量。承载力的概念最早于 1921 年在 Park 和 Bugess 的有关人类生态学研究中提出，即"某一特定环境条件下，某种个体存在数量的最高极限"。随后承载力的研究在经济学、人口学等领域相继展开，到 20 世纪 90 年代扩展到土地、水、矿产等自然资源和环境领域。狄乾斌和韩增林（2005）将承载力的概念应用于海域，创造性地提出了海域承载力的概念，并对其定义及内涵、研究内容、研究特点等进行了详细描述，还对评价指标体系的构建、定量化方法进行了探讨，借助状态空间法以辽宁海域为例进行了海域承载力的定量化测度。之后，国内学者对海域承载力展开了相关研究。苗丽娟等（2006）首次提出海洋生态环境承载力的概念，并对海洋生态环境承载力评价指标选取的原则、指标体系的建立及指标权重的确定方法等进行了初步探讨，构建了一套相应的评价指标体系。刘康和韩立民（2008）对海域承载力的本质及其与海洋生态系统、海岸带可持续发展的关系进行了详细论述。刘康和霍军（2008）提出了海岸带承载力的概念，并根据压力–状态–响应（pressure-state-response，PSR）模型对海岸带承载力评估指标体系的构建进行了初步探讨。熊永柱和张美英（2008）提出了海岸带环境承载力的概念及内涵。狄乾斌等（2008）对海域承载力理论与海洋可持续发展的关系进行了相关探讨，并指出了展开海域承载力研究的工作方向。韩立民和任新君（2009）对海域承载力与海洋产业布局之间相互影响、相互制约的关系进行了探讨。崔力拓和李志伟（2010）运用多层次模糊综合评判方法，对河北省海域承载力及其变迁进行了初步评价与分析。韩立民和罗青霞（2010）提出了海域环境承载力的概念，建立了相应的评价指标体系，并尝试用模糊数学法进行海域环境承载力的评价。任光超等（2011a）运用主成分分析法研究了我国海洋资源承载力的变化趋势，对我国海洋资源承载力近年来的变化趋势做出了更为客观的评价，并利用聚类分析的方法对我国沿海 11 省市的海洋资源承载力进行了分类评价。于谨凯和杨志坤（2012）运用模糊综合评价方法对渤海近海海域的生态环境承载力进行了评价，并指出其生态环境承载力的主要限制因素。黄苇等（2012）将海洋生态系统服务功能引入承载力评价指标体系和研究方法中，构建了以系统动力学模型、状态空间评价模型、多目标规划（MOP）模型为主，以海洋生态系统服务功能价值评估、灰色预测模型 GM（1，1）和曲线回归模型等为辅助手段的海洋资源-生态-环境承载力复合系统，对渤海湾进行了实证研究，定量评价和预测了渤海湾承载力状况。

通过对国内外海域承载力研究现状进行分析，可以看出关于海域承载力的研究还没有形成成熟的理论、内容和方法体系，缺乏能够同时描述海域承载力客观性及动态性特征的科学系统的指标体系和综合评价模型。鉴于此，本书将主观性强的层次分析法和客观性强的投影寻踪模型相结合，应用到海域承载力评价中。

第二节　辽宁省海岸带水资源承载力

一、数据来源

系统动力学（system dynamic，SD）模型中变量的初始值（表 5-1）主要来源如下。

1）《辽宁省水资源公报 2005》和《辽宁统计年鉴 2005》，如城镇人口、工业产值、农田灌溉面积、污水总量、可供水资源总量等。

2）通过变量间的关系计算得出，如城镇人口增长率、万元工业产值用水量、农田灌溉定额、污水处理率、污水回用率、农村生活人均用水量等。

表 5-1 辽宁省海岸带水资源承载力系统动力学模型变量初始值

变量	大连市	营口市	盘锦市	葫芦岛市	丹东市	锦州市
城镇人口（万人）	317.4	109.9	77.9	82.3	100.8	116.7
农村人口（万人）	247.9	127.7	48.1	191.4	141.6	191.7
万元工业产值用水量（立方米）	23.08	25.24	16.34	51.73	101.07	130.43
农田灌溉面积（万公顷）	10.51	9.00	10.90	7.12	7.08	17.65
生态环境面积（万公顷）	1.35	0.33	0.24	0.30	0.24	0.34
工业产值（亿元）	853.4	178.3	299.9	129.5	111.8	121.9
城镇生活人均用水量（立方米）	108.7	70.9	38.5	69.3	61.5	65.1
可利用水资源总量（亿立方米）	35.69	8.80	5.50	20.20	87.89	8.60
水资源利用率（%）	23.54	58.47	167.05	16.75	8.23	62.09
农村生活人均用水量（立方米）	25.01	20.36	18.71	17.24	16.24	18.26
污水回用率（%）	5	0	0	8	0	0
污水处理率（%）	31	0	73	70	0	40
可供水资源总量（亿立方米）	11.33	6.86	12.25	4.55	9.68	7.12
城镇人口增长率（%）	2.9	1.8	7.0	1.9	0.4	1.8
农村人口变化率（%）	−2.1	−0.6	−4.0	−0.2	−0.1	−0.6
工业产值增长速率（%）	25	32	15	16	26	30
总需水量（亿立方米）	11.33	7.86	12.35	4.55	9.68	7.12
农田灌溉定额（米³/公顷）	4 319.7	6 933.3	10 431.0	3 272.5	10 748.6	2 243.6
污水总量（亿立方米）	5.66	1.03	0.50	0.74	0.94	0.90
林牧渔畜用水量（亿立方米）	0.75	0.18	0.10	0.65	0.09	0.46
工业需水量（亿立方米）	1.97	0.45	0.49	0.67	1.13	1.59
农田灌溉用水（亿立方米）	4.54	6.24	11.37	2.33	7.61	3.96
海水淡化可供水量（亿立方米）	0.04	0	0	0	0	0
生活需水量（亿立方米）	4.07	0.99	0.39	0.90	0.85	1.11

二、研究方法

（一）系统动力学原理和优点

针对辽宁省海岸带水资源承载力问题，本书采用系统动力学方法。

（1）原理

系统动力学（王其藩，1994）方法于 20 世纪 50 年代中期由美国麻省理工学院 J. W. Forrester 教授创立。该方法是在总结运筹学的基础上，综合系统理论、控制论、信息反馈理论、决策理论、系统力学、仿真与计算机科学等基础上形成的崭新的学科。它以反馈控制理论为基础，以计算机仿真技术为手段，是一种定性与定量相结合的仿真方法。从系统方法论来说，系统动力学是结构方法、功能方法和历史方法的统一。按照系统动力学的理论、原理与方法论分析系统，建立系统动力学模型并借助计算机模拟技术可以定量地研究系统问题。系统动力学解决问题的过程实质是寻优过程，其最终目的是寻找系统的较优结构，以求得较优的系统功能。

（2）优点

系统动力学方法的优点主要如下。

1）能处理高阶次、非线性、多反馈问题；

2）能定量分析各类复杂系统中结构的内在关系；

3）对数据的准确性要求不高；

4）能为长期的战略措施进行有效的分析，并提供参考依据；

5）有自己的专用软件，可在 Windows 环境下运行，节省了编程的工作量。

（3）系统动力学模型基本方程

系统动力学模型主要包括以下四种方程。

1）状态方程：状态变量是指对输入和输出变量进行积累的变量。

状态方程的一般形式为 $L= \text{INTEG}（R，N）$。式中，L 为状态变量；R 为输入、输出速率（变化率）；N 为状态变量的初始值。

2）速率方程：速率变量是状态方程中代表输入与输出的变量，无标准格式。

3）辅助方程：辅助方程是指一些代数运算，比较简单，一般没有统一的标准格式。

4）表函数：表函数是指某些变量间的非线性关系，能用图形表示出来。

（二）系统动力学模型构建

1. 因果关系图及系统流图

系统动力学模型的空间边界是辽宁省 5.65 万平方公里的海岸带六市行政规划区。模拟年限为 2005～2020 年，以 2005 年为基准年，模拟步长为 1 年。采用系统动力学专用建模软件 Vensim 建立辽宁省海岸带水资源承载力的系统动力学模型，并将系统分为生活需水、工业需水、农田灌溉用水、林牧渔畜用水、污水处理及回用、生态用水和水资源 7 个子系统，各子系统之间的结构框图、因果关系图及复合系统流图，如图 5-1～图 5-3 所示。

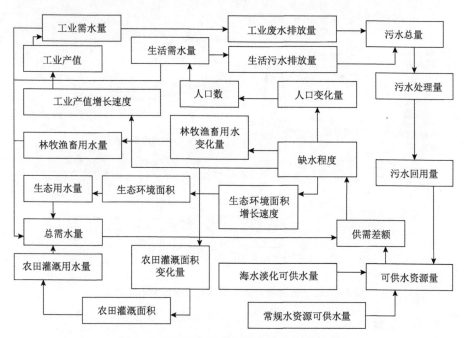

图 5-1 辽宁省海岸带水资源承载力结构框图

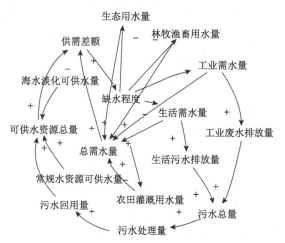

图 5-2 辽宁省海岸带水资源承载力因果关系图
"+"表示正反馈，"−"表示负反馈

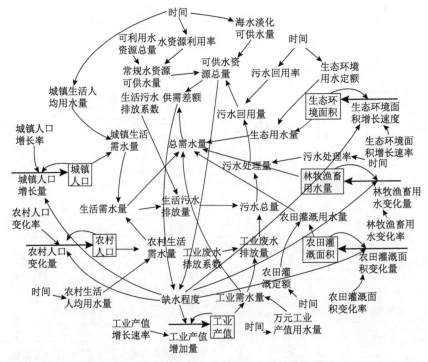

图 5-3　辽宁省海岸带水资源承载力系统动力学模型

2. 系统反馈回路

各子系统主要的反馈关系如下。

（1）生活需水子系统

各市总人口包括农村人口和城镇人口。以城镇人口与农村人口作为状态变量，其反馈关系（"+"为正反馈，"-"为负反馈）如下。

城镇人口增长量→⁺城镇人口→⁺城镇生活需水量→⁺生活需水量→⁺总需水量→⁺供需差额→⁺缺水程度→⁻城镇人口增长量。

农村人口变化量→⁺农村人口→⁺农村生活需水量→⁺生活需水量→⁺总需水量→⁺供需差额→⁺缺水程度→⁻农村人口变化量。

（2）工业需水子系统

工业需水量由工业产值和万元工业产值用水量决定，其反馈关系如下。

工业产值增加量→⁺工业产值→⁺工业需水量→⁺总需水量→⁺供需差额→⁺缺水程度→⁻工业产值增加量。

（3）农田灌溉用水子系统

农业灌溉用水主要由农业灌溉面积和单位面积需水量所决定，其反馈关系如下。

农田灌溉面积变化量→$^+$农田灌溉面积→$^+$农田灌溉用水→$^+$总需水量→$^+$供需差额→$^+$缺水程度→$^-$农田灌溉面积变化量。

（4）生态用水子系统

生态用水主要包括绿地用水和道路冲刷用水。将各市的绿地面积和道路面积之和作为生态环境面积，以生态环境面积作为状态变量，其反馈关系如下。

生态环境面积增长速度→$^+$生态环境面积→$^+$生态用水→$^+$总需水量→$^+$供需差额→$^+$缺水程度→$^-$生态环境面积增长速度。

（5）污水处理及回用子系统

污水总量包括生活污水排放量和工业废水排放量，其反馈关系如下。

污水总量→$^+$污水处理量→$^+$污水回用量→$^+$可供水资源总量→$^-$缺水程度→$^-$工业产值增加量→$^+$工业产值→$^+$工业需水→$^+$工业废水排放量→$^+$污水总量。

污水总量→$^+$污水处理量→$^+$污水回用量→$^+$可供水资源总量→$^-$缺水程度→$^-$城镇人口增长量→$^+$城镇人口→$^+$城镇生活需水量→$^+$生活需水量→$^+$生活污水排放量→$^+$污水总量。

污水总量→$^+$污水处理量→$^+$污水回用量→$^+$可供水资源总量→$^-$缺水程度→$^-$农村人口变化量→$^+$农村人口→$^+$农村生活需水量→$^+$生活需水量→$^+$生活污水排放量→$^+$污水总量。

（6）林牧渔畜用水子系统

林牧渔畜用水变化量→$^+$林牧渔畜用水量→$^+$总需水量→$^+$供需差额→$^+$缺水程度→$^-$林牧渔畜用水变化量。

（7）水资源子系统

可供水资源总量主要包括常规水资源可供水量（地表水可供水量和地下水可供水量的总和）、污水回用量和海水淡化可供水量，其中污水回用量由污水处理量和污水回用量决定。其反馈关系如下。

可供水资源总量→$^-$缺水程度→$^-$农村人口变化量→$^+$农村人口→$^+$农村生活需水量→$^+$生活需水量→$^+$生活污水排放量→$^+$污水总量→$^+$污水处理量→$^+$污水回用量→$^+$可供水资源总量。

可供水资源总量→$^-$缺水程度→$^-$城镇人口增长量→$^+$城镇人口→$^+$城镇生活需水量→$^+$生活需水量→$^+$生活污水排放量→$^+$污水总量→$^+$污水处理量→$^+$污水回用

量→⁺可供水资源总量。

可供水资源总量→⁻缺水程度→⁻工业产值增加量→⁺工业产值→⁺工业需水量→⁺工业废水排放量→⁺污水总量→⁺污水处理量→⁺污水回用量→⁺可供水资源总量。

3. 系统动力学模型方程

系统流图仅表明系统构造与各变量间的逻辑关系，不能显示变量间的定量关系，因此需建立系统动力学方程，将系统模型结构"翻译"成数学语言（惠泱河等，2001）。通过分析系统内部及系统间主要的因果关系和反馈回路（郭怀成等，2004），构建 6 个状态方程及大量的速率方程和辅助方程，同时采用 9 个表函数。其中，表函数的确定方法如下：①根据文献（辽宁省海洋与渔业厅，2009；钱正英和张光斗，2001；辽宁省发展和改革委员会，2006）确定各市的城镇生活人均用水量、农村生活人均用水量、万元工业产值用水量、农田灌溉定额、污水处理率、污水回用率和海水淡化可供水量。②根据文献（辽宁省政府，2008）确定常规水资源可供水量，进而计算水资源利用率。系统动力学模型方程如下。

（1）状态方程

其主要方程如下。

城镇人口=INTEG（城镇人口增长量，辽宁省海岸带六市城镇人口初始值）

农村人口=INTEG（农村人口变化量，辽宁省海岸带六市农村人口初始值）

工业产值=INTEG（工业产值增加量，辽宁省海岸带六市工业产值初始值）

农田灌溉面积=INTEG（农田灌溉面积变化量，辽宁省海岸带六市农田灌溉面积初始值）

林牧渔畜用水量=INTEG（林牧渔畜用水变化量，辽宁省海岸带六市林牧渔畜用水量初始值）

生态环境面积=INTEG（生态环境面积增长速度，辽宁省海岸带六市生态环境面积初始值）

（2）速率方程

其主要方程如下。

农村人口变化量=农村人口×农村人口变化率×（1−3×缺水程度×0.1）

城镇人口增长量=城镇人口×城镇人口增长率×（1−3×缺水程度×0.1）

农田灌溉面积变化量=农田灌溉面积变化率×农田灌溉面积×（1−7×缺水

程度×0.1）

林牧渔畜用水变化量=林牧渔畜用水变化率×林牧渔畜用水量×（1-3×缺水程度×0.1）

生态环境面积增长速度=生态环境面积增长速率×生态环境面积×（1-3×缺水程度×0.1）

工业产值增加量=工业产值增长速率×工业产值×（1-3×缺水程度×0.1）

（3）辅助方程

其主要方程如下。

可供水资源总量=常规水资源可供水量+海水淡化可供水量+污水回用量

总需水量=生活需水量+工业需水量+农田灌溉用水量+生态用水量+林牧渔畜用水量

污水总量=生活污水排放量+工业废水排放量

缺水程度= IF THEN ELSE（供需差额<0，0，供需差额/（供需差额+可供水资源总量））

供需差额=总需水量-可供水资源总量

农田灌溉用水量=农田灌溉面积×农田灌溉定额

生活污水排放量=生活需水量×生活污水排放系数

工业废水排放量=工业需水量×工业废水排放系数

生态用水量=生态环境用水定额×生态环境面积

工业需水量=工业产值×万元工业产值用水量

生活需水量=城镇生活需水量+农村生活需水量

污水处理量=污水总量×污水处理率

污水回用量=污水处理量×污水回用率

常规水资源可供水量=水资源利用率×可利用水资源总量

（4）表函数

辽宁省海岸带六市的表函数方程各不相同，仅以大连市为例，主要的方程如下。

城镇生活人均用水量=WITH LOOKUP（Time，（［（2005，0）-（2020，200）］，（2005，108.7），（2010，56.58），（2015，57.12），（2020，58.40）））

农村生活人均用水量=WITH LOOKUP（Time，（［（2005，0）-（2020，100）］，（2005，25.01），（2010，38.33），（2015，39.24），（2020，40.15）））

万元工业产值用水量=WITH LOOKUP（Time，（［（2005，0）-（2020，40）］，（2005，23.08），（2010，21.55），（2015，16.5），（2020，11.44）））

农田灌溉定额=WITH LOOKUP（Time，（［（2005，0）-（2020，4000）］，（2005，4 319.70），（2010，3 455.76），（2015，3 455.76），（2020，3 455.76）））

污水处理率=WITH LOOKUP（Time，（［（2005，0）-（2020，100）］，（2005，31），（2010，80），（2015，85），（2020，95）））

污水回用率=WITH LOOKUP（Time，（［（2005，0）-（2020，100）］，（2005，5.1），（2010，20），（2015，30），（2020，58.40）））

海水淡化可供水量=WITH LOOKUP（Time，（［（2005，0）-（2020，2）］，（2005，0.04），（2010，0.37），（2015，0.98），（2020，1.75）））

水资源利用率=WITH LOOKUP（Time，（［（2005，0）-（2020，30）］，（2005，23.54），（2010，22.74），（2015，22.80），（2020，22.86）））

生态环境用水定额=WITH LOOKUP（Time，（［（2005，0）-（2020，10 000）］，（2005，0），（2010，2 000），（2015，4 000），（2020，6 000）））

三、仿真与结果分析

1. 系统动力学模型检验

系统动力学模型方程确定后，要对系统动力学模型进行检验，检验的内容主要有两方面：一是理论检验，二是历史性检验。理论检验贯穿于建模的整个过程，而历史性检验则在建模之后。

（1）理论检验

理论检验主要包括结构一致性检验、单位一致性检验和模型结构的强壮性检验。

（2）历史性检验

系统动力学模型中数据较多，因此选取大连市 2006~2008 年农村人口、城镇人口、农田灌溉用水量、生态环境面积、污水总量、农田灌溉面积、工业产值、林牧渔畜用水量、总需水量、生态用水量、工业需水量的模拟值和实际值进行验证。从表 5-2 中可以看出，二者基本吻合，最大误差不超过 10%，表明模型结构合理，能反映辽宁省海岸带六市水资源承载力的特征。

表 5-2 大连市主要变量的检验结果

变量名称	2006 年			2007 年			2008 年		
	实际值	模拟值	误差（%）	实际值	模拟值	误差（%）	实际值	模拟值	误差（%）
农村人口（万人）	243.2	242.6	−0.2	241.4	237.6	−1.6	235.6	232.6	−1.3
城镇人口（万人）	328.9	326.6	−0.7	336.8	336.0	−0.2	347.8	345.8	−0.6
农田灌溉用水量（亿立方米）	4.42	4.43	0.27	4.83	4.82	−0.21	4.95	4.81	−2.84
生态环境面积（万公顷）	1.35	1.43	6.60	1.53	1.52	−0.65	1.59	1.63	2.20
污水总量（亿立方米）	4.84	4.85	0.20	5.66	5.62	−0.70	4.94	4.75	−3.90
农田灌溉面积（万公顷）	10.45	10.48	0.30	10.45	10.44	−0.10	10.72	10.42	−2.80
工业产值（亿元）	1059	1066	7	1345	1331	−1	1772	1664	−6
林牧渔畜用水量（亿立方米）	0.79	0.80	1.60	0.88	0.86	−2.40	0.85	0.92	8.10
总需水量（亿立方米）	11.45	11.47	−0.20	12.27	12.20	−0.60	13.11	12.80	−2.40
生态用水量（亿立方米）	0.17	0.18	6.29	0.22	0.21	−0.46	0.29	0.30	2.10
工业需水量（亿立方米）	2.20	2.22	0.90	2.82	2.80	−0.70	3.10	2.90	−6.50

2. 仿真方案

为了模拟辽宁省海岸带六市水资源承载力的动态变化，本书结合六市水资源系统的实际情况，选取万元工业产值用水量、工业产值增长率、污水处理率、农田灌溉定额、海水淡化可供水量、水资源利用率和污水回用率作为决策变量，并通过改变决策变量的值设计了 4 种不同的仿真方案，分别为现状发展型（方案 1）、经济为主型（方案 2）、节水为主型（方案 3）、持续发展型（方案 4），如表 5-3 所示。

表 5-3 辽宁省海岸带六市的仿真方案

变量	方案	大连市	盘锦市	葫芦岛市	丹东市	锦州市	营口市
万元工业产值用水量（立方米）	1	11.44	9.52	28.14	50.00	65.00	13.74
	2	11.44	9.52	28.14	50.00	65.00	13.74
	3	10.69	7.57	23.97	46.83	60.43	11.69
	4	10.00	7.50	21.55	40.00	55.00	11.44
工业产值增长率（%）	1	25	15	16	26	30	32
	2	30	20	20	30	35	35
	3	8	8	8	8	8	8
	4	13	13	13	13	13	13
污水处理率（%）	1	95	90	90	80	80	80
	2	95	90	90	80	80	80
	3	100	100	100	85	85	85
	4	100	100	100	85	85	85
农田灌溉定额（米³/公顷）	1	3456	8866	2782	7470	1907	5893
	2	3456	8866	2782	7470	1907	5893
	3	3240	8800	2454	7260	1795	5547
	4	3240	8800	2454	7260	1795	5547
海水淡化可供水量（亿立方米）	1	1.75	0.00	0.90	0.00	0.12	0.45
	2	1.75	0.00	0.90	0.00	0.12	0.45
	3	1.75	0.00	0.90	0.00	0.12	0.45
	4	1.80	0.01	1.20	0.03	0.20	0.50
水资源利用率（%）	1	22.86	183.68	17.49	8.21	74.22	67.84
	2	22.86	183.68	17.49	8.21	74.22	67.84
	3	22.86	183.68	17.49	8.21	74.22	67.84
	4	23.30	184.00	20.00	8.35	75.00	68.50
污水回用率（%）	1	40	40	40	20	20	20
	2	40	40	40	20	20	20
	3	50	50	50	40	40	40
	4	50	50	50	40	40	40

注：①由于篇幅所限，表中数值均为决策变量 2020 年的数值；②农田灌溉定额为水田和旱田的综合值；③水资源利用率=频率 75%的可供水资源量/可利用的水资源总量

3. 模拟结果分析

根据上述方案，分别模拟出辽宁省海岸带六市的水资源承载力。2020 年，在不同方案下辽宁省海岸带六市主要变量的模拟结果，如表 5-4 所示。

表 5-4　2020 年辽宁省海岸带六市主要变量的模拟结果

变量	方案	大连市	盘锦市	葫芦岛市	丹东市	锦州市	营口市
城镇人口（万人）	1	480.3	213.7	108.4	106.8	150.5	133.3
	2	478.7	212.3	108.2	106.7	150.3	133.1
	3	487.3	214.6	109.1	107.0	152.5	134.3
	4	487.3	214.8	109.1	107.0	152.5	134.3
污水总量（亿立方米）	1	10.35	1.65	1.29	2.61	2.49	3.62
	2	11.24	1.94	1.43	2.72	3.54	3.78
	3	4.56	1.31	0.92	1.09	1.24	1.16
	4	6.72	1.49	1.17	1.46	1.77	1.52
供需差额（亿立方米）	1	3.95	0.32	1.77	3.20	3.24	2.93
	2	4.59	1.32	2.11	3.52	3.42	3.16
	3	−1.04	−1.17	0.53	−1.48	−1.35	−1.12
	4	0.06	−0.59	0.19	−0.67	0.10	−0.79
工业产值（亿元）	1	8277	2186	744	1252	1036	3343
	2	9165	3377	890	1320	1067	3530
	3	2707	936	404	354	387	550
	4	5337	1870	801	698	762	1066
工业需水量（亿立方米）	1	9.47	2.08	2.09	6.26	6.74	4.59
	2	10.48	3.22	2.51	6.60	6.94	4.85
	3	2.89	0.71	0.97	1.66	2.34	0.64
	4	5.34	1.40	1.73	2.79	4.19	1.22
总需水量（亿立方米）	1	20.50	14.38	7.85	13.24	12.26	11.92
	2	21.48	15.48	8.24	13.57	12.45	12.17
	3	13.86	11.95	6.60	8.51	7.70	7.69
	4	16.31	13.65	7.36	9.64	9.55	8.27

表 5-4 只体现出辽宁省海岸带六市的主要变量在 2020 年的模拟结果，未能全面体现出各市主要变量的数值在 15 年内的变化，为了更加清楚地体现其变化，对辽宁省海岸带各市主要变量的模拟结果分别作图，具体如下。

（1）大连市主要变量的模拟结果

大连市主要变量的模拟结果如图 5-4 所示。

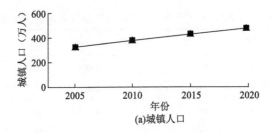

(a)城镇人口

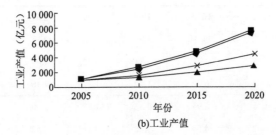

(b)工业产值

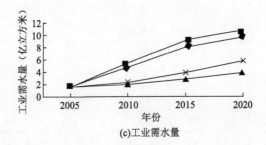

(c)工业需水量

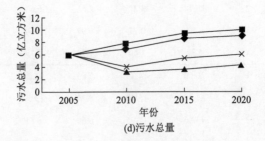

(d)污水总量

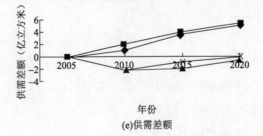

(e)供需差额

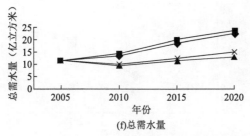

(f)总需水量

■ 方案1 ◆ 方案2 ▲ 方案3 ✕ 方案4

图 5-4 大连市 2005～2020 年主要变量的模拟结果

图（a）中数据接近部分曲线重叠，特此说明，下同

（2）营口市主要变量的模拟结果

营口市主要变量的模拟结果如图 5-5 所示。

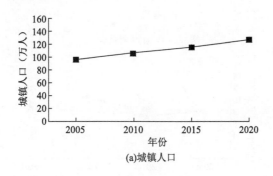

(a)城镇人口

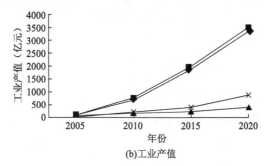

(b)工业产值

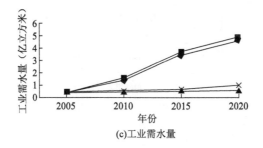

(c)工业需水量

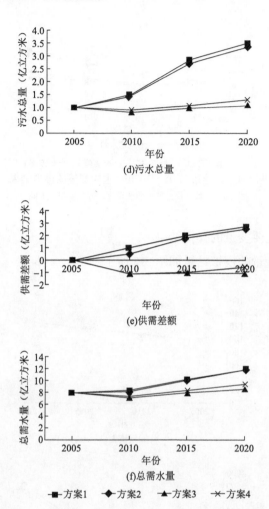

(d)污水总量

(e)供需差额

(f)总需水量

■━方案1　◆━方案2　▲━方案3　✕━方案4

图 5-5　营口市 2005～2020 年主要变量的模拟结果

（3）盘锦市主要变量的模拟结果

盘锦市主要变量的模拟结果如图 5-6 所示。

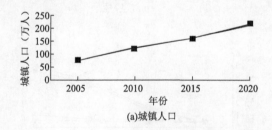

(a)城镇人口

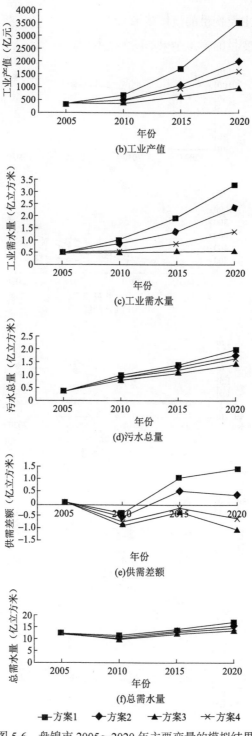

图 5-6　盘锦市 2005～2020 年主要变量的模拟结果

（4）葫芦岛市主要变量的模拟结果

葫芦岛市主要变量的模拟结果如图 5-7 所示。

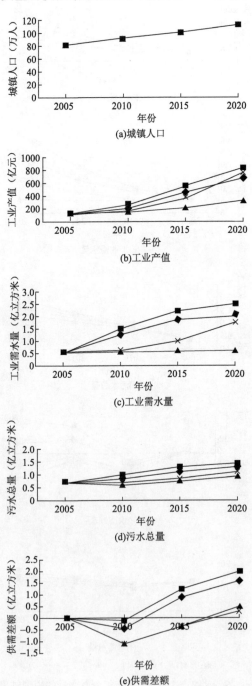

(a)城镇人口

(b)工业产值

(c)工业需水量

(d)污水总量

(e)供需差额

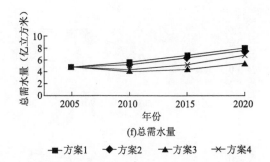

图 5-7　葫芦岛市 2005～2020 年主要变量的模拟结果

（5）丹东市主要变量的模拟结果

丹东市主要变量的模拟结果如图 5-8 所示。

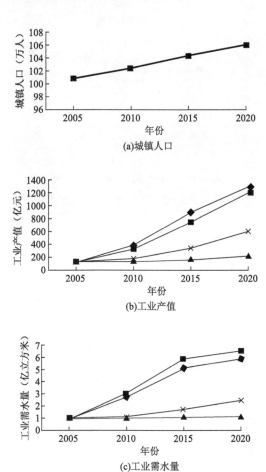

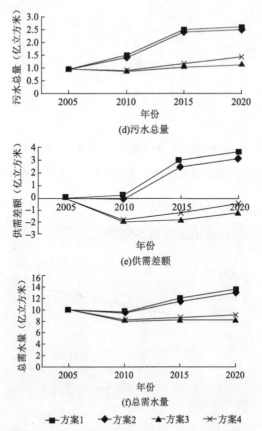

图 5-8　丹东市 2005～2020 年主要变量的模拟结果

（6）锦州市主要变量的模拟结果

锦州市主要变量的模拟结果如图 5-9 所示。

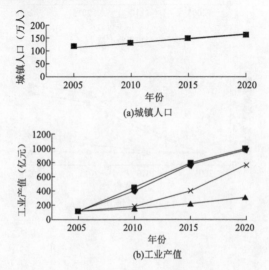

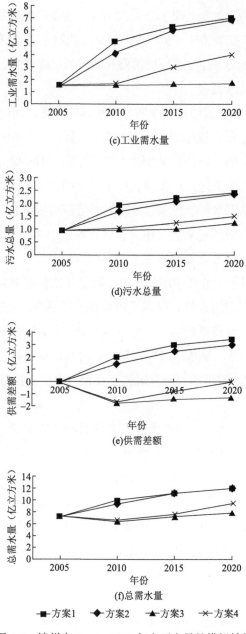

图 5-9　锦州市 2005～2020 年主要变量的模拟结果

1）方案 1 由于未做任何参数调整，辽宁省海岸带六市 2020 年的主要变量相比 2005 年均有显著增多。2020 年，大连市、盘锦市、葫芦岛市、丹东市、锦州市和营口市的污水总量分别达 10.35 亿立方米、1.65 亿立方米、1.29 亿立方米、

2.61 亿立方米、2.49 亿立方米和 3.62 亿立方米,供需差额分别达 3.95 亿立方米、0.32 亿立方米、1.77 亿立方米、3.20 亿立方米、3.24 亿立方米和 2.93 亿立方米。这说明在此方案实施下,各市的环境污染和缺水情况很严重,极大地影响了辽宁省海岸带地区的可持续发展。

2)方案 2 中工业产值增长速率明显高于其他方案,因此在这一方案下,辽宁省海岸带六市的工业将快速增长。2020 年大连市、盘锦市、葫芦岛市、丹东市、锦州市和营口市的工业产值分别达 8277 亿元、2186 亿元、744 亿元、1252 亿元、1036 亿元和 3343 亿元。但是,由于工业的快速发展,各市 15 年内工业需水量快速增加,总需水量、污水总量和供需差额都明显高于方案 1,这样就给六市的水环境和需水问题带来更大压力,并且各市 2020 年所承载的城镇人口数量比方案 1 少。因此,方案 1 和方案 2 都不可取。

3)方案 3 限制了工业产值增长速率、降低了农田灌溉定额、以每年 5%的速度减少万元工业产值用水量并提高了污水处理回用率,因此在这一方案下,辽宁省海岸带六市的工业将低速增长,导致各市 2020 年工业需水量和总需水量相对方案 2 和方案 1 较少,缺水问题基本解决,污水总量明显减少,所承载的城镇人口数量增多。但是,缓慢的经济发展速度在很大程度上很难满足人民生活水平提高的需求。

4)方案 4 中工业产值增长率大于方案 3 且小于方案 2,同时海水淡化可供水量增多,万元工业产值用水量到 2020 年达到一个预设的数值,因此在这一方案下,辽宁省海岸带六市的工业将适度增长。2020 年大连市、盘锦市、葫芦岛市、丹东市、锦州市和营口市的工业产值比方案 2 分别减少 3828 亿元、1507 亿元、89 亿元、622 亿元、305 亿元和 2464 亿元,比方案 3 分别增多 2630 亿元、934 亿元、397 亿元、344 亿元、375 亿元和 516 亿元。同时,工业需水量、总需水量、供需差额和污水总量也明显少于方案 2,所承载的城镇人口数量大于方案 2。

总体上看,方案 4 与方案 3 都可保证辽宁省海岸带六市到 2020 年不会出现严重的缺水问题,但方案 4 的工业产值比方案 3 明显增多,而污水总量却相差不多。总之,方案 4 的经济发展速度较快,污水回用率也较高,因此,方案 4 为提高辽宁省海岸带水资源承载力的可行方案。

第三节　辽宁省海岸带土地资源承载力

一、指标体系建立

1. 土地资源承载力评价指标体系的设计原则

土地资源承载力指标体系设计时必须遵循以下原则（马永亮，2008）。

1）综合性原则：要综合考虑所有能达到评价目的的指标，使评价结论符合实际。

2）区域性原则：要根据辽宁省海岸带的特殊情况，找出影响土地资源承载力的主要因素，通过评价指标反映土地资源承载力的大小。

3）可行性原则：主要是指评价指标含义清晰，不出现交叉重复的现象，指标数量得当，数据易得。

4）可操作性原则：主要考虑收集数据的难易程度和数据实用性、真实性。

2. 评价指标体系的建立

遵照选取指标的综合性、区域性、可行性和可操作性原则，根据已有文献的研究成果（费罗成等，2008；宋戈和郑浩，2008；姜仁荣和李满春，2006；狄乾斌和韩增林，2009；谢强莲和蒋俊毅，2009），从土地资源保障、社会经济发展、生态环境保护和海洋经济开发四个方面构建辽宁省海岸带土地资源承载力的评价指标体系（表5-5）。

表 5-5　辽宁省海岸带土地资源承载力评价指标体系

准则层	指标层	单位	权重	指标类型
土地资源保障 0.4800	农业人均耕地面积 t_1	公顷	0.0569	效益型
	粮食单产 t_2	千克/公顷	0.0399	效益型
	有效灌溉面积比例 t_3	%	0.0229	效益型
	人均公共绿地面积 t_4	平方米	0.0175	效益型
	复种指数 t_5	%	0.0284	效益型
	单位面积水资源量 t_6	万米^3/公里^2	0.0420	效益型
	建成区绿化覆盖率 t_7	%	0.0214	效益型

续表

准则层	指标层	单位	权重	指标类型
	人口密度 t_8	人/公里^2	0.0311	成本型
	人均粮食产量 t_9	千克	0.0175	效益型
	非农人口比例 t_{10}	%	0.0128	效益型
	人均 GDP t_{11}	元	0.0202	效益型
	土地生产率 t_{12}	万元/公顷	0.0144	效益型
社会经济发展	城镇居民恩格尔系数 t_{13}	%	0.0132	成本型
0.2400	人口自然增长率 t_{14}	%	0.0212	成本型
	GDP 增长率 t_{15}	%	0.0749	效益型
	农业产值占 GDP 比重 t_{16}	%	0.0175	成本型
	第三产业产值占 GDP 比重 t_{17}	%	0.0142	效益型
	居民人均可支配收入 t_{18}	元	0.0123	效益型
	万人高等学校在校学生数 t_{19}	人	0.0156	效益型
	农用地化肥施用强度 t_{20}	千克/公顷	0.0352	成本型
生态环境保护	环境保护投资指数 t_{21}	%	0.1109	效益型
0.1600	生活垃圾无害化处理率 t_{22}	%	0.0241	效益型
	工业废水达标排放率 t_{23}	%	0.0252	效益型
	房地产开发投资额 t_{24}	亿元	0.0609	成本型
	港口货物吞吐量 t_{25}	万吨	0.0519	成本型
	海洋经济产值占 GDP 比重 t_{26}	%	0.0168	效益型
海洋经济开发	海岸线经济密度 t_{27}	万元/公里	0.0121	效益型
0.1200	万元 GDP 入海废水量 t_{28}	千克	0.0512	成本型
	海水入侵面积占土地面积比 t_{29}	%	0.1045	成本型
	人均消费水产品产量 t_{30}	千克	0.0133	效益型

注：①指标体系中居民人均可支配收入为农民人均可支配收入和城镇居民人均可支配收入的平均值；②指标数据主要来源于 1997～2015 年的《辽宁统计年鉴》、《中国城市统计年鉴》和《中国海洋统计年鉴》；③表中各指标权重为 2014 年数据

（1）指标标准化

因为原始数据量纲不同，无法直接比较，故应对原始数据进行无量纲化处理。指标分为效益型指标和成本型指标，效益型指标为数值越大，表明土地资源承载力越高的指标；而成本型指标为数值越小，表明土地资源承载力越高的指标。这

两类指标无量纲化的计算公式如下。

效益型指标：

$$x'_{ij} = \frac{x_{ij}}{\max x_{ij}} \qquad （5-1）$$

成本型指标：

$$x'_{ij} = \frac{\min x_{ij}}{x_{ij}} \qquad （5-2）$$

式中，x'_{ij} 为标准化后的指标值；x_{ij} 为标准化前的指标值。

通过式（5-1）和式（5-2）计算出辽宁省海岸带各市的指标标准化值，其中当统计的数据为负或为 0 时，统一对其取值为 1。具体数据如表 5-6～表 5-11 所示。

（2）指标权重的确定

在多指标综合评价中，评价指标体系中权重或贡献率的确定一直是难点。目前，在综合评价中对各属性指标影响权重系数的确定，主要有以下两类方法，一类是主观赋权法，即主要由专家根据经验主观判断给出，如古林法、德尔菲法、层次分析法等；另一类是客观赋权法，即主要根据一定方法对各属性指标数据特征的定量分析给出，如熵值法、主成分分析法、因子分析法、均方差法等。

主观赋权法主要依赖专家经验，且考虑比较全面，尤其是能够保证考虑一些非量化因素的影响，同时易于解释，此类方法人们研究较早，也较为成熟，但有时难免受人为因素的影响，客观性较差。客观赋权法主要是根据一定方法对各属性指标数据特征进行定量分析，没有主观影响，相对比较客观，但采用的定量分析方法却往往有某些局限性，有时对所得结论也不易给出合理的解释，尤其是计算方法大多比较烦琐，不利于推广应用。

国内常采用确定权重的主客观方法各有优缺点，因此采用熵值法和层次分析法的组合确定指标权重。熵值法是根据指标的相对变化程度对系统整体的影响来决定指标权重的一种客观赋权法，而层次分析法是一种通过构造判断矩阵来计算指标权重的主观赋权法，将两种方法组合的目的是使权重结果更加合理和可信。计算思路如下：通过两种方法组合计算出 30 个指标的权重，采用层次分析法计算出土地资源保障等 4 个方面的权重。

表 5-6 大连市指标标准化值

年份	1996	1997	1998	1999	2000	2001	2002	2003	2004	2005	2006	2007	2008	2009	2010	2011	2012	2013	2014
农用地化肥施用强度	0.9893	0.8864	0.8470	0.8227	0.9188	0.8552	0.7895	0.7453	0.4378	0.7877	0.9393	1.0000	0.9799	0.8914	0.9121	0.9735	0.8864	0.9431	0.9716
环境保护投资指数	0.2083	0.1771	0.0166	0.0158	0.0495	0.3472	0.7331	1.0000	0.2304	0.4160	0.5777	0.4398	0.0888	0.0900	0.0912	0.0877	0.1050	0.0883	0.0915
工业废水达标排放率	0.8814	0.5373	0.5668	0.9422	1.0000	0.9892	0.9623	0.9777	0.9846	0.9897	0.9905	0.9948	0.9819	0.9640	0.9451	0.9135	0.9786	0.9812	0.9856
生活垃圾无害化处理率	1.0000	1.0000	1.0000	1.0000	1.0000	1.0000	0.8200	0.8800	1.0000	1.0000	0.8444	0.9329	0.9373	0.9402	0.9356	0.9432	0.9123	0.9011	0.8156
人均公共绿地面积	0.5571	0.6446	0.6722	0.7182	0.7827	0.6492	0.8748	0.7247	0.7827	0.7993	0.8748	0.9217	0.9632	1.0000	1.0121	1.0563	1.0722	1.0856	1.0911
复种指数	0.9424	0.9546	0.9494	0.9551	0.9349	0.9048	0.9290	0.9479	1.0000	0.9180	0.7536	0.7135	0.7150	0.7161	0.7123	0.7203	0.7054	0.7068	0.7142
粮食单产	0.8067	0.6664	0.8812	0.6688	0.6578	0.7626	0.5817	0.7194	1.0000	0.8329	0.7572	0.7491	0.7442	0.7072	0.7614	0.7432	0.7511	0.7312	0.7218
有效灌溉面积比例	0.8924	0.9591	0.9652	0.9848	0.8615	0.8793	0.9194	1.0000	0.9746	0.9409	0.7577	0.7021	0.7202	0.7414	0.7212	0.7345	0.7653	0.7485	0.7516
农业人均耕地面积	0.6207	0.6253	0.6316	0.6316	0.6123	0.6069	0.5828	0.5524	0.6118	0.6870	0.8646	0.9401	0.9629	1.0000	1.0023	1.0126	1.0256	1.0654	1.1023
建成区绿化覆盖率	0.8678	0.8768	0.8805	0.8939	0.9051	0.9162	0.9274	0.9372	0.9478	0.9609	0.9565	0.9679	0.9833	1.0000	1.0054	1.0135	1.0265	1.0402	1.0533
单位面积水资源量	1.0000	0.5060	0.7425	0.2536	0.1648	0.5231	0.1479	0.2503	0.6437	0.8047	0.5374	0.7823	0.4509	0.3595	0.4563	0.3775	0.4386	0.4432	0.3614
土地生产率	0.1685	0.1908	0.2130	0.2306	0.2554	0.2841	0.3226	0.3746	0.4501	0.4938	0.5908	0.7198	0.8871	1.0000	1.2311	1.2856	1.3325	1.5211	1.6211
GDP增长率	0.5594	0.4819	0.4819	0.3568	0.4620	0.4837	0.5936	0.6931	0.8676	0.4178	0.8346	0.9394	1.0000	0.5479	0.6212	0.5535	0.4224	0.4014	0.3812
人均GDP	0.1834	0.2064	0.2293	0.2473	0.2708	0.2996	0.3389	0.3918	0.4697	0.5119	0.6039	0.7280	0.8892	0.9012	0.9233	0.9414	0.9654	0.9755	1.0000
人口自然增长率	0.0000	0.0817	0.2778	0.4575	0.1634	0.2288	0.0163	0.5392	0.8693	0.2533	0.2712	0.1863	0.2582	1.0000	0.2325	0.2211	0.2212	0.2142	0.2210

年份	1996	1997	1998	1999	2000	2001	2002	2003	2004	2005	2006	2007	2008	2009	2010	2011	2012	2013	2014
居民人均可支配收入	0.2936	0.3077	0.3202	0.3347	0.3564	0.3806	0.4149	0.4578	0.5207	0.6018	0.6837	0.7894	0.9186	0.9323	0.9456	0.9786	0.9791	0.9923	1.0000
万人高等学校在校学生数	0.2442	0.2491	0.2511	0.2942	0.3841	0.4605	0.5224	0.6000	0.6926	0.7951	0.8677	0.9397	0.9779	0.9863	0.9886	0.9954	0.9963	0.9976	1.0000
人均粮食产量	0.8985	0.7355	0.9675	0.7262	0.6858	0.7789	0.5581	0.6339	0.9238	0.8535	0.9466	1.0000	0.9844	0.9333	0.9325	0.9456	0.9642	0.9532	0.9712
人口密度	1.0000	0.9944	0.9893	0.9855	0.9744	0.9690	0.9652	0.9613	0.9589	0.9526	0.9393	0.9294	0.9212	0.9189	0.9028	0.8952	0.8766	0.8612	0.8605
农业产值占GDP比重	0.6363	0.6718	0.6575	0.6996	0.7596	0.7994	0.8551	0.8680	0.9234	0.8460	0.8877	0.9050	0.9616	1.0000	0.9756	0.9325	0.9523	0.9612	0.9633
第三产业产值占GDP比重	0.9375	0.9416	0.9664	0.9644	0.9724	0.9847	0.9825	0.9682	0.9308	1.0000	0.9746	0.9511	0.9032	0.9209	0.9412	0.9622	0.9651	0.9767	0.9923
非农人口比例	0.7720	0.7861	0.7989	0.8081	0.8160	0.8255	0.8432	0.8677	0.9086	0.9174	0.9394	0.9518	0.9741	0.9826	0.9877	0.9889	0.9912	0.9985	1.0000
城镇居民恩格尔系数	0.7607	0.7557	0.7873	0.8275	0.8334	0.8748	0.9152	0.9541	0.9076	0.9443	0.9426	1.0000	0.9915	0.9910	0.9946	0.9953	0.9911	0.9985	0.9942
房地产开发投资额	0.9790	0.9786	1.0000	0.9302	0.5882	0.5442	0.5021	0.4159	0.3011	0.2369	0.1864	0.1541	0.1268	0.1086	0.1002	0.0953	0.0952	0.0911	0.0857
海洋经济产值占GDP比重	0.4137	0.5261	0.5025	0.4984	0.4822	0.4433	0.4494	0.5013	0.6052	0.6935	0.7013	0.6535	0.6155	0.6342	0.6412	0.6523	0.6617	0.7012	0.7214
海岸线经济密度	0.0697	0.1004	0.1070	0.1150	0.1232	0.1259	0.1453	0.1882	0.2730	0.3432	0.4144	0.4704	0.5460	0.5671	0.5768	0.5863	0.6025	0.6133	0.6252
万元GDP人海废水量	0.0455	0.0404	0.0445	0.0470	0.0513	1.0000	0.0721	0.0791	0.0833	0.0881	0.1170	0.1653	0.1887	0.2051	0.2057	0.1933	0.1856	0.1822	0.1753
海水入侵面积占土地面积比	0.9295	0.9635	1.0000	0.9332	0.7689	0.6538	0.5699	0.5042	0.4521	0.4098	0.3739	0.3444	0.4075	0.5540	0.5612	0.5645	0.5735	0.6011	0.6125
人均消费水产品产量	0.7104	0.8092	0.8648	0.9194	0.9087	0.9206	0.9158	0.8913	0.8998	0.9122	0.8849	0.7211	0.9351	0.9415	0.9623	0.9663	0.9752	0.9866	1.0000
港口货物存吐量	1.0000	0.9126	0.8587	0.7646	0.7158	0.6596	0.6191	0.5478	0.4756	0.4041	0.3444	0.3098	0.2728	0.2436	0.2354	0.2287	0.2156	0.2019	0.1986

表 5-7 营口市指标标准化值

年份	1996	1997	1998	1999	2000	2001	2002	2003	2004	2005	2006	2007	2008	2009	2010	2011	2012	2013	2014
农用地化肥施用强度	0.8061	0.7829	0.8734	0.8523	0.8807	0.9786	1.0000	0.9562	0.6425	0.9455	0.9173	0.8464	0.8591	0.8389	0.8259	0.8086	0.7856	0.7716	0.7653
环境保护投资指数	0.0730	0.0529	0.1756	0.1720	0.4576	0.2560	0.2332	0.2008	0.1543	0.1698	0.2108	0.1194	0.5239	0.5336	0.5463	0.5561	0.4232	0.4421	0.4312
工业废水达标排放率	0.2050	0.2050	0.1546	0.2108	0.2648	0.3091	0.4652	0.4696	0.7774	0.9181	0.9377	0.9760	0.8164	0.9323	0.9565	0.9633	0.9785	0.9886	1.0000
生活垃圾无害化处理率	1.0000	1.0000	1.0000	0.0606	0.0526	0.0488	1.0000	0.6900	1.0000	0.7273	1.0000	1.0000	1.0000	1.0000	1.0000	1.0000	1.0000	1.0000	1.0000
人均公共绿地面积	0.4604	0.4085	0.4425	0.4594	0.4623	0.3538	0.5208	0.5858	0.7642	0.8377	0.9462	0.9557	0.9774	0.9789	0.9851	0.9892	0.9901	0.9986	1.0000
复种指数	1.0000	0.9617	0.8961	0.8830	0.8199	0.7770	0.7979	0.7546	0.8611	0.9106	0.9580	0.9455	0.9190	0.9403	0.9332	0.9226	0.9563	0.9452	0.9622
粮食单产	1.0000	0.8293	0.9028	0.8108	0.5659	0.6063	0.6116	0.5731	0.7585	0.8450	0.9304	0.9071	0.8848	0.9000	0.9102	0.9182	0.9022	0.9212	0.9113
有效灌溉面积比例	0.9017	0.8728	0.8441	0.8749	0.9089	0.9185	0.9208	0.9417	0.9712	0.9712	1.0000	0.9735	0.9274	0.9498	0.9356	0.9425	0.9536	0.9568	0.9423
农业人均耕地面积	0.8200	0.8516	0.9167	0.9224	0.9171	0.9151	0.9601	0.9439	0.9268	0.9406	0.9211	0.9492	1.0000	0.9819	0.9758	0.9711	0.9623	0.9601	0.9522
建成区绿化覆盖率	0.5342	0.5350	0.5359	0.5359	0.5307	0.5333	0.4458	0.4789	0.8168	0.8676	0.8923	0.9360	1.0000	0.9836	0.9856	0.9863	0.9910	0.9915	0.9955
单位面积水资源量	1.0000	0.7287	0.4815	0.2274	0.1872	0.5082	0.2395	0.2434	0.3867	0.6052	0.4549	0.3882	0.4599	0.3904	0.3614	0.3751	0.3485	0.4112	0.3561
土地生产率	0.1419	0.1555	0.1764	0.1915	0.2117	0.2384	0.2698	0.3141	0.3946	0.4706	0.5909	0.7676	0.9469	0.9574	0.9662	0.9679	0.9811	0.9856	0.9872
GDP增长率	0.4057	0.3511	0.4252	0.3350	0.4118	0.4912	0.5129	0.6408	1.0000	0.7507	0.7981	0.9629	0.9132	0.5733	0.5642	0.5468	0.5125	0.5022	0.5068
人均GDP	0.1510	0.1647	0.1859	0.2006	0.2199	0.2463	0.2775	0.3219	0.4032	0.4796	0.5762	0.7141	0.8764	0.8962	0.9112	0.9356	0.9577	0.9612	1.0000
人口自然增长率	0.3611	0.4194	0.4815	0.4643	0.1494	0.6190	0.6842	1.0000	0.4797	0.5804	0.5462	0.4851	0.4235	0.4235	0.4113	0.4029	0.3912	0.3901	0.3823
居民人均可支配收入	0.2573	0.2889	0.3077	0.3234	0.3395	0.3723	0.4149	0.4620	0.5095	0.5739	0.6429	0.7617	0.8123	0.8423	0.8644	0.8762	0.8927	0.9187	1.0000

续表

年份	1996	1997	1998	1999	2000	2001	2002	2003	2004	2005	2006	2007	2008	2009	2010	2011	2012	2013	2014
房地产开发投资额	1.0000	0.5199	0.4996	0.3024	0.1859	0.1349	0.1961	0.1952	0.1210	0.0872	0.1149	0.1138	0.0516	0.0253	0.0201	0.0158	0.0086	0.0078	0.0054
万人高等学校在校学生数	0.2370	0.2652	0.3108	0.3917	0.4617	0.5462	0.4840	0.4112	0.3941	0.4717	0.6274	0.1559	0.7751	0.8012	0.8120	0.8538	0.8951	0.9117	1.0000
人均粮食产量	1.0000	0.8557	0.9849	0.8865	0.6135	0.6539	0.6561	0.5991	0.7672	0.8525	0.9083	0.9041	0.9203	0.9094	0.8901	0.8795	0.8657	0.8671	0.8507
人口密度	1.0000	0.9950	0.9901	0.9840	0.9759	0.9707	0.9661	0.9627	0.9598	0.9573	0.9159	0.8738	0.8693	0.9393	0.9208	0.9011	0.9124	0.8977	0.9028
农业产值占GDP比重	0.4487	0.4537	0.4713	0.5019	0.5514	0.5835	0.6092	0.7020	0.7238	0.7747	0.8469	0.8949	0.9553	0.9617	0.9714	0.9845	0.9882	0.9914	1.0000
第三产业产值占GDP比重	0.9259	0.9270	0.9398	0.9579	0.9640	0.9770	0.9684	0.9466	0.9254	1.0000	0.9414	0.9191	0.8928	0.9341	0.9447	0.9451	0.9556	0.9632	0.9715
非农人口比例	0.7904	0.7990	0.8228	0.8281	0.8315	0.8356	0.9029	0.9137	0.9313	0.9520	0.9661	0.9768	0.9878	0.9889	0.9912	0.9986	1.0000	1.0000	1.0000
城镇居民恩格尔系数	0.7570	0.8073	0.7968	0.7986	0.8226	0.8873	0.9961	0.8816	0.8832	0.9618	1.0000	0.9695	0.9461	0.9721	0.9811	0.9873	0.9952	0.9951	0.9976
房地产开发投资额	1.0000	0.5199	0.4996	0.3024	0.1859	0.1349	0.1961	0.1952	0.1210	0.0872	0.1149	0.1138	0.0516	0.0253	0.0201	0.0182	0.0176	0.0134	0.0107
海洋经济产值占GDP比重	0.4290	0.5051	0.4774	0.4702	0.4551	0.4296	0.5476	0.6585	0.8012	0.9419	1.0000	0.9516	0.9334	0.9553	0.9675	0.9756	0.9814	0.9887	0.9892
海岸线经济密度	0.0637	0.0822	0.0881	0.0943	0.1009	0.1072	0.1546	0.2164	0.3309	0.4638	0.5932	0.7038	0.8519	0.8723	0.8974	0.9012	0.9356	0.9658	1.0000
万元GDP人海废水量	0.1956	0.1684	0.2273	0.3451	0.1538	0.0149	0.3678	0.2361	0.6968	0.0714	0.5735	0.6820	0.8616	0.8756	0.8956	0.9126	0.9362	0.9514	0.9408
海水入侵面积占土地面积比	0.7758	0.7588	1.0000	0.6028	0.5236	0.4628	0.4145	0.3754	0.3430	0.3158	0.2807	0.2510	0.1807	0.1533	0.1358	0.1247	0.1082	0.0952	0.1089
人均消费产品产量	0.2630	0.3465	0.3849	0.3966	0.4207	0.4473	0.5533	0.6267	0.6679	0.7205	0.7854	0.6430	0.8908	0.9062	0.9245	0.9475	0.9627	0.9533	0.9758
港口货物存吐量	1.0000	0.9302	0.8493	0.7676	0.6583	0.5925	0.4775	0.3728	0.2497	0.1981	0.1575	0.1223	0.1021	0.0876	0.0893	0.0798	0.0685	0.0672	0.0586

表 5-8 盘锦市指标标准化值

年份	1996	1997	1998	1999	2000	2001	2002	2003	2004	2005	2006	2007	2008	2009	2010	2011	2012	2013	2014
农用地化肥施用强度	0.7353	1.0000	0.5000	0.7368	0.6793	0.8750	0.8943	0.8916	0.5136	0.7882	0.8041	0.7217	0.7447	0.7179	0.7015	0.6827	0.7010	0.6880	0.6740
环境保护投资指数	0.4118	0.0578	0.3076	0.3168	0.3479	0.7777	0.6742	0.5649	1.0000	0.1986	0.2280	0.2204	0.1146	0.2273	0.2045	0.2147	0.1986	0.3567	0.2548
工业废水达标排放率	0.6666	0.1037	0.1568	0.5319	0.7570	0.9090	0.8840	0.9488	0.9779	1.0000	0.9930	0.9931	0.9188	0.9192	0.9235	0.9385	0.9471	0.9647	0.9871
生活垃圾无害化处理率	1.0000	1.0000	0.6279	0.3488	0.8393	1.0000	0.8200	1.0000	0.9125	1.0000	0.9125	0.9125	0.9125	0.9125	0.9322	0.9558	0.9671	0.9810	0.9845
人均公共绿地面积	0.7402	0.7863	0.7933	0.8031	0.8101	0.9218	0.8953	0.8380	0.8939	0.8980	0.9288	0.9372	1.0000	0.9260	0.9357	0.9558	0.9635	0.9711	0.9904
复种指数	0.9580	0.6905	0.7037	0.8520	0.8440	0.7078	0.7406	0.7563	0.8945	0.9581	0.9149	0.9816	0.9756	1.0000	0.9835	0.9748	0.9915	0.9835	0.9766
粮食单产	1.0000	0.6851	0.7469	0.9083	0.7993	0.6663	0.6893	0.7184	0.8421	0.8784	0.8800	0.9644	0.9741	0.9972	0.9852	0.9785	0.9875	0.9887	0.9873
有效灌溉面积比例	1.0000	0.7286	0.7293	0.8621	0.8689	0.7347	0.7395	0.7590	0.7590	0.8064	0.7554	0.8050	0.7806	0.7928	0.8124	0.7837	0.7254	0.6986	0.7375
农业人均耕地面积	0.2927	0.4021	0.3960	0.3264	0.3203	0.3831	0.3790	0.3745	0.3747	0.4754	0.5065	0.5120	0.9618	1.0000	0.9735	0.9867	0.9845	0.9812	0.9901
建成区绿化覆盖率	0.6036	0.5741	0.6052	0.5898	0.6232	0.6155	0.6396	0.8265	0.8822	0.9488	0.9365	0.9629	0.9711	0.9787	0.9835	0.9876	0.9904	0.9914	1.0000
单位面积水资源量	0.8209	0.6000	1.0000	0.3748	0.4588	0.3849	0.1535	0.3371	0.3054	0.4673	0.4825	0.4223	0.4819	0.4462	0.4782	0.4681	0.4225	0.4711	0.4824
土地生产率	0.3010	0.3304	0.3384	0.3678	0.4373	0.4399	0.4385	0.4907	0.5353	0.6407	0.7421	0.8339	1.0000	0.9897	0.9901	0.9824	0.9975	0.9986	0.9876
GDP增长率	0.5722	0.5069	0.5270	0.4371	0.9480	0.0302	0.0192	0.5983	0.4557	0.9886	0.7715	0.5295	1.0000	0.0139	0.0132	0.0112	0.0114	0.0110	0.0102
人均GDP	0.3349	0.3700	0.3706	0.3986	0.4688	0.4686	0.4666	0.5201	0.5655	0.6709	0.7668	0.8404	1.0000	0.9966	0.9892	0.9956	0.9845	0.9912	0.9957
人口自然增长率	0.4014	0.3701	0.3563	0.3904	0.3476	0.5816	0.5938	0.9828	0.8213	0.6376	0.9223	0.8559	0.9727	0.9814	0.9874	0.9887	1.0001	0.9957	0.9857
居民人均可支配收入	0.3299	0.3432	0.3520	0.3641	0.3810	0.3962	0.4288	0.4596	0.5229	0.5951	0.6625	0.7876	0.9151	0.9275	0.9375	0.9511	0.9635	0.9714	0.9868

续表

年份	1996	1997	1998	1999	2000	2001	2002	2003	2004	2005	2006	2007	2008	2009	2010	2011	2012	2013	2014
万人高等学校在校学生数	0.0000	0.0000	0.0199	0.0979	0.1442	0.1697	0.1684	0.1677	0.1671	0.3314	0.4924	0.1627	0.8073	0.8345	0.8624	0.8747	0.8851	0.8968	1.0000
人均粮食产量	0.8267	0.7760	0.8275	0.8384	0.7234	0.7178	0.7322	0.7402	0.8652	0.8946	0.9478	0.9653	0.9758	0.9811	0.9867	0.9890	0.9902	0.9975	1.0000
人口密度	0.9937	1.0000	0.9782	0.9677	0.9574	0.9512	0.9502	0.9464	0.9434	0.9351	0.9227	0.9000	0.8930	0.8992	0.8876	0.8735	0.8701	0.8634	0.8536
农业产值占GDP比重	0.5142	0.5349	0.5121	0.5375	1.0000	0.6859	0.6330	0.6693	0.6585	0.6928	0.7389	0.6844	0.7207	0.6750	0.6508	0.6457	0.6357	0.6102	0.6007
第三产业产值占GDP比重	0.5980	0.6061	0.6966	0.6962	0.6050	0.6622	0.6995	0.6848	0.7219	0.6101	0.6046	0.6314	0.6167	0.6237	0.6457	0.6541	0.6634	0.6754	0.6824
非农业人口比例	0.6054	0.6071	0.6112	0.6046	0.6051	0.6081	0.6101	0.6213	0.6232	0.7532	0.7566	0.7938	0.9864	0.9901	0.9911	0.9935	1.0000	1.0000	1.0000
城镇居民恩格尔系数	0.7341	0.7801	0.7966	0.9052	0.9660	0.9432	0.9637	0.8525	0.8141	0.9703	0.9297	0.9953	0.9895	0.9758	0.9857	0.9875	0.9910	0.9968	1.0000
房地产开发投资额	0.7509	1.0000	0.2085	0.3594	0.2427	0.1151	0.0483	0.0575	0.0479	0.0649	0.0519	0.0343	0.0165	0.0116	0.0102	0.0098	0.0931	0.0911	0.0907
海洋经济产值占GDP比重	0.1834	0.1295	0.1679	0.1677	0.1546	0.1652	0.3668	0.4360	0.6260	0.7241	0.7672	0.9069	0.8795	0.9025	0.9112	0.9237	0.9424	0.9511	0.9634
海岸线经济密度	0.0542	0.0432	0.0574	0.0623	0.0683	0.0734	0.1637	0.2177	0.3410	0.4721	0.5771	0.7542	0.8771	0.9012	0.9145	0.9214	0.9352	0.9451	0.9524
万元GDP入海废水量	1.0000	1.0000	1.0000	1.0000	1.0000	1.0000	1.0000	1.0000	1.0000	0.0000	1.0000	1.0000	1.0000	1.0000	1.0000	1.0000	1.0000	1.0000	1.0000
海水入侵面积占土地面积比	1.0000	1.0000	1.0000	1.0000	1.0000	1.0000	1.0000	1.0000	1.0000	1.0000	1.0000	1.0000	1.0000	1.0000	1.0000	1.0000	1.0000	1.0000	1.0000
人均消费水产品产量	0.3519	0.3920	0.4701	0.4885	0.5194	0.5505	0.5600	0.5728	0.5970	0.6682	0.7353	0.6004	0.8648	1.0000	1.0000	1.0000	1.0000	1.0000	1.0000
港口货物存吐量	1.0000	0.9211	0.8537	0.7609	0.6604	0.5469	0.4930	0.4268	0.3977	0.3723	0.3398	0.3017	0.2448	0.2059	0.2001	0.0905	0.0911	0.0924	0.0922

表 5-9 葫芦岛市指标标准化值

年份	1996	1997	1998	1999	2000	2001	2002	2003	2004	2005	2006	2007	2008	2009	2010	2011	2012	2013	2014
农用地化肥施用强度	0.5806	0.5044	0.9458	0.5564	1.0000	0.6909	0.6137	0.5654	0.3995	0.5551	0.5489	0.5505	0.5254	0.5658	0.5223	0.5671	0.5527	0.5124	0.5034
环境保护投资指数	0.3725	0.3608	0.0148	0.0141	0.0499	0.5909	0.2936	0.0558	0.0232	0.0035	1.0000	0.3597	0.1523	0.1884	0.1786	0.1712	0.1685	0.1575	0.1631
工业废水达标排放率	0.5971	0.3852	0.3082	0.6998	0.6565	0.8075	0.8986	1.0000	0.9912	0.9844	0.9922	0.8121	0.8173	0.7494	0.8312	0.8227	0.8424	0.8547	0.8721
生活垃圾无害化处理率	1.0000	1.0000	1.0000	1.0000	1.0000	1.0000	1.0000	1.0000	1.0000	1.0000	1.0000	1.0000	1.0000	1.0000	1.0000	1.0000	1.0000	1.0000	1.0000
人均公共绿地面积	0.4924	0.4980	0.5020	0.6478	0.6534	0.8183	0.9689	0.9618	0.9641	0.9737	1.0000	0.9171	0.9108	0.9729	0.9755	0.9835	0.9876	0.9952	0.9981
复种指数	0.9933	0.9906	0.9906	1.0000	0.9926	0.9756	0.9620	0.9833	0.9367	0.9582	0.9544	0.9709	0.9949	0.9840	0.9765	0.9735	0.9576	0.9475	0.9624
粮食单产	0.7016	0.6823	0.9199	0.3399	0.3070	0.7853	0.6623	0.6471	0.9343	0.8211	0.7549	0.8976	1.0000	0.6129	0.7581	0.7682	0.7864	0.8104	0.8244
有效灌溉面积比例	0.7349	0.7490	0.8361	0.9147	0.9670	0.9892	1.0000	0.9316	0.8140	0.7956	0.7932	0.7798	0.7447	0.7752	0.7743	0.7719	0.7824	0.7826	0.7812
农业人均耕地面积	0.9607	0.9781	0.9791	0.9791	0.9804	0.9844	0.9878	0.9561	0.9755	0.9995	1.0000	0.9794	0.9755	0.9750	0.9746	0.9735	0.9724	0.9713	0.9701
建成区绿化覆盖率	0.7041	0.6942	0.6965	0.6856	0.6638	0.9301	1.0000	0.9624	0.9655	0.9607	0.9269	0.8886	0.8810	0.8440	0.8402	0.8312	0.8301	0.8211	0.8205
单位面积水资源量	0.6940	0.3412	1.0000	0.1931	0.2219	0.1990	0.1384	0.1536	0.2571	0.4791	0.3112	0.3389	0.3170	0.2524	0.2435	0.2418	0.2409	0.2356	0.2712
土地生产率	0.2779	0.3078	0.3296	0.3317	0.3506	0.4024	0.4469	0.5205	0.6362	0.6496	0.7645	0.9120	1.0000	0.9742	0.9786	0.9804	0.9811	0.9832	0.9841
GDP增长率	0.4141	0.4546	0.4546	0.0290	0.2560	0.6656	0.5387	0.7415	1.0000	0.0945	0.7302	0.8976	0.4343	0.5124	0.5311	0.5417	0.5268	0.4892	0.6584
人均GDP	0.2943	0.3260	0.3480	0.3491	0.3656	0.4178	0.4659	0.5417	0.6581	0.6702	0.5895	0.9176	1.0000	0.9667	0.9687	0.9524	0.9586	0.9611	0.9635
人口自然增长率	0.5400	0.6429	0.9000	0.7297	0.3649	1.0000	0.7714	1.0000	0.5895	0.6905	0.5960	0.5325	0.5708	0.6444	0.6352	0.6415	0.5371	0.6118	0.6352
居民人均可支配收入	0.3091	0.3327	0.3444	0.3250	0.3696	0.4086	0.4378	0.4610	0.5178	0.5745	0.6433	0.7809	0.9136	1.0000	0.9235	0.9421	0.9524	0.9433	0.9137

续表

年份	1996	1997	1998	1999	2000	2001	2002	2003	2004	2005	2006	2007	2008	2009	2010	2011	2012	2013	2014
万人高等学校在校学生数	0.0000	0.0000	0.0000	0.0732	0.0680	0.1268	0.1592	0.2146	0.2765	0.3940	0.6259	0.1548	1.0000	0.5454	0.5638	0.5641	0.5714	0.5811	0.5823
人均粮食产量	0.7355	0.7233	0.9723	0.3580	0.3219	0.8197	0.6895	0.6495	0.9536	0.8517	0.7797	0.9067	1.0000	0.6100	0.6501	0.6612	0.6701	0.6882	0.6910
人口密度	0.9999	1.0000	0.9970	0.9936	0.9847	0.9804	0.9843	0.9825	0.9768	0.9743	0.9550	0.9500	0.9442	0.9369	0.9352	0.9235	0.9211	0.9124	0.9084
农业产值占GDP比重	0.7213	0.6897	0.6962	0.8873	0.9195	0.8336	0.9215	0.9712	0.9880	0.9280	1.0000	0.9985	0.9652	0.9734	0.9812	0.9886	0.9901	0.9984	0.9986
第三产业产值占GDP比重	0.7886	0.7939	0.8170	0.8914	0.9260	0.8937	0.8937	0.8687	0.8354	0.8856	0.8938	0.8672	0.9153	0.9257	0.9357	0.9532	0.9658	0.9768	1.0000
非农人口比例	0.8477	0.8638	0.8732	0.8811	0.8947	0.9145	0.9285	0.9374	0.9449	0.9635	0.9740	0.9773	0.9127	0.9352	0.9368	0.9568	0.9675	0.9758	1.0000
城镇居民恩格尔系数	0.7229	0.7454	0.7855	0.7957	0.9161	0.9085	0.8889	0.9182	0.8772	0.8933	1.0000	0.9616	0.8450	0.9240	0.9311	0.9425	0.9534	0.9658	0.9724
房地产开发投资额	0.9774	1.0000	0.7350	0.6425	0.3217	0.2266	0.1998	0.1448	0.2002	0.2198	0.1918	0.1188	0.0942	0.0716	0.0701	0.0635	0.0624	0.0611	0.0605
海洋经济产值占GDP比重	0.1222	0.1566	0.1807	0.2353	0.2923	0.3311	0.3352	0.5018	0.5736	0.7215	0.7413	0.8148	0.8582	0.8658	0.8752	0.8851	0.8932	0.9310	1.0000
海岸线经济密度	0.0346	0.0495	0.0611	0.0801	0.1052	0.1367	0.1550	0.2703	0.3776	0.4850	0.5792	0.7635	0.8818	0.9012	0.9258	0.9354	0.9435	0.9631	1.0000
万元GDP入海废水量	0.3357	0.2941	0.3750	0.5276	0.2249	0.0222	0.5424	0.3483	1.0000	0.1341	0.6793	0.6667	0.8041	0.8237	0.8425	0.8526	0.7768	0.7122	0.7352
海水入侵面积占土地面积比	1.0000	0.6497	0.6497	0.5953	0.5686	0.5419	0.5192	0.4927	0.4663	0.4398	0.4059	0.3825	0.0265	0.0000	0.0000	0.0000	0.0000	0.0000	0.0000
人均消费水产品产量	0.2355	0.3626	0.4259	0.4649	0.4785	0.5643	0.6260	0.6496	0.6826	0.7317	0.7931	0.6461	0.8933	0.9023	0.9124	0.9935	0.9823	0.9887	1.0000
港口货物吞吐量	1.0000	0.8710	0.7606	0.6506	0.4682	0.2151	0.1484	0.1250	0.1036	0.0951	0.0810	0.0739	0.0550	0.0438	0.0411	0.0352	0.0322	0.0311	0.0285

表 5-10　丹东市指标标准化值

年份	1996	1997	1998	1999	2000	2001	2002	2003	2004	2005	2006	2007	2008	2009	2010	2011	2012	2013	2014
农用地化肥施用强度	0.8923	1.0000	0.6857	0.8195	0.7707	0.8727	0.8602	0.7030	0.2850	0.7575	0.7250	0.7227	0.7164	0.6935	0.6834	0.6822	0.7012	0.7124	0.6937
环境保护投资指数	0.0501	0.0299	0.1780	0.1688	0.2648	0.0996	0.1015	0.0927	0.2373	0.1924	0.1342	1.0000	0.0986	0.1869	0.1753	0.1822	0.1867	0.1892	0.2011
工业废水达标排放率	0.2831	0.4949	0.2001	0.4773	0.6569	0.6811	0.9640	0.9929	0.9961	1.0000	0.8653	0.7927	0.7206	0.5743	0.6027	0.5661	0.7118	0.5672	0.5743
生活垃圾无害化处理率	1.0000	1.0000	1.0000	1.0000	1.0000	1.0000	0.3000	0.3000	1.0000	0.3000	0.3000	0.3000	0.3000	0.3400	0.3000	0.3010	0.3104	0.3000	0.3000
人均公共绿地面积	0.6309	0.8233	0.8360	0.8391	0.5047	0.7145	0.9006	0.7539	0.7886	0.7997	0.9779	1.0000	0.9700	0.9653	0.9711	0.9735	0.9812	0.9857	0.9735
复种指数	0.9468	0.7954	0.8009	0.9590	0.9412	0.8227	0.8282	0.9695	1.0000	0.8625	0.8826	0.8745	0.8724	0.8799	0.8633	0.8601	0.8537	0.8512	0.8529
粮食单产	0.6910	0.5808	0.7005	1.0000	0.7995	0.7827	0.7352	0.8257	0.8723	0.6999	0.8372	0.8473	0.8356	0.8089	0.8158	0.8116	0.8327	0.8412	0.8501
有效灌溉面积比例	0.9359	0.7937	0.8033	0.9556	0.9365	0.8023	0.8069	0.9721	1.0000	0.8564	0.8673	0.8568	0.8483	0.8554	0.8637	0.8645	0.8432	0.8517	0.8567
农业人均耕地面积	0.8208	0.9881	0.9867	0.8272	0.8432	0.9951	0.9972	0.8494	0.8533	0.9900	0.9783	0.9909	1.0000	0.9990	1.0000	0.9905	0.9986	0.9934	0.9907
建成区绿化覆盖率	0.9186	0.7903	0.8232	0.8354	0.8475	0.8572	1.0000	0.8397	0.8293	0.8742	0.8674	0.9136	0.9206	0.9591	0.9612	0.9685	0.9723	0.9834	0.9886
单位面积水资源量	1.0000	0.5424	0.9256	0.4271	0.2271	0.6400	0.3622	0.5742	0.8388	0.8496	0.7716	0.7693	0.6714	0.7110	0.7098	0.6867	0.7214	0.6682	0.7168
土地生产率	0.2356	0.2552	0.2652	0.2791	0.2846	0.3071	0.3385	0.3891	0.4853	0.5451	0.6426	0.7738	0.9403	0.9511	0.9634	0.9657	0.9722	0.9834	0.9901
GDP 增长率	0.4048	0.3076	0.2510	0.2124	0.1662	0.3205	0.3486	0.6052	1.0000	0.4991	0.7320	0.8266	0.8709	0.3134	0.3112	0.3009	0.3010	0.3142	0.3065
人均 GDP	0.2341	0.2532	0.2622	0.2757	0.2865	0.3092	0.3354	0.3857	0.4813	0.5376	0.6345	0.7629	0.9278	0.9382	0.9453	0.9488	0.9672	0.9735	1.0000
人口自然增长率	0.0000	0.1058	0.4233	0.5291	0.5026	0.5556	0.2910	0.8730	0.5952	0.6508	0.7011	0.6614	1.0000	0.9683	0.9401	08275	0.8103	0.8016	0.7254

续表

年份	1996	1997	1998	1999	2000	2001	2002	2003	2004	2005	2006	2007	2008	2009	2010	2011	2012	2013	2014
居民人均可支配收入	0.2961	0.3194	0.3309	0.3541	0.3710	0.3911	0.4066	0.4455	0.4898	0.5496	0.6217	0.7632	0.9080	0.9128	0.9353	0.9428	0.9634	0.9833	1.0000
万人高等学校在校学生数	0.2396	0.2731	0.2932	0.3327	0.3797	0.5836	0.5827	0.6777	0.6746	0.7251	0.7248	0.2171	0.8328	0.8657	0.8935	0.9024	0.9234	0.9534	1.0000
人均粮食产量	0.6948	0.6972	0.8380	1.0000	0.8116	0.9336	0.8759	0.8360	0.8835	0.8254	0.9744	0.9966	0.9899	0.9556	0.9637	0.9776	0.9834	0.9245	0.9612
人口密度	0.9869	0.9856	0.9824	0.9815	1.0000	1.0000	0.9842	0.9846	0.9854	0.9797	0.9810	0.9793	0.9801	0.9934	0.9917	0.9934	0.9834	0.9934	0.9972
农业产值占 GDP 比重	0.7507	0.7306	0.6921	0.7050	0.7194	0.7210	0.7353	0.7665	0.8334	0.8465	0.9082	0.9583	1.0000	0.9574	0.9537	0.9587	0.9672	0.9711	0.9708
第三产业产值占 GDP 比重	0.8811	0.8824	0.9157	0.9797	0.9807	1.0000	0.9902	0.9923	0.9894	0.9493	0.9126	0.9027	0.8717	0.8336	0.8427	0.8657	0.8785	0.8570	0.8427
非农人口比例	0.9505	0.9622	0.9650	0.9691	0.9750	0.9810	0.9857	0.9890	0.9948	0.9900	0.9916	0.9948	0.9976	0.9981	0.9988	0.9976	0.9991	1.0000	1.0000
城镇居民恩格尔系数	0.6884	0.7224	0.7803	0.8587	0.9008	1.0000	0.9376	0.9184	0.8945	0.9497	0.9353	0.9469	0.9625	0.9741	0.9787	0.9834	0.9883	0.9901	0.9975
房地产开发投资额	0.7827	0.9269	1.0000	0.6208	0.3677	0.2809	0.2930	0.2727	0.2283	0.1502	0.1051	0.0796	0.0618	0.0410	0.0435	0.0409	0.0387	0.0363	0.0351
海洋经济产值占 GDP 比重	0.1983	0.2188	0.2274	0.2396	0.2540	0.2573	0.3907	0.4525	0.7069	0.8340	0.8823	0.8183	0.8754	0.8867	0.8997	0.9024	0.9241	0.9648	1.0000
海岸线经济密度	0.0458	0.0547	0.0591	0.0655	0.0723	0.0790	0.1303	0.1735	0.3380	0.4480	0.5596	0.6250	0.8125	0.8534	0.8916	0.9104	0.9572	0.9864	1.0000
万元 GDP 人海废水量	0.3122	0.2656	0.3303	0.4861	0.2041	0.0190	0.4489	0.2845	0.8334	0.0687	0.6297	0.7809	0.9350	0.9410	0.9406	0.9326	0.9427	0.9627	1.0000
海水入侵面积占土地面积比	1.0000	1.0000	1.0000	1.0000	0.9000	0.8000	0.6956	0.5941	0.4926	0.3911	0.2908	0.1895	0.0882	0.0000	0.0000	0.0000	0.0000	0.0000	0.0000
人均消费水产品产量	0.2200	0.2474	0.2917	0.3284	0.3485	0.3721	0.4279	0.4985	0.5769	0.6463	0.7132	0.5864	0.8561	0.8912	0.9134	0.9710	0.9774	0.9902	1.0000
港口货物存吐量	1.0000	0.9364	0.8918	0.5493	0.4239	0.3801	0.3399	0.2910	0.1918	0.1342	0.0978	0.0781	0.0717	0.0663	0.0653	0.0642	0.0617	0.0611	0.0602

表 5-11 锦州市指标标准化值

年份	1996	1997	1998	1999	2000	2001	2002	2003	2004	2005	2006	2007	2008	2009	2010	2011	2012	2013	2014
农用地化肥施用强度	0.7684	0.8305	0.8409	0.8222	1.0000	0.9196	0.8950	0.7422	0.6267	0.8106	0.8758	0.7729	0.7872	0.7233	0.7356	0.7411	0.7687	0.7871	0.7532
环境保护投资指数	0.0403	0.0457	0.0088	0.0090	1.0000	0.4949	0.3423	0.2083	0.1959	0.2000	0.1869	0.1839	0.0513	0.0892	0.0884	0.0768	0.0657	0.0437	0.0671
工业废水达标排放率	0.8796	0.2526	0.3308	0.8659	0.9030	0.9813	0.6111	0.6858	0.7970	0.8832	0.8637	0.8957	1.0000	0.9325	0.9427	0.9574	0.9662	0.9683	0.9785
生活垃圾无害化处理率	1.0000	1.0000	0.6528	1.0000	0.7373	0.7481	0.8565	0.8565	1.0000	0.8376	0.8376	0.8376	0.8376	0.8034	0.8244	0.8341	0.8475	0.8654	0.8371
人均公共绿地面积	0.4662	0.5039	0.6478	0.6512	0.5537	0.5725	0.7409	0.6423	0.6977	0.7065	0.7918	0.8162	0.9247	0.9342	0.9401	0.9534	0.9616	0.9645	0.9702
复种指数	0.9694	0.8776	0.8583	0.8685	0.8527	0.8271	0.8509	1.0000	0.9833	0.9056	0.8680	0.9269	0.9168	0.9582	0.9342	0.9424	0.9554	0.9672	0.9611
粮食单产	0.8733	0.5523	0.8004	0.5356	0.3551	0.6295	0.7000	0.6747	1.0000	0.8997	0.7507	0.8867	0.9010	0.8431	0.8337	0.8413	0.8546	0.8391	0.8413
有效灌溉面积比例	0.5905	0.5712	0.6163	0.6487	0.6852	0.7341	0.8099	0.9838	1.0000	0.8981	0.8376	0.8877	0.8847	0.9507	0.9556	0.9634	0.9724	0.9744	0.9758
农业人均耕地面积	0.8269	0.9235	0.9355	0.9341	0.9370	0.9431	0.9292	0.7852	0.8003	0.9254	1.0000	0.9470	0.9927	0.9798	0.9698	0.9786	0.9887	0.9901	0.9923
建成区绿化覆盖率	0.6492	0.6496	1.0000	0.6294	0.5776	0.6010	0.5935	0.6149	0.6085	0.6177	0.6187	0.6319	0.6327	0.6476	0.6512	0.6585	0.6612	0.6714	0.6772
单位面积水资源量	0.4834	0.3040	1.0000	0.4777	0.3266	0.2625	0.2431	0.3429	0.4004	0.5714	0.3570	0.3898	0.5749	0.4749	0.5024	0.4824	0.4627	0.5114	0.5246
土地生产率	0.2190	0.2372	0.2463	0.2465	0.2586	0.2858	0.3207	0.3719	0.4530	0.5043	0.6191	0.7695	0.9641	0.9656	0.9733	0.9752	0.9614	0.9608	0.9611
GDP增长率	0.3876	0.3243	0.3401	0.0038	0.1932	0.4164	0.4823	0.6323	0.8623	0.4474	0.8108	0.7805	1.0000	0.2111	0.2001	0.2147	0.1986	0.1977	0.2157
人均GDP	0.2339	0.2524	0.2616	0.2608	0.2726	0.3005	0.3373	0.3907	0.4755	0.5284	0.6349	0.7597	0.9496	0.9572	0.9586	0.9676	0.9788	0.9875	1.0000
人口自然增长率	0.1450	0.1933	0.5800	0.2231	0.3625	0.3053	0.3222	0.7250	0.3494	0.1883	0.1921	0.4143	0.4567	0.4735	0.4875	0.4934	0.4711	0.4625	0.4172
居民人均可支配收入	0.2886	0.3074	0.3247	0.3267	0.3635	0.3948	0.4256	0.4631	0.5172	0.5720	0.6426	0.7749	0.9109	0.9311	0.9425	0.9552	0.9635	0.9775	1.0000
万人高等学校在校学生数	0.1727	0.1781	0.1852	0.2415	0.2972	0.3567	0.4615	0.5430	0.6472	0.7431	0.8037	0.2008	0.9266	0.9335	0.9486	0.9587	0.9612	0.9774	1.0000
人均粮食产量	0.8806	0.6186	0.9056	0.6036	0.3989	0.7070	0.7667	0.6211	0.9281	0.9609	0.8572	0.9547	1.0000	0.9204	0.9124	0.9342	0.9115	0.9204	0.9334

续表

年份	1996	1997	1998	1999	2000	2001	2002	2003	2004	2005	2006	2007	2008	2009	2010	2011	2012	2013	2014
人口密度	1.0000	0.9967	0.9944	0.9905	0.9873	0.9847	0.9849	0.9836	0.9827	0.9811	0.9603	0.9244	0.9223	0.9364	0.9311	0.9276	0.9202	0.9127	0.9076
农业产值占GDP比重	0.5544	0.5561	0.5281	0.6263	0.7051	0.6871	0.6792	0.7014	0.7110	0.7789	0.8751	0.9553	1.0000	0.9818	0.9723	0.9676	0.9586	0.9547	0.9486
第三产业产值占GDP比重	0.8556	0.8494	0.8259	0.9106	0.9291	0.9313	0.9494	0.9312	0.8949	1.0000	0.9887	0.9393	0.9476	0.8836	0.8776	0.8691	0.8811	0.8625	0.8863
非农人口比例	0.8585	0.8672	0.8718	0.8758	0.8860	0.8967	0.9132	0.9218	0.9388	0.9462	0.9628	0.9695	0.9947	0.9956	0.9967	0.9986	1.0000	1.0000	1.0000
城镇居民恩格尔系数	0.6994	0.7453	0.8177	0.8810	1.0000	0.9453	0.8713	0.9115	0.8753	0.9381	0.8401	0.8127	0.8846	0.8889	0.8921	0.8994	0.9022	0.9085	0.9124
房地产开发投资额	0.8381	0.9534	0.8491	0.5431	0.4889	0.3195	0.3121	0.2953	1.0000	0.4878	0.2875	0.1641	0.1205	0.0929	0.0911	0.0856	0.0875	0.0811	0.0807
海洋经济产值占GDP比重	0.1558	0.1462	0.1519	0.2395	0.2667	0.2429	0.4063	0.4630	0.6468	0.8046	0.8190	0.9393	0.9015	0.9322	0.9447	0.9524	0.9675	0.9578	0.9424
海岸线经济密度	0.0355	0.0361	0.0390	0.0615	0.0718	0.0723	0.1357	0.1793	0.3052	0.4225	0.5183	0.7117	0.8559	0.8621	0.8675	0.8734	0.8811	0.8804	0.9124
万元GDP人海废水量	0.0000	0.0000	0.0000	0.0000	0.0000	0.0000	0.0000	0.0000	0.0000	0.0000	0.0000	1.0000	0.0000	0.0000	0.0000	0.0000	0.0000	0.0000	0.0000
海水入侵面积占土地面积比	0.9087	0.8968	0.8853	1.0000	0.9473	0.8999	0.8569	0.8179	0.7823	0.7497	0.7065	0.6543	0.6300	0.6170	0.6058	0.5912	0.5814	0.5745	0.5524
人均消费水产品产量	0.2179	0.3475	0.3808	0.4019	0.4147	0.4297	0.4761	0.5357	0.6161	0.6819	0.7878	0.6484	0.8929	0.9014	0.9122	0.9245	0.9317	0.9414	0.9455
港口货物吞吐量	1.0000	0.8690	0.7807	0.6058	0.4354	0.3946	0.3120	0.2566	0.1784	0.1459	0.1387	0.1246	0.1058	0.0920	0.0901	0.0876	0.0864	0.0817	0.0801

（1）熵值法确定权重

通过对各种评价赋权方法的比较，相对来说，客观赋权法中的熵值法既不会受主观判断的影响，又可以避免主成分分析等方法的一些局限性，更加客观和科学。因此，采用熵值法对辽宁省海岸带土地资源承载力进行综合评价。该方法的计算步骤如下。

1）将无量纲化后的决策矩阵记为 $x = \left(x_{ij} \right)_{n \times m}$；

2）应用公式 $e_j = -\left(\ln m \right)^{-1} \sum_{i=1}^{m} x \ln x$，求得指标的熵值 e_j；

3）计算第 j 项指标的差异性系数 g_j，$g_j = 1 - e_j$；

4）求出权重 a_j，$a_j = g_j \Big/ \sum_{j=1}^{n} g_j$。

（2）层次分析法确定权重

1）基本原理。层次分析法是 20 世纪 70 年代初美国著名运筹学家 T. L. Saaty 提出的一种多目标和多准则的决策方法。它能把复杂的问题分解为不同的组成因素，并将这些因素按支配关系分组建立递阶层次结构；通过两两比较的方式确定层次中诸因素的相对重要性，并综合人的判断决策对诸因素的相对重要性进行排序，在排序过程中需要进行一致性检验，即判断矩阵 CR<0.10。

2）基本步骤如下：①明确问题；②建立递阶层次结构，结构形式包括目标层、准则层和对象层 3 个层次；③构造判断矩阵，即对每一层次中各因素的相对重要性用数值形式写成矩阵；④进行层次单排序，即计算判断矩阵的特征根和特征向量；⑤进行层次总排序，即根据层次单排序，计算本层次所有因素重要性的权重值。

（3）组合权重

通过决策分析程序计算得出辽宁省海岸带六市的指标组合权重，如表 5-12 所示。

3. 评价方法

根据上面所确定的评价指标体系、指标标准化和权重结果，应用综合评价方法，对辽宁省海岸带 1996～2014 年的土地资源承载力进行评价，计算公式为

$$Y_{kj} = \sum_{i=1}^{n} W_i x'_{kij} \qquad (5\text{-}3)$$

式中，Y_{kj} 为第 k 年 j 市的土地资源承载力综合评价值；W_i 为指标组合权重；x'_{kij} 为第 k 年 j 市第 i 项指标的标准化值；$i = 1, 2, \cdots, n$，n 为评价指标数。

表 5-12　辽宁省海岸带六市的指标组合权重

年份	1996	1997	1998	1999	2000	2001	2002	2003	2004	2005	2006	2007	2008	2009	2010	2011	2012	2013	2014
农用地化肥施用强度	0.0348	0.0336	0.0343	0.0311	0.0309	0.0316	0.0343	0.0358	0.0398	0.0358	0.0358	0.0384	0.0388	0.0352	0.0363	0.0354	0.0366	0.0381	0.0385
环境保护投资指数	0.0657	0.0876	0.0961	0.0945	0.0830	0.0463	0.0561	0.1063	0.1152	0.0752	0.0997	0.0927	0.1117	0.1109	0.1025	0.1057	0.1201	0.1075	0.1265
工业废水达标排放率	0.0389	0.0410	0.0511	0.0365	0.0314	0.0291	0.0276	0.0269	0.0214	0.0207	0.0215	0.0222	0.0245	0.0252	0.0262	0.0254	0.0261	0.0249	0.0261
生活垃圾无害化处理率	0.0143	0.0136	0.0184	0.0371	0.0322	0.0326	0.0265	0.0272	0.0147	0.0277	0.0292	0.0277	0.0274	0.0241	0.0217	0.0237	0.0233	0.0254	0.0261
人均公共绿地面积	0.0244	0.0249	0.0238	0.0214	0.0223	0.0271	0.0225	0.0239	0.0206	0.0210	0.0193	0.0186	0.0184	0.0175	0.0163	0.0161	0.0164	0.0172	0.0168
复种指数	0.0256	0.0273	0.0280	0.0262	0.0258	0.0286	0.0284	0.0281	0.0263	0.0265	0.0280	0.0281	0.0293	0.0284	0.0280	0.0283	0.0281	0.0282	0.0286
粮食单产	0.0373	0.0375	0.0350	0.0449	0.0437	0.0352	0.0356	0.0375	0.0355	0.0355	0.0371	0.0357	0.0374	0.0399	0.0387	0.0378	0.0391	0.0387	0.0386
有效灌溉面积比例	0.0237	0.0236	0.0234	0.0214	0.0200	0.0226	0.0229	0.0208	0.0212	0.0220	0.0249	0.0237	0.0237	0.0229	0.0231	0.0232	0.0221	0.0229	0.0236
农业人均排地面积	0.0669	0.0631	0.0637	0.0649	0.0644	0.0644	0.0671	0.0676	0.0668	0.0645	0.0633	0.0620	0.0575	0.0569	0.0648	0.0610	0.0672	0.0680	0.0691
建成区绿化覆盖率	0.0248	0.0232	0.0256	0.0239	0.0236	0.0243	0.0291	0.0257	0.0215	0.0214	0.0219	0.0212	0.0224	0.0214	0.0211	0.0235	0.0244	0.0246	0.0248
单位面积水资源量	0.0275	0.0330	0.0265	0.0347	0.0407	0.0382	0.0454	0.0447	0.0492	0.0333	0.0439	0.0429	0.0345	0.0420	0.0411	0.0416	0.0421	0.0506	0.0427
土地生产率	0.0233	0.0221	0.0213	0.0218	0.0237	0.0226	0.0211	0.0211	0.0211	0.0190	0.0187	0.0174	0.0158	0.0144	0.0132	0.0142	0.0130	0.0144	0.0141
GDP增长率	0.0223	0.0218	0.0236	0.0639	0.0584	0.0444	0.0463	0.0193	0.0226	0.0575	0.0185	0.0227	0.0248	0.0749	0.0651	0.0511	0.0512	0.0510	0.0602
人均GDP	0.0306	0.0297	0.0283	0.0286	0.0305	0.0292	0.0273	0.0272	0.0270	0.0250	0.0248	0.0238	0.0220	0.0202	0.0234	0.0237	0.0211	0.0201	0.0214
人口自然增长率	0.0798	0.0529	0.0363	0.0284	0.0299	0.0384	0.0566	0.0186	0.0263	0.0337	0.0493	0.0408	0.0424	0.0212	0.0324	0.0275	0.0233	0.0231	0.0216

续表

年份	1996	1997	1998	1999	2000	2001	2002	2003	2004	2005	2006	2007	2008	2009	2010	2011	2012	2013	2014
居民人均可支配收入	0.0140	0.0124	0.0125	0.0125	0.0111	0.0122	0.0125	0.0118	0.0119	0.0130	0.0135	0.0123	0.0129	0.0123	0.0117	0.0145	0.0162	0.0137	0.0151
万人高等学校在校学生数	0.0602	0.0607	0.0601	0.0353	0.0335	0.0332	0.0343	0.0366	0.0331	0.0272	0.0206	0.1091	0.0159	0.0156	0.0138	0.0155	0.0146	0.0138	0.0142
人均粮食产量	0.0173	0.0156	0.0141	0.0232	0.0226	0.0176	0.0191	0.0186	0.0146	0.0157	0.0158	0.0143	0.0145	0.0175	0.0166	0.0146	0.0144	0.0138	0.0147
人口密度	0.0289	0.0282	0.0287	0.0285	0.0280	0.0292	0.0294	0.0292	0.0293	0.0299	0.0305	0.0306	0.0316	0.0311	0.0316	0.0310	0.0308	0.0305	0.0306
农业产值占GDP比重	0.0207	0.0187	0.0185	0.0224	0.0201	0.0180	0.0214	0.0208	0.0204	0.0186	0.0190	0.0182	0.0179	0.0175	0.0164	0.0171	0.0174	0.0179	0.0168
第三产业产值占GDP比重	0.0150	0.0142	0.0142	0.0133	0.0132	0.0142	0.0144	0.0147	0.0147	0.0162	0.0170	0.0155	0.0165	0.0142	0.0134	0.0141	0.0140	0.0138	0.0139
非农人口比例	0.0164	0.0155	0.0158	0.0155	0.0147	0.0159	0.0164	0.0159	0.0156	0.0146	0.0148	0.0140	0.0134	0.0128	0.0122	0.0127	0.0125	0.0124	0.0133
城镇居民恩格尔系数	0.0122	0.0118	0.0115	0.0122	0.0121	0.0127	0.0132	0.0125	0.0121	0.0125	0.0137	0.0132	0.0141	0.0132	0.0123	0.0133	0.0129	0.0121	0.0124
房地产开发投资额	0.0241	0.0242	0.0374	0.0398	0.0380	0.0551	0.0626	0.0566	0.1147	0.0821	0.0627	0.0466	0.0560	0.0609	0.0627	0.0561	0.0601	0.0537	0.0544
港口货物吞吐量	0.0114	0.0114	0.0126	0.0140	0.0174	0.0249	0.0339	0.0363	0.0428	0.0486	0.0555	0.0564	0.0575	0.0519	0.0516	0.0510	0.0521	0.0532	0.0543
海洋经济产值占GDP比重	0.0537	0.0622	0.0590	0.0493	0.0436	0.0421	0.0288	0.0242	0.0213	0.0209	0.0207	0.0174	0.0178	0.0168	0.0147	0.0151	0.0155	0.0154	0.0161
海岸线经济密度	0.0220	0.0294	0.0276	0.0223	0.0192	0.0219	0.0141	0.0325	0.0149	0.0148	0.0153	0.0164	0.0162	0.0121	0.0132	0.0154	0.0124	0.0131	0.0122
万元GDP人海废水量	0.1009	0.1056	0.0999	0.0782	0.1142	0.1314	0.0940	0.1014	0.0668	0.1018	0.0906	0.0363	0.0650	0.0512	0.0571	0.0535	0.0611	0.0511	0.0547
海水入侵面积占土地面积比	0.0150	0.0162	0.0156	0.0181	0.0197	0.0241	0.0298	0.0337	0.0374	0.0456	0.0580	0.0659	0.1054	0.1045	0.1023	0.1044	0.1027	0.0101	0.014
人均消费水产品产量	0.0484	0.0390	0.0374	0.0361	0.0319	0.0319	0.0294	0.0243	0.0212	0.0197	0.0165	0.0159	0.0149	0.0133	0.0165	0.0336	0.0093	0.0478	0.0849

二、结果与分析

1. 计算结果

根据式（5-3）计算出辽宁省海岸带土地资源承载力的综合评价值，结果如图 5-10 所示。

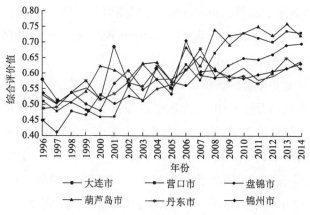

图 5-10　辽宁省海岸带土地资源承载力的综合评价值

2. 建立分级评价标准

为了更明确地评价土地资源承载力，参照文献（方智明，2008），建立了辽宁省海岸带土地资源承载力的分级评价标准，如表 5-13 所示。

表 5-13　辽宁省海岸带土地资源承载力的分级评价标准

数值	> 0.8	0.6～0.8	0.6	0.4～0.6	0.2～0.4	< 0.2
级别	高	较高	一般	中级	较低	低

注：表中以 0.6 分为基本标准，0.6 分以上表示土地资源承载力可以满足社会经济生态可持续发展需求，0.6 分以下表示承载力不能满足需求

3. 结果分析

（1）在时间序列上

辽宁省海岸带土地资源承载力的综合评价值为 0.4083～0.7532，总体上呈现增强趋势，评价级别从中级向较高过渡，说明各地区在 1996～2014 年土地资源逐渐向集约、高效方向发展。这主要表现为在各地区经济总量逐年增长的同时，土地生产效率也不断提高。2014 年，大连市、盘锦市、营口市、锦州市、丹东市和葫芦岛市的人均 GDP 分别为 10.99 万元、9.062 万元、6.323 万元、4.424 万

元、4.229 万元和 2.802 万元。同时，相应地区的土地生产率分别达到 6088 万元/公顷、3208 万元/公顷、2949 万元/公顷、1357 万元/公顷、669 万元/公顷和 693 万元/公顷，并且 2009 年大连市、盘锦市、营口市、锦州市、葫芦岛市和丹东市的农业产值占 GDP 比重相比 1996 年有明显下降趋势。

但是，辽宁省海岸带六市土地资源承载力达到较高级别和最低值的时间不同。盘锦市、大连市、葫芦岛市、丹东市、锦州市和营口市分别于 2011 年、2001 年、2006 年、2007 年、2007 年和 2004 年达到较高级别，评价值分别为 0.6174、0.6803、0.6037、0.6156、0.6193、0.6235。这主要是因为当年 GDP 增长率、人均消费水产品产量和环境保护投资指数明显增多，而农业产值占 GDP 比重、城镇居民恩格尔系数和万元 GDP 入海废水量却明显减少。这些都是引起土地资源承载力达到较高级别的重要因素。丹东市、大连市、锦州市、盘锦市、营口市和葫芦岛市土地资源承载力分别于 1996 年、1997 年、1997 年、1998 年、2006 年、2000 年达到最低值，评价值分别为 0.4850、0.4990、0.4083、0.5050、0.4570、0.4774。这主要是由不同地区的人口自然增长率、土地生产率、人均耕地面积、城镇居民恩格尔系数和海岸线经济密度等不同造成的。

（2）在空间序列上

以 2014 年为现状年，根据表 5-13 给出的土地资源承载力的分级评价标准，得到辽宁省海岸带六市的评价级别，评价结果如表 5-14 所示。

表 5-14 2014 年辽宁省海岸带土地资源承载力评价结果

地区	综合评价值	级别
大连市	0.6923	较高
营口市	0.7255	较高
盘锦市	0.7159	较高
葫芦岛市	0.6254	中级
丹东市	0.6125	中级
锦州市	0.6325	中级

从表 5-14 中可以看出，2014 年辽宁省海岸带各市土地资源承载力的空间差异显著。大连市、盘锦市和营口市达到了较高级别，基本可以满足社会经济生态可持续发展的需求；葫芦岛市、丹东市和锦州市达到中级级别，不能满足社会经济生态可持续发展的需求。其中，综合评价值最高的为营口市，评价值达到 0.7255，其次为盘锦市，最低的为丹东市。

1）较高级别。这一级别中营口市的综合评价值最高，其次为盘锦市，最低的为大连市。分析其原因为：2014年，营口市耕地面积为11万公顷，人均耕地面积为0.05公顷，是辽宁省海岸带地区农业人均耕地面积最小的城市，但是GDP增长率、环境保护投资指数和工业废水达标排放率都高于其他五市，分别达到6.50%、39.70%和99.79%，这就在一定程度上弥补了耕地面积少的劣势，从而使营口市的土地资源承载力的综合评价值最高。盘锦市耕地面积为14.37万公顷，仅多于营口市，但是农业人均耕地面积、粮食单产、人均粮食产量、有效灌溉面积比例和非农人口比例都高于其他五市，分别达到0.111公顷、7828.81千克/公顷、870.47千克、66.42%和83.15%，同时城镇居民恩格尔系数、万元GDP入海废水量和海水入侵面积占土地面积比在同期是最低的，为31.45%、0千克和0，从而使盘锦市的土地资源承载力的综合评价值达到0.7159。大连市土地生产率、人均GDP、人均消费水产品产量、生活垃圾无害化处理率、建成区绿化覆盖率相比其他五市是最高的，分别达到60.88万元/公顷、12.88万元、432.42克、81.56%、44.78%，但是复种指数、环境保护投资指数、海岸线经济密度是最低的，分别为96.21%、0.17%、1 233 083万元/公里，从而使大连市土地资源承载力的综合评价值为0.6923。

2）中级级别。这一级别中锦州市的综合评价值最高，其次为葫芦岛市，最低的为丹东市。分析其原因为：2014年，锦州市农业人均耕地面积、粮食单产、人均粮食产量、有效灌溉面积比例、海岸线经济密度相比其他市是最高的，分别为0.147公顷、5317.69千克/公顷、623.71千克、66.42%、1986.24万元/公里，但是海洋经济产值占GDP比重和第三产业产值占GDP比重较低，分别为29.29%和38.81%，从而导致土地资源承载力综合评价值为0.6325。葫芦岛市人均公共绿地面积为6.14平方米，为同一级别中三市的最大值，但是GDP增长率、粮食单产、人均粮食产量、非农人口比例、农业人均耕地面积、有效灌溉面积比例、建成区绿化覆盖率、单位面积水资源量却最低，分别为4.50%、1801.69千克/公顷、159.25千克、31.21%、0.088公顷、30.45%、42.09%、7.42万米^3/公里^2，从而导致葫芦岛市土地资源承载力的综合评价值为0.6254。丹东市的土地生产率、居民人均可支配收入、人均公共绿地面积、工业废水达标排放率为三市最低，分别为668.81万元/公顷、2.293万元、6.12平方米、55.18%，同时，城镇居民恩格尔系数较高，为34.4%，从而导致丹东市土地资源承载力的综合评价值为0.6125。因此，锦州市、葫芦岛市和丹东市的土地资源承载力有待进一步提高。

（3）障碍度分析

为了进一步说明各项评价指标对总体目标的影响程度，引进"指标偏离度"和"障碍度"两个概念（闵庆文等，2004）。

1）指标偏离度是指单项指标与土地资源承载力目标之间的差距，即单项指标因素评估值与100%之间的差值，用 P_{ij} 表示，计算公式为

$$P_{ij} = 1 - x'_{ij} \tag{5-4}$$

式中，P_{ij} 为第 j 子系统第 i 项指标的指标偏离度；x'_{ij} 为第 j 子系统第 i 项指标的标准化值。

2）障碍度是指单项因素对土地资源承载力综合水平的影响值，它是障碍诊断的目标和结果，用 Z_{ij} 表示，计算公式为

$$Z_{ij} = \frac{W_i P_{ij}}{\sum\limits_{i=1}^{n}\left(W_i P_{ij}\right)} \times 100\% \tag{5-5}$$

式中，Z_{ij} 为第 j 子系统第 i 项指标的障碍度；W_i 为指标组合权重。Z_{ij} 的大小排序可以确定区域土地资源承载力障碍因子的主次关系和各障碍因素对土地资源承载力的影响程度。

根据式（5-4）和式（5-5）计算出辽宁省海岸带土地资源承载力的障碍度，并对各指标的阻碍程度进行排序，排序结果如表 5-15 所示。

表 5-15　辽宁省海岸带 2014 年土地资源承载力障碍度排序

地区	次序	1	2	3	4	5	6	7~25
大连市	阻碍因子	t_{21}	t_{24}	t_{29}	t_{28}	t_{25}	t_{15}	其他
	障碍度	26.54	14.28	12.26	10.70	10.32	8.91	≤7.07
营口市	阻碍因子	t_{29}	t_{24}	t_{25}	t_{15}	t_6	t_{14}	其他
	障碍度	31.11	20.87	16.65	11.24	9.00	4.30	≤1.99
盘锦市	阻碍因子	t_{21}	t_{15}	t_{24}	t_{25}	t_6	t_{20}	其他
	障碍度	27.34	23.56	19.20	13.15	7.42	3.17	≤1.81
葫芦岛市	阻碍因子	t_{29}	t_{21}	t_{24}	t_{25}	t_6	t_2	其他
	障碍度	25.21	21.71	13.64	11.97	7.57	3.73	≤3.69

续表

地区	次序	1	2	3	4	5	6	7~25
丹东市	阻碍因子	t_{29}	t_{21}	t_{24}	t_{15}	t_{25}	t_{22}	其他
	障碍度	24.67	21.29	13.79	12.14	11.44	3.76	≤2.87
锦州市	阻碍因子	t_{21}	t_{15}	t_{24}	t_{28}	t_{25}	t_{29}	其他
	障碍度	24.28	14.20	13.28	12.31	11.33	9.62	≤5.30

注：表中"t_1，t_2，…"与表 5-5"指标层"一栏中的各项评价指标"t_1，t_2，…"相对应

由表 5-15 可以看出，影响辽宁省海岸带土地资源承载力的主要障碍因素为 GDP 增长率、人口自然增长率、单位面积水资源量、粮食单产、海水入侵面积占土地面积比、房地产开发投资额、万元 GDP 入海废水量、港口货物吞吐量、环境保护投资指数、农用地化肥施用强度和生活垃圾无害化处理率。通过将每个方面包含的主要障碍因素的障碍度值相加，可得出各个方面的总障碍度值，其中土地资源保障的总障碍度值为 27.72、社会经济发展的总障碍度值为 74.35、生态环境保护的总障碍度值为 128.09、海洋经济开发的总障碍度值为 295.80，所以影响辽宁省海岸带土地资源承载力的障碍因素按从大到小排列依次为海洋经济开发、生态环境保护、社会经济发展和土地资源保障。

第四节　辽宁省海岸带海域承载力

一、指标体系建立

海域承载力与一般区域承载力一样具有系统性、开放性、动态性和综合性等特点（毛汉英和余丹林，2001），但海域承载力又具有复杂性、动态变化性、模糊性，以及影响因素的多方面性、多层次性等特点。基于以上特点，构建海域承载力评价指标体系除了遵循科学性、可比性、可操作性等一般原则外，还应遵循以下原则。

1. 综合性与显著性相结合

选取的指标应既能综合反映海域承载力的自然环境、资源、社会经济等方面，

还应能够突出反映海域承载力的主要特征和状况。

2. 系统性和层次性相结合

根据系统论的观点，功能是结构的外在表现，结构决定功能，功能反作用于结构，有什么样的结构就对应有什么样的功能，功能制约着结构的组成和变化（孙才志等，2001）。海域承载力是一个涉及资源、环境、社会经济等系统的复杂系统，各部分之间相互独立又相互影响。因此，指标体系的选取应根据海洋系统的结构和层次划分出不同的层次，分别选取不同的指标，建立结构清楚、层次分明的指标体系。

3. 动态性与稳定性相结合

所选取的指标在时间上要具有连续性，要不仅能对现在的状况进行准确评价，而且还要能够较好地对过去的情况和未来的发展趋势进行描述和度量。

二、研究方法

1. 层次分析法

层次分析法是由美国运筹学家 T. L. Saaty 于 20 世纪 70 年代提出的一种定性与定量相结合的多目标决策分析方法。层次分析法首先将复杂的系统分解成若干子系统，并按它们之间的从属关系分组，形成有序的递阶层次结构；其次，对同一层次的各元素进行两两比较，并用矩阵运算确定出该元素对上层支配元素的相对重要性，进而确定出每个子系统对总目标的权重系数（孙才志和李红新，2007）。层次分析法已得到广泛应用，因此在此不再赘述。

综合评价指数为 Z_{AHP}，其公式为

$$Z_{AHP} = \sum_{i=1}^{m} W_j X_{ij} \ (i=1,2,\cdots,n\,;j=1,2,\cdots,m) \tag{5-6}$$

式中，X_{ij} 为第 i 个系统第 j 项指标标准化后的值；W_j 为利用层次分析法确定的评价指标 X_j 的权重。

2. 投影寻踪模型

投影寻踪（projection pursuit, PP）是一种处理多因素复杂问题的统计方

法，其基本思想是将高维数据投影到低维子空间上，然后通过优化投影指标函数，求出能反映原高维数据结构或特征的投影向量，在低维空间上对数据结构进行分析，以达到研究和分析高维数据的目的。建立投影寻踪模型的主要步骤如下。

1）评价指标正规化。为消除各评价指标量纲差异的影响和统一指标的变化范围，首先对原始指标进行正规化处理，设具有 m 个指标的 n 个样本集为 $(X_{ij})^*_{n \times m}$。

效益型指标：

$$X_{ij} = \frac{X^*_{ij} - X_{j\min}}{X_{j\max} - X_{j\min}}$$

成本型指标：

$$X_{ij} = \frac{X_{j\max} - X^*_{ij}}{X_{j\max} - X_{j\min}}$$

式中，$X_{j\max}$ 和 $X_{j\min}$ 分别为第 j 个指标的最大值和最小值；X_{ij} 为正规化后的值。

2）构造投影指标函数。投影寻踪方法实质上就是寻找最能充分表现数据特征的最优投影方向。设 $\alpha = (\alpha_1, \alpha_2, \cdots, \alpha_m)$ 为 m 维单位向量，即各指标投影方向的一维投影值，则第 i 个样本在一维线性空间的投影特征值 $z(i)$ 的表达式为

$$z(i) = \sum_{j=1}^{m} \alpha_j X_{ij} \qquad (5\text{-}7)$$

式中，$\alpha_j (j=1,2,\cdots,m)$ 为投影方向向量，是单位长度向量。

在综合投影指标值时，要求投影值 $z(i)$ 的散布特征为：局部投影点尽可能密集，最好凝聚成若干个点团，而整体上投影点团之间尽可能散开。因此，投影指标函数可以表达为

$$Q(\alpha) = S_z D_z \qquad (5\text{-}8)$$

式中，S_z、D_z 分别为投影值 $z(i)$ 的标准差和局部密度，即

$$S_z = \sqrt{\frac{\sum\limits_{i=1}^{n}\left(z(i)-\bar{z}\right)^2}{n-1}} \tag{5-9}$$

$$D_z = \sum_{i=1}^{n}\sum_{k=1}^{n}\left(R-r_{ik}\right)I\left(R-r_{ik}\right) \tag{5-10}$$

式中，$\bar{z}$ 为序列 $\{z(i), i=1,2,\cdots,n\}$ 的均值；R 为局部密度的窗口半径，与数据特性有关，研究表明其取值范围为 $r_{\max}+\dfrac{m}{2} \leqslant R \leqslant 2m$，通常可取 $R=m$；$r_{ik}=\left|z(i)-z(k)\right|(k=1,2,\cdots,n)$；符号函数 $I\left(R-r_{ik}\right)$ 为单位阶跃函数，当 $R \geqslant r_{ik}$ 时函数取 1，否则取 0。

3）优化投影指标函数。当评价指标的样本值给定时，投影指标函数 $Q(\alpha)$ 只随投影方向的变化而变化。不同的投影方向反映不同的数据结构特征，最佳投影方向就是最大可能暴露高维数据某类特征结构的投影方向。因此，可通过求解投影指标函数最大化问题来估计最佳投影方向，即

$$\mathrm{Max}\,Q(\alpha) = S_z D_z \tag{5-11}$$

$$\mathrm{s.t.}\ \sum_{j=1}^{m}\alpha^2(j)=1 \tag{5-12}$$

4）综合评价。将得到的最佳投影向量 α^* 代入步骤 2）公式中，得到反映各评价指标综合信息的投影值即为投影寻踪模型评价指数 Z_{pp}。根据投影值的大小对样本进行综合评价分析。

3. 确定综合评价指数

投影寻踪模型直接根据评价指标样本集的离散特征确定最佳投影方向，因此所得到的是纯客观性评价指数，无法完全反映复杂评价对象的真实情况；而利用层次分析法确定的评价指数具有主观随意性，结果因人而异且与实际情况存在一定的出入。因此，将这两种方法得到的评价结果进行合理组合，将能有效地解决上述问题，提高评价结果的精度与可靠性。

两种模型的最终计算结果不具有直接可比性，因此先将二者的评价结果进行标准化处理再进行组合。

标准化公式：

$$Z = \frac{Z^*}{Z^*_{\max}} \qquad (5\text{-}13)$$

综合评价指数：

$$Z_i = \alpha Z_{\text{PP}} + (1-\alpha) Z_{\text{AHP}} \qquad (5\text{-}14)$$

式中，Z^* 为两种方法计算结果的原始值；$Z^*_{\max}$ 为两种方法计算结果的最大值；$\alpha \in [0,1]$ 为权重；Z_{AHP} 和 Z_{PP} 分别为标准化后的层次分析模型和投影寻踪模型得到的评价指数；Z_i 为组合后评价指数。

4. 海域承载力评价指标体系的构建

根据上述原则，参考前人的研究成果，并结合辽宁省沿海地区的实际情况，从海洋资源、海洋环境、人类及其社会经济活动三个方面进行详细分析，构建了基于 P（压力）-S（状态）-R（响应）的海域承载力评价指标体系（表5-16）。

表 5-16　海域承载力评价指标体系及权重

目标层	准则层（权重）	要素层（权重）	指标层（类型），单位	指标权重
辽宁省海域承载力评价	压力指标（0.5396）	资源（0.0861）	人均海岸线长度（效益型），米	0.0890
			海水产品产量（效益型），万吨	0.5876
			沿海规模以上港口生产用码头泊位数（效益型），个	0.3234
		环境（0.4530）	万元 GDP 工业废水排放量（成本型），吨	0.5816
			万元 GDP 工业固体废弃物排放量（成本型），吨	0.1095
			生活污水排放量（成本型），万吨	0.3090
		经济（0.3204）	海洋经济占 GDP 比重（效益型），%	0.2297
			渔业总产值（效益型），万元	0.1220
			接待国内外旅游人数（效益型），万人次	0.6483
		人口（0.1405）	人口密度（成本型），人/公里²	0.8333
			人口自然增长率（成本型），‰	0.1667

续表

目标层	准则层（权重）	要素层（权重）	指标层（类型），单位	指标权重
辽宁省海域承载力评价	状态指标（0.1634）	资源（0.1396）	人均海域面积（效益型），平方公里	0.1111
			人均滩涂面积（效益型），平方公里	0.4444
			生产及生活用水量（成本型），万立方米	0.4444
		环境（0.3325）	人均绿地面积（效益型），平方米	0.1047
			工业固体废弃物处置量（效益型），吨	0.2583
			三废综合利用产品产值（效益型），万元	0.6370
		经济（0.5278）	港口货物吞吐量（效益型），万吨	0.2279
			人均海洋经济总值（效益型），元	0.5583
			城镇居民家庭恩格尔系数（成本型），%	0.1355
			海洋经济密度（效益型），万元/公里^2	0.0782
	响应指标（0.2970）	环境（0.6667）	工业废水排放达标率（效益型），%	0.5278
			工业固体废弃物综合利用率（效益型），%	0.1396
			污染治理项目本年投资总额占 GDP 比重（效益型），%	0.3325
		经济（0.3333）	全社会固定资产投资额（效益型），亿元	0.2970
			科技教育投入占 GDP 比重（效益型），%	0.5396
			海洋客运量（效益型），万人	0.1634

三、结果与分析

1. 层次分析评价指数

首先运用层次分析法，通过征求专家意见构造判断矩阵，对各准则、指标进行权重分析，经过计算求得各指标权重及组合权重；其次根据指标特征（成本型或效益型）将指标正规化，以消除量纲的影响；最后根据式（5-6）计算得到 Z_{AHP}（表 5-17）。

表 5-17　辽宁省海岸带海域承载力层次分析评价指数

年份	大连市	丹东市	锦州市	营口市	盘锦市	葫芦岛市
2000	0.659 779	0.522 259	0.512 055	0.324 753	0.643 476	0.551 387
2001	0.853 632	0.548 976	0.540 014	0.370 851	0.679 542	0.615 791
2002	0.736 018	0.624 547	0.503 972	0.427 444	0.687 280	0.688 960
2003	0.729 302	0.617 623	0.634 356	0.521 618	0.758 397	0.750 018
2004	0.806 346	0.690 668	0.571 958	0.652 685	0.753 659	0.758 282
2005	0.840 039	0.722 752	0.593 486	0.594 974	0.761 496	0.694 276
2006	0.874 885	0.728 583	0.622 207	0.628 259	0.773 691	0.762 521
2007	0.834 298	0.748 159	0.656 315	0.675 849	0.818 581	0.792 903
2008	0.909 455	0.755 115	0.726 514	0.667 046	0.820 166	0.800 164
2009	0.938 372	0.757 780	0.734 342	0.795 677	0.816 822	0.879 774
2010	0.943 756	0.913 540	0.769 078	0.810 883	0.841 896	0.804 174
2011	0.967 584	0.937 840	0.788 764	0.823 457	0.850 243	0.832 465
2012	0.986 782	0.943 572	0.807 516	0.847 216	0.861 172	0.842 219
2013	0.981 546	0.967 258	0.834 572	0.857 468	0.874 655	0.854 621
2014	1.000 000	0.968 695	0.861 247	0.882 164	0.896 577	0.867 546

2. 投影寻踪评价指数

根据上面对指标的选择及分类（表 5-16）并进行正规化处理。将正规化后的数据代入模型中，利用 DPS 软件进行投影寻踪模型的计算。通过计算得到辽宁省海岸带六市 2000～2014 年的最佳投影值 Z_{pp}（表 5-18）。

表 5-18　辽宁省海岸带海域承载力投影寻踪评价指数

年份	大连市	丹东市	锦州市	营口市	盘锦市	葫芦岛市
2000	0.899 384	0.117 332	0.102 975	0.091 215	0.132 452	0.111 390
2001	0.896 498	0.108 789	0.105 126	0.095 187	0.131 926	0.123 424
2002	0.930 965	0.112 821	0.106 336	0.102 670	0.132 812	0.130 839
2003	0.906 134	0.117 308	0.110 285	0.103 064	0.132 220	0.133 215
2004	0.976 589	0.125 869	0.114 820	0.108 620	0.132 874	0.138 013
2005	0.971 057	0.137 131	0.120 871	0.113 538	0.138 102	0.142 735
2006	1.000 000	0.129 098	0.123 033	0.121 930	0.137 661	0.151 192

续表

年份	大连市	丹东市	锦州市	营口市	盘锦市	葫芦岛市
2007	0.960 629	0.160 667	0.128 099	0.127 667	0.140 307	0.154 300
2008	0.942 718	0.156 047	0.106 941	0.135 488	0.143 960	0.174 429
2009	0.894 128	0.175 580	0.147 313	0.144 659	0.143 855	0.185 426
2010	0.874 857	0.184 546	0.140 880	0.154 125	0.143 769	0.185 680
2011	0.883 252	0.175 492	0.135 864	0.148 361	0.145 623	0.186 230
2012	0.876 814	0.181 167	0.142 110	0.155 472	0.146 823	0.187 635
2013	0.894 472	0.182 312	0.133 845	0.153 464	0.143 352	0.192 241
2014	0.865 735	0.176 948	0.132 214	0.156 261	0.145 246	0.181 167

3. 层次分析-投影寻踪综合评价指数

利用式（5-13）对 Z_{AHP} 和 Z_{PP} 进行标准化处理，将标准化后的值代入式（5-14），当 $\alpha = 1$ 时，评价指数为 Z_{PP}，当 $\alpha = 0$ 时，评价指数为 Z_{AHP}。为使评价结果与实际相符合，取 $\alpha = 0.5$，得到综合评价指数 Z_i（表 5-19）。将综合评价指数绘制成图，如图 5-11 所示。

表 5-19　辽宁省海岸带海域承载力综合评价指数

Z_i	大连市	丹东市	锦州市	营口市	盘锦市	葫芦岛市
2000	0.779 582	0.319 795	0.307 515	0.207 984	0.387 964	0.331 388
2001	0.875 065	0.328 882	0.322 570	0.233 019	0.405 734	0.369 608
2002	0.833 492	0.368 684	0.305 154	0.265 057	0.410 046	0.409 899
2003	0.817 718	0.367 466	0.372 310	0.312 341	0.445 309	0.441 617
2004	0.891 467	0.408 269	0.343 389	0.380 653	0.443 266	0.448 147
2005	0.905 548	0.429 942	0.357 178	0.354 256	0.449 799	0.418 506
2006	0.937 442	0.428 841	0.372 620	0.375 095	0.455 676	0.456 856
2007	0.897 464	0.454 413	0.392 207	0.401 758	0.479 444	0.473 602
2008	0.926 086	0.455 581	0.416 728	0.401 267	0.482 063	0.487 297
2009	0.916 250	0.466 680	0.440 827	0.470 168	0.480 339	0.532 600
2010	0.937 428	0.549 043	0.454 979	0.482 504	0.492 832	0.494 927
2011	0.942 293	0.537 216	0.462 356	0.502 461	0.506 428	0.512 462
2012	0.943 298	0.561 185	0.472 135	0.512 247	0.517 216	0.527 549
2013	0.950 276	0.571 678	0.477 864	0.523 126	0.522 466	0.533 625
2014	0.961 475	0.587 564	0.507 486	0.537 481	0.537 487	0.544 575

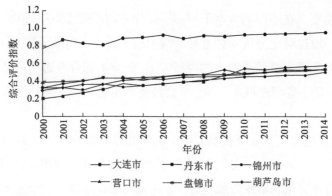

图 5-11　辽宁省海岸带海域承载力综合评价指数变化趋势图

在方法选择上，使用层次分析-投影寻踪求海域承载力的内在优点是便于对错综复杂的数据进行规范化处理，将不同量纲的数据简化为可进行对比的综合评价值（李泽等，2011），清晰地对比反映不同地区及不同年份的海域承载力水平。从图 5-11 中综合评价指数的变化趋势可以看出，辽宁省海岸带六市 2000～2014年的海域承载力虽有波动，但基本呈上升趋势，这主要是因为可持续发展理念得到广泛认可，可持续发展政策得到贯彻落实，各地对资源环境的保护力度加强。大连市的海域承载力水平远远高于其他五市。2008 年以前，除个别年份有波动外，其他五市的海域承载力水平总体上由高到低依次为盘锦市、葫芦岛市、丹东市、锦州市、营口市。

第五节　结论与讨论

在收集、查阅大量文献资料的基础上，对水资源承载力和土地资源承载力评价的研究现状进行了总结，并在已有研究成果的基础上，对辽宁省海岸带水资源承载力、土地资源承载力和海域承载力进行了研究，并取得了相应的研究成果，主要结论与讨论如下。

一、水资源承载力

1）结合辽宁省海岸带水资源的特点，构建了辽宁省海岸带水资源承载力的系统动力学模型，在不同的方案下模拟了辽宁省海岸带 2005～2020 年的水资源承载力变化。通过对比分析 4 种方案的模拟结果，得出持续发展型（方案 4）为提高辽宁省海岸带水资源承载力的可行方案。该方案综合考虑了经济发展与环境保护，为实现辽宁省海岸带水资源、社会经济和生态环境的可持续发展提供了一条重要途径。

2）由模拟结果可知，要提高辽宁省海岸带水资源承载力，解决资源性、水质性和工程性缺水问题，就必须在节流的同时，重点开发利用非常规水资源（污水资源化、海水利用和雨水资源化等）。这就要求在适度开发淡水资源、适当控制经济发展速度、提高污水资源化能力和发展节水工农业的基础上，一方面要加强水资源配置工程建设，切实做好大伙房水库输水一二期工程，加快丹东三湾水利枢纽及输水工程建设，推进锦州市"引白济锦"和葫芦岛市"龙源供水"等工程建设；另一方面应推进海水淡化工程建设，在大连市、葫芦岛市和营口市海水淡化现状的基础上，应加快提高海水淡化能力，使海水利用向规模化、科技化、产业化和多样化方向发展。

二、土地资源承载力

1）结合辽宁省海岸带土地资源的特点，在海陆统筹的视角下，构建了辽宁省海岸带土地资源承载力的评价指标体系，采用熵值法和层次分析法综合计算各指标权重，运用综合评价法进行评价，进而得出综合评价结果。

2）在时间序列上，辽宁省海岸带土地资源承载力总体呈现出增强趋势，评价级别从中级向较高过渡，说明各地区土地资源利用与经济发展逐渐协调，并不断地向可持续发展方向迈进。同时，由于社会经济发展和土地资源保障等方面的不同，辽宁省海岸带各市的土地资源承载力达到较高级别和最低值的时间不同。

3）在空间序列上，2014 年辽宁省海岸带各市的土地资源承载力差异显著。大连市、盘锦市和营口市达到较高级别；葫芦岛市、丹东市和锦州市达到中级级别。根据时空分析，要提高辽宁省海岸带土地资源承载力，就必须在适度发展经济的基础上，努力提高耕地质量，增加粮食单产；调整营养结构，增加人均水产品供给量；加强土地利用规划，预测土地需求；加大土地资源保护和治理力度，减少海水入侵面积，努力实现土地资源、社会经济、生态环境和海洋经济的协调发展。

4）采用障碍度公式，计算得到辽宁省海岸带土地资源承载力的障碍度，并进一步分析得出，影响辽宁省海岸带土地资源承载力的障碍因素按大小排序依次为海洋经济开发、生态环境保护、社会经济发展和土地资源保障。

5）海洋经济开发对海岸带土地资源具有双重作用，即缓解作用和破坏作用。这就要求在以后的开发过程中一方面要加强海洋经济因素的利用程度，提高水产品产量，另一方面要加大土地资源的保护，减少海水入侵面积。

三、海域承载力

指标体系的确定及评价方法的选择直接影响到评价结果的准确性。结合辽宁省海岸带海域特点，构建了基于 PSR 的海域承载力评价指标体系，采用层次分析-投影寻踪方法简化了各种复杂数据，主客观相结合克服了比较判别时的主观性，科学合理地反映了辽宁省海岸带海域承载力的现实水平。①在时间序列上：从变化趋势上可以看出，辽宁省海岸带各市海域承载力不断提高，海洋意识的不断增强、各地政府海洋综合管理水平的提高、资金的投入增加，以及污染治理力度的加强等都对其起了重要作用。②在空间序列上：大连市的海域承载力水平远远高于其他五市，处于最高水平。2008 年以前，除个别年份有波动外，其他五市的海域承载力水平总体上由高到低依次为盘锦市、葫芦岛市、丹东市、锦州市、营口市。将投影寻踪模型和层次分析法有机结合引入海域承载力评价中，为海域承载力评价提供了一种新的方法。虽然得到的评价结果是一个相对值，并不能代表海域承载力的绝对水平，但是可以为各地海域的使用管理、资源环境保护提供参考。

第六章

辽宁省海岸带环境脆弱性

第一节　国内外研究现状

一、国外海岸带环境脆弱性研究现状

20世纪70年代以来，国外专家学者对海岸带环境脆弱性展开了一系列相关研究，大部分成果来源于政府间气候变化专门委员会反应战略工作组海岸带管理小组的研究（黄鹄等，2005）。而早期的海岸带环境脆弱性研究主要关注气候变化与海平面上升对海岸带的影响。20世纪80年代末，荷兰、美国等一些经济发达国家就开始了对由海平面上升所引起的海岸带环境脆弱性的研究。

Gornitz（1991）最早提出了海岸脆弱性指数（coastal vulnerability index）和风险等级（risk class）的概念，后被广泛应用到海岸带环境脆弱性评估中。

联合国政府间气候变化专门委员会1995年的气候变化评估报告显示，全球海平面在过去的100年上升了18厘米，并预测了2050年和2100年的海平面变化，指出海平面上升会改变海岸带侵蚀基面，使盐水入侵增强，风暴潮灾害加剧，从而影响海岸带环境脆弱性（IPCC，1996）。

Watson等（1996）提出海岸带环境脆弱性评价应包括海岸带对气候变化的适应，并将重点放在不同程度的气候变化会导致海岸带系统的敏感性、适应性和脆弱性也发生变化方面。

Klein和Maciver（1999）指出，海岸带环境脆弱性的评价应包括地貌、生态和社会经济三个方面。

基于对海岸带系统动力过程的复杂性、脆弱类型的多样性、发展的不确定性的研究和认识，Klein和Nicholls（1999）围绕脆弱性概念提出了海岸带环境脆弱性评估概念框架，全面考虑了海岸带系统的特征，包括自然和社会系统的感知力、恢复力或抵抗力，系统的自适应和规划适应能力及其相互关系，并提出了三个逐级复杂的评估层次：筛选评估、脆弱性评估和规划评估。

Bryan等（2001）提出分布式过程模型，选取高程、方位、地貌和坡度四个自然环境参数，评估海平面上升带来的海岸带环境脆弱性程度。

Frihy（2003）提出海岸带环境脆弱性评估判别标准应包括地形垂变、相对海平面上升、土地类型、潟湖沙坝宽度、滩面坡度、被抬高的要素（如沙坝）、岸线侵蚀与淤积、岸线保护工程等。

Kumar（2006）分析了 1939～2003 年印度西南岸的科钦海岸带海平面上升状况，并揭示了海平面上升给海岸带环境带来的深远影响。

二、国内海岸带环境脆弱性研究现状

国内关于海岸带环境脆弱性的研究始于 20 世纪 90 年代，早期研究的主要内容是就未来海平面上升对长江三角洲、苏北滨海平原、珠江三角洲、新黄河三角洲、老黄河三角洲和辽河三角洲所造成的环境和社会经济影响进行评估。

任美锷（1991）参照地面沉降率、风暴潮频率和强度、海岸带侵蚀及海岸防护工程状况，首次对我国主要的大河三角洲进行了海平面上升的影响评估。

韩慕康等（1994）应用遥感影像和 GIS 技术，根据土地利用类型、海岸带蚀积动态等的对照分析，预测海平面上升对环境和社会经济的影响。

朱季文等（1994）将机理分析、趋势分析等多种研究方法相结合，对长江三角洲及其邻近地区进行了系统研究，避免了孤立分析某一影响类型和采用单一方法分析的局限性。

田素珍等（1997）研究了海平面上升对渤莱湾沿岸地区的影响及其对策，研究中兼顾了最高水位和有无防潮堤两种因素。

张伟强等（1999）建立了海平面灾害综合评估因子指标体系，引入了抗灾能力指数和影响时效的概念，提出了综合灾害评估模型。

杨桂山等（2000）针对面积广阔、微地貌条件复杂且有海堤保护的大河三角洲和滨海平原，提出了海岸带环境易损范围确定和易损性评估方法。

王学雷（2001）、万忠娟等（2003）、姚建等（2004）早期以脆弱生态环境区的定义、成因、特征及其区域的评价体系，以及脆弱性评价的方法和内容作为主要研究内容，带来了生态环境研究的一轮新思考。

储金龙等（2005）通过对海岸带系统风险的成因进行分析，总结了国内外海岸带环境脆弱性研究与评估方法，但评估方法也是针对海平面上升所带来的海岸带环境脆弱性进行分析。

黄鹄等（2005）通过对海岸带环境脆弱性表现形式和形成机制进行分析，将固有脆弱性与特殊脆弱性相结合对广西海岸带环境脆弱性进行了研究，但评价中选取指标单一，仅局限在海岸带不同类型滩涂的面积变化上。

张红梅和沙晋明（2007）、蔡海生等（2009）在已有脆弱性研究的基础上，分别利用遥感影像提取出的能够反映植被覆盖及生长状况的像元NDVI值和GIS矢量数据转化成栅格数据值，代替行政区域单元的统计数据，分别完成了江西省生态环境脆弱性动态评价和福州市生态环境脆弱性研究。此方法具有快速、相对精确的特性，但是评价单元常局限在单一环境下，且评价中多采用主观赋予权重的方法进行评价。

第二节 海岸带环境脆弱性的概念与内涵

在各国的沿海地区，人口集聚、城市扩张、资源开发等，不同程度地出现近岸水域污染、生物多样性减少、渔业资源锐减、自然灾害频繁等危机，对于区域乃至全球社会经济可持续发展产生了不利影响，因此，对海岸带环境脆弱性进行研究具有十分重要的现实意义。目前海岸带环境脆弱性尚无准确定义，本书在综合分析国内外相关研究成果、遵循海岸带环境可持续发展的基础上，对海岸带环境脆弱性做如下定义：海岸带环境脆弱性是指在一定的自然和人文因素背景下，海岸带环境响应人类对海岸带的开发利用（物质生产和服务）和自然环境相互作用过程中表现出的一种易于受到损害的性质，用于表征海岸带对破坏和伤害的敏感性。海岸带环境脆弱性的内涵主要包含以下三方面的属性：一是客观性，即海岸带环境脆弱性包括固有脆弱性和特殊脆弱性两类，固有脆弱性是海岸带环境响应陆地和海洋动力的作用而表现出因自适应而受到损害的性质，这是所有海岸带环境的共性；特殊脆弱性是指在人类活动影响下的海岸带因自适应而受到损害的性质，它可因经济调控、计划和政策等人类决策的变化而使损害发生变化，是可变化、可控制的。二是敏感性，这主要是由海岸带是地处陆海相互作用的动力敏感地带的特殊性所决定的，海岸带环境脆弱性是陆地环境脆弱性和海洋环境脆弱性的有机统一，陆地或海洋环境遭到破坏均会导致海岸带环境脆弱性增强。三是有限恢复性，即海岸带环境功能具有一定的弹性，在弹性限度内海岸带环境功能具有自我调节与自我恢复能力，在弹性限度外海岸带环境功能无法恢复到原来的状态。

第三节　数据来源与研究方法

海岸带作为一个特殊地带，既有复杂的自然动力条件及丰富多彩的自然现象，又有密集的人类活动和集中的经济与人文环境。随着海洋经济开发力度的加强，海岸带环境变化不断加快。作为全球环境变化最为敏感和脆弱的地区之一，海岸带土地利用的变化可引起多种资源与生态过程的改变，研究海岸带土地利用变化及其对生态环境的影响，对于了解区域生态环境的演变乃至全球变化具有重要的意义（刘宏娟等，2006）。因此，对海洋环境资源的快速监测和信息化管理已成为现代海洋管理的一个重要内容。为了更好地保护和开发利用海洋资源，利用遥感技术的快速动态监测优势，及时获取海岸带环境变化信息，将成为一种新的业务化信息需求，尤其是现代遥感技术中的高空间分辨率卫星遥感，为精确监测海岸带环境动态变化提供了技术支撑（滕骏华等，2006）。遥感和地理信息系统的应用成为一种重要的先进技术和方法手段，通过提取海岸带环境信息（植被、滩涂、岸线、用地、海岸构筑物、水下地形等），综合海岸带开发利用现状及动态变化信息，在大尺度动态性、宏观性、综合性的研究领域具有不可替代的作用。

一、数据来源与数据处理

本章选用的遥感数据为 1990 年、1995 年、2000 年、2006 年、2008 年和 2014 年的 Landsat ETM+数据、TM 数据、MSS 数据和 CBERS 数据。

非遥感数据包括辽宁省国土资源地图集、辽宁省水资源分区与行政分区图、辽宁省土地利用现状图、辽宁省土地类型图、辽宁省水系图、辽宁省土壤图、辽宁省植被图、《辽宁统计年鉴》等。

数据处理平台主要包括 MapInfo 7.0、ArcView 3.3、ERDAS IMAGINE 9.2 等。

有关遥感影像处理的内容已在第四章第二节详细论述，此处不再赘述。

二、构建评价指标体系

指标是评价的尺度，它决定着评价的可行性与合理性。海岸带环境系统是一个复杂的非线性系统,因此对海岸带环境脆弱性的评价必须选择多层次、针对性强的指标体系。脆弱性的评价是对某一自然、人文系统自身的结构、功能进行讨论、预测,以及评价外部胁迫(自然的和人为的)对系统可能造成的影响,评价系统自身对外部胁迫的抵抗力及其从不利影响中恢复的能力,其目的是维持系统的可持续发展,减轻外部胁迫对系统的不利影响,以及为已退化系统的综合整治提供策略依据。

1. 指标体系的构建原则

生态环境脆弱性评价的基础和关键问题是构建评价指标体系,一个科学的评价指标体系要具备可监测、能比较、有指示作用等基本特征。指标体系的建立可以科学系统地实现区域生态脆弱性的综合分析,其分析结果才可能为决策者和公众提供科学的决策依据(乔青,2007)。

海岸带环境脆弱性评价的原则主要体现在以下几个方面:科学性原则、综合性原则、目的性原则、整体性原则、主导性原则、因地制宜原则、动态性原则、相关性原则及可操作性原则。

1)科学性原则:评价指标一定要建立在科学的基础上,指标概念必须明确。选取能反映生态环境脆弱性特征及脆弱性变化状况的指标,使评价结果能够客观反映出评价区域生态环境系统的内在结构和脆弱性特征。

2)综合性原则:评价指标体系要能全面反映出生态环境脆弱性的基本内涵和特征,指标体系内容划分清晰合理,涵盖全面无重复。其中,数量性指标与结构性指标要相互结合,既能反映整体情况,又能反映区域间的差异。

3)目的性原则:脆弱性评价的目的是了解辽宁省海岸带生态系统的现状、发展趋势及对外部胁迫的可能响应,防止系统退化和朝着不利于人类可持续发展的方向,因此必须确定评价的内容和任务。

4)整体性原则:反映生态环境脆弱性的因子及指标应当是一个相对完整的体系,各种因子虽有主次之分,但都不同程度地反映了生态环境脆弱性的不同侧面。同时,各种因子及指标的类型、结构、含义等要符合国家的有关规范,做到彼此协调。

5)主导性原则:生态环境脆弱性受到植被、地形、土壤、气候、水分及人类活动等多种因素的制约。本书从植被的角度,选取了植被、农用地、城镇三种既和人类活动相关又与自然因素有关的三个因子。

6）因地制宜原则：不同区域生态环境脆弱性的成因和表现形式不同，同一区域不同尺度上的脆弱性成因主导因子也不同，因此必须根据研究区域生态环境的基本特征和研究尺度，因地制宜地调整和建立评价体系。

7）动态性原则：系统和外部环境的胁迫都是不断变化发展的，时空尺度不同，其变化发展的动态也不同。选取四个不同时相的遥感数据，可以从时间的变化角度揭示生态环境脆弱性的发展变化趋势，以及预测对未来造成的影响。

8）相关性原则：在生态环境脆弱性的评价中，各类型的因子相互联系、相互制约。评价时根据实地情况，采用不同的指标权重。

9）可操作性原则：评价指标体系要完备简洁、计算方法简便，综合评估应有实际的社会意义，同时应立足于现有可搜集、可统计和可加工的资料数据，使理论与实践得到良好的结合。

2. 评价的指标体系

由于影响海岸带环境脆弱性的因素具有复杂性和多样性的特征，本书根据研究区的实际情况，在遵循上述构建评价指标体系原则的基础上，结合资料收集程度并参考国内外相关研究成果（张华等，2007；Wu et al.，2007；孙才志和李明昱，2010；冷悦山等，2008；金建君等，2001；陈菁，2010；张华等，2008；邵超峰等，2008；申艳萍等，2008；段焱和孙永福，2007；戴亚南和彭检贵，2009；王鹏等，2009；邱彭华等，2007；魏兴萍，2010），从自然和人文两方面选取31个指标构建了辽宁省海岸带环境脆弱性评价指标体系（表6-1）。

表6-1 辽宁省海岸带环境脆弱性评价指标

目标层	准则层	指标	指标	指标类型
辽宁省海岸带环境脆弱性	自然因素	陆域环境指标	年平均气温 x_1（℃）	成本型
			水资源模数 x_2（亿米^3/公里^2）	效益型
			土壤盐碱化指数 x_3（%）	成本型
			干旱指数 x_4（%）	成本型
			生物丰度指数 x_5	效益型
			植被覆盖指数 x_6	效益型
			水网密度指数 x_7	效益型

续表

目标层	准则层	指标	指标	指标类型
			海岸线长度 x_8（公里）	效益型
			海岸类型 x_9	效益型
		海域	入海河流径流量 x_{10}（亿立方米）	效益型
		环境	海岸滩涂面积 x_{11}（平方公里）	效益型
		指标	海水侵蚀面积 x_{12}（平方公里）	成本型
			海域面积 x_{13}（平方公里）	效益型
			滨海湿地景观多样性指数 x_{14}（%）	效益型
辽宁省海岸带环境脆弱性	人文因素	社会指标	人口密度 x_{15}（万人/公里^2）	成本型
			城市化水平 x_{16}（%）	成本型
			人口素质 x_{17}（%）	效益型
			建成区绿化面积 x_{18}（平方公里）	效益型
			自然保护区面积 x_{19}（平方公里）	效益型
			环境质量指数 x_{20}	效益型
			工业废水排放达标率 x_{21}（%）	效益型
			固体废弃物排放量 x_{22}（万吨）	成本型
			近岸海域水质综合达标率 x_{23}（%）	效益型
			环保投资指数 x_{24}（%）	效益型
		经济指标	第二产业比重 x_{25}（%）	成本型
			第三产业比重 x_{26}（%）	效益型
			海洋水产业产值 x_{27}（万元）	成本型
			滨海旅游人数 x_{28}（万人）	成本型
			港口货物吞吐量 x_{29}（万吨）	成本型
			海岸线经济密度 x_{30}（万元/公里）	成本型
			房地产投资 x_{31}（万元）	成本型

（1）自然因素

自然因素对海岸带环境的固有脆弱性有重要影响,本书从陆域环境和海域环境两方面选取 14 个指标作为自然因素的评价指标。其中,年平均气温升高是导致海平面上升的主要因素;水资源模数能反映研究区水资源是否充足;土壤盐碱化指数是反映研究区土壤状况的重要指标;干旱指数是反映水分的收支或供求不平衡状况；生物丰度指数、植被覆盖指数、水网密度指数能反映出研究区的生态环境状况，指数越大，生态环境越好。海岸类型对海岸的稳定性有着重要影响，淤泥质海岸受海平面上升影响较大，不稳定，而基岩海岸较稳定；入海河流径流量能维持海岸带的泥沙平衡、盐分平衡和温度平衡；海岸滩涂面积、海岸线长度、海水侵蚀面积和滨海湿地景观多样性指数的变化能反映出人们对海岸带的开发利用状况。随着社会经济的快速发展，人们不合理地利用海岸资源，使海岸带环境状况日趋恶化。

（2）人文因素

人文因素对海岸带环境的特殊脆弱性有重要影响，本书从社会和经济两方面选取 17 个指标作为人文因素的评价指标。随着社会的发展，海岸带的开发利用程度不断加大，从而使海岸带环境脆弱性增强。然而，人口素质的提高和社会投入的加大等在一定程度上缓解了海岸带环境脆弱性；建成区绿化面积和自然保护区面积的变化也可以反映出人们对海岸带环境的调节和保护；环境质量指数和固体废弃物排放量可反映人们对海岸带开发利用造成的环境问题；通过提高工业废水排放达标率、近岸海域水质综合达标率和环保投资指数可对海岸带环境脆弱性进行缓解和补救。此外，海岸带地区第二产业比重的加大势必会加大环境压力，而第三产业比重的加大可以缓解海岸带环境脆弱性；随着人们对海洋资源的索取量和消耗量不断增加，海洋水产业产值、滨海旅游人数、港口货物吞吐量均大幅度增加，加大了海岸线经济密度；人口密度的增加（人口的趋海化）则导致海岸带地区房地产投资加大，也大大加重了海岸带环境脆弱性的压力。

三、研究方法

1. 评价方法——投影寻踪模型

投影寻踪模型的基本思想是将高维数据（尤其是高维非正态数据）投影到低维（一维到三维）子空间上，并通过优化投影指标函数，寻找能反映原高维数据结构或特征的投影向量，在低维空间上对数据结构进行分析，以达到研究和分析高维数据的目的（李彦苍和周书敬，2009）。辽宁省海岸带环境脆弱性研究涉及自然、社会、经济各个方面，是一个典型的多目标、多层次、多属性决策问题，有必要采用投影寻踪模型这一有效的降维技术对研究案例进行优选。详见第五章第四节中"二、研究方法"介绍。

2. 指标权重的确定

辽宁省海岸带环境脆弱性是由自然因素和人文因素耦合分析得出的,而随着时间的变化,自然因素和人文因素各指标所发挥的作用也不同,因此权重值不同,本书采用动态层次分析法确定不同时间的指标权重。由自然环境指标、海岸环境指标、社会环境指标和经济环境指标构造的动态判断矩阵如下:

$$A(t)=\begin{bmatrix} 1 & 0.010\ 747t+1.045\ 800 & -0.072\ 561t+1.635\ 060\ 5 & -0.111\ 248t+2.383\ 974\ 9 \\ & 1 & -0.146\ 724t+3.146\ 723\ 6 & -0.221\ 403t+4.585\ 039\ 6 \\ & & 1 & -0.022\ 250t+1.476\ 795\ 0 \\ & & & 1 \end{bmatrix}$$

在动态判断矩阵 $A(t)$ 中,时间 $t\in[1,19]$。应用动态层次分析法得出 1990～2014 年指标动态权重(表 6-2)。

表 6-2　1990～2014 年指标动态权重

年份	自然因素		人文因素	
	陆域环境指标	海域环境指标	社会指标	经济指标
1990	0.3096	0.4152	0.1631	0.1121
1995	0.2900	0.3764	0.1939	0.1397
2000	0.2558	0.3198	0.2408	0.1836
2006	0.1906	0.2243	0.3194	0.2657
2008	0.1163	0.1229	0.3904	0.3704
2014	0.0912	0.0932	0.4334	0.3822

第四节　辽宁省海岸带环境脆弱性评价

运用投影寻踪模型,计算 1990～2014 年辽宁省海岸带环境脆弱性的最佳投影方向和投影值,根据各系统的投影值和权重计算出各数据的评价值(表 6-3),所得综合评价值越大,海岸带环境脆弱性越弱,反之,海岸带环境脆弱性越强,更应当引起关注。由表 6-3 我们可以从时空角度对辽宁省海岸带环境脆弱性进行分析。

表 6-3　1990～2014 年各数据的评价值

城市	年份	评价值				
		陆域环境指标	海域环境指标	社会指标	经济指标	综合值
大连市	1990	1.25	1.70	1.64	0.22	1.38
	1995	1.29	1.72	2.14	0.17	1.46
	2000	1.49	1.71	1.53	0.30	1.35
	2006	1.45	1.67	2.12	0.13	1.36
	2008	1.17	1.44	2.09	0.17	1.19
	2014	1.13	1.42	2.11	0.14	1.01
丹东市	1990	2.23	0.31	1.20	1.84	1.22
	1995	2.33	0.29	0.49	1.98	1.16
	2000	2.20	0.39	1.14	2.14	1.35
	2006	1.91	0.05	0.55	1.73	1.01
	2008	2.14	0.58	0.57	1.96	1.27
	2014	2.11	0.49	0.53	2.07	1.25
锦州市	1990	0.58	0.18	1.20	2.26	0.71
	1995	0.53	0.13	0.88	2.10	0.67
	2000	0.60	0.15	1.53	2.18	0.97
	2006	0.15	0.01	0.55	1.86	0.70
	2008	0.16	0.26	1.09	2.14	1.27
	2014	0.11	0.24	0.96	2.33	1.14
营口市	1990	1.44	0.31	0.28	2.26	0.87
	1995	1.30	0.29	0.49	1.98	0.86
	2000	1.28	0.39	0.78	2.03	1.01
	2006	1.45	0.32	1.10	1.73	1.16
	2008	0.99	0.27	0.57	1.97	1.10
	2014	0.96	0.31	0.55	1.45	0.93
盘锦市	1990	0.58	0.31	0.28	1.46	0.52
	1995	0.80	0.29	0.26	1.98	0.67
	2000	0.69	0.39	0.20	2.03	0.72
	2006	1.02	0.05	0.55	1.73	0.84
	2008	0.99	0.59	0.57	1.97	1.14
	2014	1.06	0.44	0.60	2.10	1.33
葫芦岛市	1990	1.25	0.47	1.20	1.84	0.98
	1995	1.30	0.47	0.49	1.98	0.92
	2000	1.49	0.57	1.53	2.03	1.30
	2006	1.04	0.44	0.55	1.73	0.93
	2008	0.71	0.28	0.57	1.97	1.07
	2014	0.89	0.32	0.61	2.03	1.02

（1）从时间序列上分析

由表 6-3 可以看出，1990～2014 年辽宁省海岸带中大连市海岸带环境脆弱性呈波动性增强的趋势，1995 年时达到最大值，海岸带环境脆弱性最弱。主要原因是，在自然因素方面，大连市海岸带自然因素条件优越，1995 年大连市水资源模数和入海河流径流量为研究时间段内的最大值，是 1990 年的 1.65 倍，土壤盐碱化指数和干旱指数为最小值。在人文因素方面，随着社会和经济的发展，人们对海岸带的开发利用程度及对海岸带资源的索取量不断加大。2014 年，大连市海洋经济总产值为 2773 亿元，入境游客人数（包含一日游游客）为 96.6 万人，大连港货物吞吐量为 42 337 万吨。为寻求更高的生活质量人们选择在海岸带居住，因此房地产业迅速发展，2014 年大连市房地产投资额为 14 293 353 万元，工业废水排放量为 40 150 万吨，这些人文因素大大加剧了海岸带环境脆弱性的压力，使大连市海岸带环境脆弱性增强。

辽宁省海岸带其他地区的环境脆弱性呈波动性减弱的趋势，其中锦州市、营口市和葫芦岛市的海岸带环境脆弱性在 1995 年时达到最低值，说明此时三个市的海岸带环境脆弱性最强。主要原因是，部分地区港口建设、填海造陆等不合理的海岸开发，以及辽河河口处滩涂的围垦使海岸线长度和海岸滩涂面积大幅度减小；随着社会经济的快速发展，社会环境指标和经济环境指标的压力持续增大，海岸带环境脆弱性不断增强。虽然 1995 年以后社会和经济环境的压力持续增加，但是人们对环境的保护意识越来越强，采取了一系列积极的措施对海岸带环境状况进行补救。2014 年，锦州市、营口市和葫芦岛市的建成区绿化面积分别为 4415 公顷、4335 公顷和 3199 公顷。2014 年，盘锦市城市污水处理率为 100%，城市人均拥有道路面积为 13.72 平方米，人均公园绿地面积为 12.76 平方米，建成区绿化覆盖率为 41.51%。2014 年，营口市市区环境空气优良天数达到 302 天，优良天数达标率为 82.7%，其中环境空气优级天数为 56 天，城市人均拥有道路面积达到 7.17 平方米，人均公园绿地面积达到 10.18 平方米，建成区绿化覆盖率达到 39.57%，城市污水处理率达到 100%。2014 年，葫芦岛市全年污水处理量为 3322 万立方米，比上年增长 0.5%，处理污水合格率达到 98.7% 以上，城市污水收集率达到 85%，全市建成区绿化覆盖率为 37.6%，绿地率为 41.06%，人均公园绿地面积为 14.9 平方米。丹东市海岸带环境脆弱性在 2006 年达到最低值，海岸带环境脆弱性最强，主要原因是，社会经济的快速发展给海岸带环境带来巨大压力，而人类社会适应环境改变的能力有限，不能很好地缓解环境压力。盘锦市海岸带环境脆弱性逐渐减弱，说明海岸带环境与社会经济协调发展。

（2）从空间序列上分析

由表 6-3 可以看出，辽宁省六市海岸带环境脆弱性空间差异显著。其中，大连市海岸带环境明显优于其他地区，主要原因是，大连市自然条件较好，海岸线长，占辽宁省海岸线总长的 40%，而且基岩海岸不易被围垦，海岸带自然条件优越。2014 年，大连市城市绿化覆盖面积为 18 759 公顷，远远大于辽宁省海岸带的其他地区，保护投资力度明显加大。从生物丰度指数、植被覆盖指数、水网密度指数和环境质量指数看，大连市均处于较高水平，生态环境优良。2014 年，大连市污水处理率为 83.4%，丹东市污水处理率为 89.99%，说明生态环境良好。丹东市在降水方面仅次于大连市，丹东市年降水量明显大于其他五个市，因此，入海河流径流量和水资源模数大，干旱指数较小，自然环境明显优于其他地区。2014 年，营口市辖区绿地面积为 4064 公顷，其中公园绿地面积为 1021 公顷；建成区绿地覆盖面积为 4335 公顷，这使环境质量得到明显改善，生态环境与经济社会呈协调发展态势。盘锦市海岸带环境脆弱性最强，在与丹东市海岸线长度相当的情况下，入海河流径流量仅为丹东市的 2.79%，海岸类型不稳定，海岸带环境破坏严重。此外，盘锦市自然资源贫乏，水资源供需矛盾十分突出，气候条件恶劣，并且随着社会经济的迅速发展，城市化水平不断提高，2014 年城市化水平达 83.7%，2008 年海岸线经济密度已达 11.05 万元/公里，仅次于锦州市的 13.78 万元/公里，远远超过海岸带环境的承载力，海岸带环境受到严重威胁。锦州市和葫芦岛市海岸带环境脆弱性处于中间水平，锦州市干旱指数较高，海水侵蚀面积较大，植被覆盖率低，自然条件不十分优越，但污水处理率在 2014 年达到 88.21%，在一定程度上弥补了先天条件的弱势。葫芦岛市经济条件发展相对缓慢，滨海旅游业、渔业和港口货物吞吐量一直处于六市最低水平，这对海岸带环境极为有利，最大限度地保护了海岸带的生态环境，使葫芦岛市的海岸带环境脆弱性处于中间水平。

第五节　结论与讨论

各种海陆动力和人类作用的相互耦合，致使辽宁省海岸带环境脆弱性的表现形式多样化,机制复杂化。通过对辽宁省海岸带环境脆弱性的形成机制进行分析,从自然因素和人文因素两方面构建了辽宁省海岸带环境脆弱性的评价指标体系。采用投影寻踪模型,结合动态层次分析法确定动态权重,将自然因素和人文因素耦合,应用定量与定性相结合的方法,从时间和空间角度对辽宁省海岸带环境脆弱性进行了评价。结论与讨论如下。

1)1990~2014年,辽宁省海岸带中的大连市海岸带环境脆弱性呈波动性增强的趋势,应引起高度重视。辽宁省海岸带其他地区的环境脆弱性随时间变化波动减弱,说明海岸带环境与社会经济协调发展。空间上各地区海岸带环境脆弱性差异显著,其中,大连市海岸带环境脆弱性投影值最大,海岸带环境最优;而盘锦市海岸带环境脆弱性投影值最小,海岸带环境承受最大压力。

2)随着社会、经济的发展,海岸带环境必然会发生变化,从而导致一系列环境效应,如部分地区港口建设、填海造陆等不合理的海岸开发,导致海岸失去永久的恢复力,破坏了海岸稳定性。在海岸带开发和利用过程中,应建立海岸带综合管理体制和协调机制,防止灾害的发生。辽河河口处滩涂的围垦使辽河河口段入海沙量逐年减少,水质恶化,因此在发展经济的同时也要注意对海洋经济效益的合理索取。此外,还要适当控制人口数量,提高人口素质,过多的人口使人均土地面积减少,而人们为了满足需要就会围海造田、围垦滩涂,使海岸环境受到影响。因此,应合理利用海岸带资源,在海岸带实行资源与环境的有偿制度,在保护生态和控制环境污染的基础上实现海岸带的可持续发展。

3)通过对影响辽宁省海岸带环境脆弱性的因素进行分析可知:其变化受到自然因素和人文因素的共同影响,其中,人文因素是导致辽宁省海岸带环境脆弱的最主要驱动力。因此,应及时掌握海岸带环境变化的动态和原因,应用数字地球技术,实现海岸带资源与环境开发利用的现代化管理,使海岸带环境得到有效的保护。

4)由于影像资料、统计资料乃至解译精度的限制,本章只是对辽宁省海岸带环境脆弱性进行了初步的研究,随着资料的不断完善及指标体系的不断完备,辽宁省海岸带环境脆弱性的研究将会不断深入。

第七章

鸭绿江口滨海湿地景观格局变化及生态
健康评价

第一节　研 究 背 景

滨海湿地是指沿海区域、岛屿和低潮时水深不超过 6 米的水域。它包括陆缘和水缘两部分，陆缘是指含 60% 以上湿生植物的植被区，水缘是指海平面以下 6 米的近海区域（陆健健，1996）。它是处于陆地生态系统与水域生态系统之间的一种特殊的生态系统，包括浅海水域、潮下带水生生物栖息地、珊瑚礁、基岩海岸、沙质海岸、林湿地、泥滩、盐滩、河口水域、沼泽、潟湖等（刘厚田，1995）多种多样复杂的生态种类。滨海湿地具有强大的生态功能，在调节气温和降水、涵养水源、土壤形成与保护、食物和原材料生产、保持水土、降解环境污染等方面发挥着重要作用（吕宪国，2005），并对人类生存和生活环境产生重要影响。滨海湿地是重要的生命保障系统，也是沿海地区经济社会可持续发展的重要生态保障，对近海渔业可持续发展和候鸟保护具有不可替代的重要作用。滨海湿地是人类环境的重要组成部分，它具有特殊的水文气象特征、水陆交错带作用，以及独特的生态系统服务功能（陆健健等，2006）。但是近 30 年来，滨海湿地成为受到威胁最严重，但受保护力度最小的生态系统。过度开发利用滩涂、芦苇、临海草地等自然湿地，建设人工盐沼等养殖区、晒盐区，使湿地面积不断缩减，景观生态脆弱性加大，生态系统功能日益退化，生态健康状况持续恶化，严重影响了沿海地区人与环境的可持续发展，并引起了社会各界的广泛关注，已成为当前社会研究的热点领域。

鸭绿江口滨海湿地作为国家重要滨海湿地之一，处于我国海岸线的最北端，是我国境内唯一地处中温带的滨海湿地，地理位置优越，自然条件良好。该地鸟类种类和植物种类繁多，是鸟类迁徙的最后栖息地，其数量可达 40 万只，具有生态系统多样性和物种遗传多样性的优势，湿地的存在使许多珍稀、濒危的动植物资源得以长久保存（金连成等，2004）。但是随着经济的发展，不合理的开发利用越来越严重，自然湿地面积、生物种类和数量不断减少，环境污染日益严重，生态健康状况堪忧。国内对鸭绿江口滨海湿地的研究主要集中在滩涂开发利用、生物物种和污染监测等方面，对景观格局变化及生态健康评价很少，缺乏对该地生态服务功能和景观脆弱性的研究，其现有理论和研究状态对鸭绿江口滨海湿地的可持续发展和生态恢复工作的支持稍显不足。本章将鸭绿江口滨海湿地作为研究区，对该地滨海湿地进行分类，以各类湿地景观类型为切入点，首先对湿地面积和景观格局指数进行分析，然后对该区域各湿地类型的生态功能、景观脆弱性和景观生态健康状况进行评价，明确鸭绿江口滨海湿地现状及健康状况，并根据当前的现状提出针对性措施，为湿地开发利用、管理保护、生态恢复提供理论基础。本研究对帮助政府、企业和个人充分认识鸭绿江口滨海湿地的现状，切实保护鸭绿江口滨海湿地资源与环境，改善当地的生态健康状况，具有重要的现实意义。

第二节　国内外研究现状

一、国外研究现状

滨海湿地位于海陆交换地带，是各界学者公认的环境脆弱带，是全球生态健康变化和生态安全研究的重点。国外湿地研究较早，理论较成熟。1956 年，美国渔业和野生动物局最先提出湿地的概念。1971 年，国际上提出《关于特别是作为水禽栖息地的国际重要湿地公约》（简称《湿地公约》），该公约强调通过加强国与国之间的交流，实现湿地的保护和合理开发利用。美国和加拿大最先完成湿地调查和编目，随后开始探究湿地类型、系统及其形成过程。俄罗斯和芬兰在泥炭沼泽利用和湿地演变方面方法的研究已较为成熟。20 世纪 80 年代以来，景观生态学中的原理与方法不断被应用在湿地研究领域，推动了湿地景观格局演变的研究（Urban et al.，1987；Naveh，1991；Forman and Gordon，1998）。随着 3S 技术的不断发展和广泛应用，运用其定量分析湿地景观动态演变，为湿地格局变化研究带来了新突破，使湿地动态变化的研究更加科学、高效、准确。例如，Huang 等（2011）以遥感影像为基础数据，采用湿地水面积指数等方法模拟并分析了湿地景观水面的变化。Maingi 和 Marsh（2001）、Kingsford 和 Thomas（2002）利用 Landsat MSS/TM 数据分别对肯尼亚塔纳河下游和澳大利亚马兰比季河进行了湿地景观的动态监测和研究。Abdullah 和 Nakagoshi（2004）通过利用 GIS 技术揭示了不同时空尺度下湿地景观面积减少、景观格局破碎化及湿地演变的规律。

在景观格局变化驱动力研究方面，理论方法众多，但大多数国外学者将湿地景观格局变化的驱动因子分为五大类，即经济、政策、科技、文化和自然因子，并且大部分学者认为非自然因子对景观格局变化的影响最大（Bürgi et al., 2004）。例如，Brazner 等（2007）利用函数指标分析方法，研究了自然特征和人类活动对湿地的影响。

在湿地生态健康内涵方面，20 世纪 40 年代，Rapport 最先提出土地健康和景观健康的概念，其中景观健康的特征是土地的自我再生能力。80 年代末以后，众多学者开始对湿地生态系统健康的内涵给出不同的理解（傅伯杰等，2011）。随着各界对湿地生态健康的更多关注，湿地生态系统健康评价指标体系不断发展。80 年代，主要集中在化学和生物指标上，评价指标较单一；90 年代，压力指标、物理指标、社会经济指标等不断被运用到湿地生态健康评价中，健康评价指标体系逐渐完善（李洪远和孟伟庆，2012）。不同学者也分别建立了不同的评价指标体系，并应用到实际案例中，丰富了生态健康评价的内容。例如，Rapport（1992）以河流为案例，将湿地生态系统健康评价的指标分为生物指标、物理指标和社会经济指标。Brooks 等（2011）、Gebo 和 Brooks（2012）完善了水文地貌评价方法，该方法以功能评价为基础；可针对性地评价大尺度范围内的湿地。

二、国内研究现状

国内滨海湿地研究开始于 20 世纪 20 年代，在研究初期，普遍 将"沼泽"作为研究对象。半个世纪后，"湿地"的概念才被传播使用（张晓龙等，2005）。80 年代初期，傅伯杰、肖笃宁、李哈滨、陈昌笃等将景观生态学引进我国，为湿地景观格局研究奠定了基础。1992 年中国加入《湿地公约》，滨海湿地才逐渐成为国内研究的重点区域，不同学科、不同领域的学者对各个地区的滨海湿地进行了不同程度的研究，并取得了重大进展。例如，张绪良（2006）研究了莱州湾湿地的分类、结构、功能与生态过程，总结了 30 多年来湿地的退化过程，以及对退化湿地的生态恢复与重建措施。王永丽等（2012）以黄河三角洲为例，运用 GIS 技术、遥感影像和景观格局指数计算软件 Fragstats 3.3，对不同年份的湿地景观格局变化进行了对比分析。劳燕玲（2013）利用 PSR 模型框架，运用层次分析法，评价了钦州市滨海湿地生态安全状态。黄建国（2007）详细监测了福建省滨海湿地生态系统中的各项污染指标，运用多种方法评价了福建省滨海湿地的污染状况。当前，滨海湿地研究大多集中于以 Landsat 等遥感影像为数据源，利用景观指数法、空间叠置分析、景观模型方法等对滨海湿地格局变化进行分析，并对滨海湿地景观脆弱性进行定量评估。例如，翟万林等（2010）、王毅杰和俞慎（2012）分别对长江口和长江三角洲城市群区域的滨海湿地格局变化进行了分析。温庆可等（2011）、高义等（2011）、陈富强（2016）、田博等（2010）、姜玲玲等（2008）分别对环渤海区域、珠江口区域、丹东鸭绿江口、杭州湾、辽宁大连等地的滨海湿地景观变化进行了研究，并分析了其变化机制及生态响应。吴珊珊等（2008）、张绪良等（2009）研究了莱州湾滨海湿地的格局变化。闫文文等（2012）、张华兵等（2012）、左平等（2012）采用不同方法对江苏盐城的滨海湿地进行了分析。由此可见，对国内滨海湿地研究的区域较全面，研究方法较多样，在一定程度上促进了各界人士对我国滨海湿地演变及现状的认识。

在景观变化驱动方面，国内学者通常将驱动因素分为两大类：自然因素和人文因素。自然因素包括水文变化因素、土壤环境变化因素和气候变化因素等；人文因素包括人口增长、经济发展、政治体制改革、城市化水平提高、科技进步、观念改变等。目前，定量化和模型化方法的运用是景观变化驱动力分析的发展趋势，一般通过回归分析（谢花林和李波，2008）、主成分分析（高啸峰等，2009）、多指标综合评价法（王文博和陈秀芝，2006）、典型相关分析（张明等，2001）、空间自相关分析（邱炳文等，2007）、人工神经网络分析（李继锐和张生瑞，2002）、模型化分析（唐华俊等，2009）等对景观格局驱动力进行研究。各界学者在对滨海湿地驱动力分析的研究中，认为景观格局变化的主要驱动力因素有人口的增长变化、过度开采沿海滩涂等资源、城市化水平的提高、填海造陆面积的扩增、人工盐沼的发展和环境污染程度的加剧等（石迎春等，2013）。但由于景观格局变化驱动力分析具有定向型特征，现阶段很难把握对单一景观类型的驱动力分析和多时空尺度的对比研究（吴健生等，2012）。同时，由于滨海湿地所在区域尺度范围小，县域或镇级范围数据资料较难获取，对局部范围小尺度的湿地格局变化驱动力分析的量化仍存在较大难度，景观格局变化驱动力研究仍有不足之处。

20 世纪 80 年代，众多学者开始对生态健康进行研究。但受国内理论基础、研究方法的制约，生态健康评价指标体系仍不完善，尤其在湿地系统过程和服务功能分析方面存在欠缺。随着理论基础和各种方法的不断应用，生态健康评价也在不断进步。在湿地生态健康评价初期，其评价方法主要为生物监测法（傅伯杰等，2011）。生物监测法较简单，但忽略了生态功能，不能完全概括出湿地生态健康状况。随后，相关学者开始逐渐利用指标体系法对湿地生态健康进行评价。指标体系法是当前社会生态健康评价的主要方法，但由于不同学者对生态健康的概念理解不同，所构建的指标体系不同，对评价的结果影响也大不同。目前，湿地生态健康评价指标体系的理论基础、研究方法与案例分析在不断进步（崔保山和杨志峰，2001，2002a，2002b），对湿地生态健康评价的发展具有重要意义。同时，模糊数学理论及 PSR 模型被广泛应用到湿地生态健康评价研究中（陈奕等，2010；毛义伟，2008），研究方法不断进步。随着 3S 技术的发展，将 RS和 GIS 技术所能获取的各类景观整体数据和斑块数据融入湿地生态健康评价中，使生态健康评价过程更全面，评价结果更准确（王一涵等，2011）。此外，孙才志和陈富强（2017）在对鸭绿江口滨海湿地景观生态健康评价的过程中，首先对单因子景观指数和生态服务功能进行了分析，强调景观生态服务功能对湿地生态健康的影响，并对景观脆弱性和景观生态健康的关联意义进行了分析，促进了湿地生态健康评价的发展。湿地生态健康研究的理论与方法虽然不断进步，但仍存在以下不足之处：①在湿地研究区域方面，大多集中在双台河口、盐城、黄河三角洲、长江口等滨海湿地，对鸭绿江口滨海湿地的研究很少；②在生态健康内涵方面，往往忽视了人类对湿地健康的主观感受，没能把握健康的深层内涵；③在研究方法方面，大多采用 PSR 模型，该模型虽然能够清晰地表示指标因子和评价结果的数据关系，但不能准确地辨别所有评价指标的归属，存在一定的局限性；④在指标选取方面，多偏重景观结构和过程方面的指标，弱化了湿地景观生态服务功能方面的指标；⑤在指标权重确定方面，多采用单一的主观或客观赋权法，没有将两者很好地结合起来。随着科学的不断进步和生态问题的不断出现，学界各领域对湿地生态健康理论与应用的研究任务仍然很艰巨，尚有很大的突破空间。

第三节　数据来源与研究方法

一、数据来源与数据处理

本书遥感影像来源于美国地质调查局官网，选取季节较一致、云量低于 10%、质量较好、轨道号为 118/32、分辨率为 30 米的 1995 年 9 月、2005 年 10 月、2015年 9 月三期遥感影像为基础数据，利用 ENVI 4.7 软件，选择 TM 5、4、3 波段进行假彩色合成。首先对湿地范围进行配准并裁剪，然后在几何纠正、影像增强等处理后，采用最大似然法进行监督分类并结合人工目视解译。结合滨海湿地分类系统和研究区现状，将鸭绿江口滨海湿地类型分为浅海水域、滩涂、河流、芦苇沼泽、临海林地、临海草地、水稻田、建设用地、人工盐沼、其他用地 10 类，结合实地调查和 Google Earth 对分类后的影像进行修正，精度验证 Kappa 系数均达 80% 以上。驱动因子指标体系中的 DEM（数字高程模型）数据来源于地理空间数据云，气候、人口、经济、科学技术数据全部来源于《丹东年鉴》和《丹东统计年鉴》，归一化植被指数来源于遥感影像解译数据，生态健康评价体系中的气温、降水、人口、城市化水平、国民生产总值、高新技术产值等数据来源于 1995 年、2005 年、2015 年的《丹东年鉴》和《丹东统计年鉴》，工业废水排放量、固体废弃物排放量等数据来源于 1995 年、2005 年、2015 年《中国城市统计年鉴》。将遥感影像导出为 grid 格式，输入到 Fragstats 4.2 软件中，在该软件中依次设置各个景观格局指数，并运行输出结果，得到各景观指数；生态服务功能数据来源于谢高地等（2003）已有研究的生态服务当量因子。根据滨海湿地生态健康评价指标因子，在 yaahp V6.0 软件中设置层次结构模型，构建判断矩阵，得出主观权重；根据熵值法计算步骤，运行 Excel，得到客观权重；将主客观权重代入式（7-24）可得组合权重。

二、研究方法

1. 景观生态学方法

根据景观生态学中景观格局指数及前人研究，本书选取 7 个斑块类型尺度水平指标和 7 个景观尺度水平指标对景观格局变化进行分析。其中，在斑块类型尺度水平，选择斑块类型面积（CA）、斑块个数（NP）、斑块密度（PD）、最大斑块面积指数（LPI）、斑块类型百分比（PLAND）、斑块分散指数（SPLIT）和周长面积分维数（PAFRAC）；在景观尺度水平，选择斑块个数（NP）、斑块密度（PD）、景观形状指数（LSI）、景观多样性指数（SHDI）、景观均匀度指数（SHEI）、景观聚合度指数（AI）、景观聚集度指数（CONT）。有关景观指数的含义及生态意义（郑新奇和付梅臣，2010）如下。其中，各景观指数公式中的 A 表示整个景观的面积。

（1）斑块类型面积（CA）

$$CA = \sum_{j=1}^{n} a_{ij} \times \frac{1}{10\,000} \qquad （7-1）$$

式中，a_{ij} 为斑块 ij 的面积，CA>0。当 CA 越接近 0 时，标明该斑块类型数量越来越少。CA 值影响该地生物物种的种类、数量及次生物种的生存繁衍，具有重要的生态意义，是景观生态学格局指数研究的基础。

（2）斑块个数（NP）

$$NP = n \qquad （7-2）$$

式中，n 为常数（个）。斑块个数在斑块类型尺度水平表示单一类型的斑块总数，在景观尺度水平表示斑块总数。斑块个数越多，景观破碎化程度越高，生态越不稳定；斑块个数越少，景观破碎化程度越低，生态越稳定。

（3）斑块密度（PD）

$$PD = \frac{n_i}{A} \times 10\,000 \times 100 \qquad （7-3）$$

式中，n_i 为景观中斑块类型 i 所包含的斑块数量（百个/公顷）。PD 值越大，生态系统对人为干扰的抵抗力越弱，脆弱性越强，景观生态越不健康。

（4）最大斑块面积指数（LPI）

$$LPI = \frac{\max_{j=1}^{n}\left(a_{ij}\right)}{A} \times 100 \qquad （7-4）$$

式中，a_{ij} 为斑块 ij 的面积；0<LPI≤100。该指数可以表征某一类型的最大斑块在整个景观中所占比例，有助于确定景观的模地或优势类型等。当 LPI 值等于 100 时，表明整个景观是一个斑块；当 LPI 值越接近 0 时，表明最大斑块的面积越小。

（5）斑块类型百分比（PLAND）

$$PLAND = \frac{\sum_{j=1}^{n} a_{ij}}{A} \times 100 \qquad （7-5）$$

式中，a_{ij} 为斑块 ij 的面积；0<PLAND≤100。当 PLAND 值等于 100 时，表明景观由一种类型的斑块构成；当 PLAND 值越接近 0 时，表明该斑块占景观总面

积的比例越小（郑新奇和付梅臣，2010）。

（6）斑块分散指数（SPLIT）

$$\text{SPLIT} = \frac{A^2}{\sum_{j=1}^{n} a_{ij}^2}$$ （7-6）

式中，a_{ij} 为斑块 ij 的面积；1≤SPLIT≤景观面积平方中的栅格数。SPLIT 是指某一斑块类型中斑块个体的分离、连接程度（郑新奇和付梅臣，2010），其值越小，表明斑块景观连接越密切，能量流动越通畅，景观类型越稳定。

（7）周长面积分维数（PAFRAC）

$$\text{PAFRAC} = \frac{2\left[n_i \sum_{j=1}^{n} \left(\ln p_{ij} \ln a_{ij} \right) \right] - \left[\left(\sum_{j=1}^{n} \ln p_{ij} \right) \left(\sum_{j=1}^{n} \ln a_{ij} \right) \right]}{\left(n_i \sum_{j=1}^{n} \ln p_{ij}^2 \right) - \left(\sum_{j=1}^{n} \ln p_{ij} \right)^2}$$ （7-7）

式中，a_{ij} 为斑块 ij 的面积；p_{ij} 为斑块 ij 的周长；n_i 为景观内斑块类型 i 包含的斑块数量；1≤PAFRAC≤2。PAFRAC 反映了景观形状复杂性，当斑块周长形状越规整，PAFRAC 值就越接近 1；当斑块周长形状越复杂，PAFRAC 值就越接近 2。

（8）景观形状指数（LSI）

$$\text{LSI} = \frac{E}{\min E}$$ （7-8）

式中，E 为景观的边缘总长度；LSI≥1；$\min E$ 为 E 的最小可能值。LSI 不仅可表示景观格局的形状特征，还可表示斑块聚集度或离散程度，LSI 越大，斑块越离散。

（9）景观多样性指数（SHDI）

$$\text{SHDI} = -\sum_{i=1}^{m} \left(p_i \ln p_i \right)$$ （7-9）

式中，p_i 为景观中斑块 i 的面积比；m 为景观中的斑块类型数；SHDI≥0。SHDI 表示景观分布的异质性。一般来说，景观类型越丰富，破碎化程度越高，斑块类型分布越复杂多样，景观生态健康越差。

（10）景观均匀度指数（SHEI）

$$\text{SHEI} = \frac{-\sum_{i=1}^{m}(p_i \ln p_i)}{\ln m} \qquad (7\text{-}10)$$

式中，p_i 为景观中斑块类型 i 的面积比重；m 为景观中的斑块类型数；$0 \leqslant \text{SHEI} \leqslant 1$。SHEI 表示景观分布的均匀度，SHEI 值越接近 0，表明景观越均匀；SHEI 值越接近 1，表明各斑块类型分布不均匀，有最大多样性。

（11）景观聚合度指数（AI）

$$\text{AI} = \left[\sum_{i=1}^{m} \left(\frac{g_{ii}}{\max g_{ii}} \right) p_i \right] \times 100 \qquad (7\text{-}11)$$

式中，g_{ii} 为斑块类型 i 像元之间的结点数；$\max g_{ii}$ 为最大结点数；p_i 为景观中斑块 i 的面积比；$0 \leqslant \text{AI} \leqslant 100$。AI 值越大，表明景观破碎化程度越小，聚集程度越明显。

（12）景观聚集度指数（CONT）

$$\text{CONT} = \left(\sum_{i=1}^{n} \sum_{j=1}^{n} \frac{p_{ij} \ln p_k}{2 \ln n} \right) \times 100 \qquad (7\text{-}12)$$

式中，n 为斑块类型总数；p_{ij} 为两个相邻栅格细胞属于 i 和 j 的概率；p_k 为景观中斑块 k 的面积比。CONT 表示斑块的聚集和延展性，其值越高，表明景观生态越健康。

2. 马尔科夫转移矩阵

马尔科夫转移矩阵是指系统分析中对系统状态与状态转移的定量描述（何成刚，2011），该转移矩阵能够分析各种湿地类型的转移去向，是分析研究湿地景观格局变化的重要方法。

$$p = \begin{bmatrix} p_{11} & p_{12} & \cdots & p_{1n} \\ p_{21} & p_{22} & \cdots & p_{2n} \\ \vdots & \vdots & \vdots & \vdots \\ p_{n1} & p_{n2} & \cdots & p_{nn} \end{bmatrix} \qquad (7\text{-}13)$$

式中，p_{nn} 为转移土地面积的百分比。

3. 双重筛选逐步回归

目前，关于景观格局演变与驱动因子相关性的定量分析方法较多，但由于县域或镇域范围内的数据资料较难获得，对景观格局变化驱动力量化分析较困难。国内外学者常用的分析方法是经验模型和统计模型。滨海湿地景观类型种类较多，影响景观格局变化的驱动力也很多，因此需要分析多因素对多因素的回归问题。双重筛选逐步回归分析方法，就是在由多个自变量和多个因变量组成的数据矩阵中，将因变量分组，找出哪些自变量对哪一组因变量有影响（陈富强，2016）。同时，根据各个自变量方差贡献的显著性检验，精选出一些对某一组因变量的方差贡献较大的自变量，分别按组建立回归模型（唐启义，2010）。因此，本书选择双重筛选逐步回归分析方法对鸭绿江口滨海湿地景观格局变化驱动力进行分析。

4. 博弈论集结模型

博弈论集结模型能够对不同权重进行协调和均衡，克服了单一权重的片面性，使得评价结果更趋科学、合理（路遥等，2014）。设 L 种方法对指标层赋权，从而得到 L 个指标权重向量。

$$w_{(k)} = \left(w_{(k1)}, w_{(k2)}, w_{(k3)}, \cdots, w_{(kn)} \right)(k=1,2,3,\cdots,L) \tag{7-14}$$

记 L 个权重向量的线性组合为

$$w = \sum_{k=1}^{L} a_k w_k^{\mathrm{T}} \tag{7-15}$$

式中，a_k 为线性组合系数；w 的全体 $\left\{ w \middle| w = \sum_{k=1}^{L} a_k w_k^{\mathrm{T}}, a_k > 0 \right\}$ 表示可能的权重向量集。

根据博弈论集结模型的原理，对式（7-15）中的 a_k 进行优化，推出对策模型为

$$\min = \left\| \sum_{j=1}^{L} a_j w_j^{\mathrm{T}} - w_i^{\mathrm{T}} \right\| (i=1,2,3,\cdots,L) \tag{7-16}$$

由矩阵微分性质可以推出式（7-16）的最优化一阶导数为

$$\sum_{j=1}^{L} a_j w_i w_j^{\mathrm{T}} = w_i w_i^{\mathrm{T}} (i=1,2,3,\cdots,L) \tag{7-17}$$

由式（7-17）计算求得$(a_1, a_2, a_3, \cdots, a_L)$，然后对其进行归一化处理：

$$a_k^* = \frac{a_k}{\sum\limits_{k=1}^{L} a_k} \tag{7-18}$$

组合权重为

$$w^* = \sum_{k=1}^{L} a_k^* w_k^{\mathrm{T}} \tag{7-19}$$

将求得的主客观权重值a_k^*代入式（7-19）求出组合权重（侯定丕，2004）。

5. 韦伯-费希纳定律（W-F 定律）

传统的生态健康评价一般采用模糊综合评价模型，是通过权重和指标标准化值的加权求和得出，但该模型很难准确地说明人类对生态的主观感受，难以表征对人类来说是否健康的问题，用于生态健康评价存在一定的局限性。本书采用改进的 W-F 定律，以弥补传统评价模型的不足。

W-F 定律是由德国生理学家韦伯和物理学家费希纳提出，用来表达感觉与刺激的数量关系，即感觉的大小与刺激强度的对数成正比，刺激强度按几何级数递增，而感觉强度按算术级数递增（李祚泳和彭荔红，2003）。

其公式为

$$S = K \lg R \tag{7-20}$$

式中，S 为感觉；R 为刺激强度；K 为常数。

该模型是对不同群体主观心理的评价，是基于环境对人们心理造成影响，进而人们对环境做出反应的过程。它偏重于外界环境对心理刺激的强度进行的评价，相比传统评价景观质量和健康的模型，能更准确地反映景观生态健康的内涵。目前，W-F 定律也被引入环境评价中，包括环境质量评价（薛文博等，2006）、地下水质量评价（钟龙芳等，2012）、景观环境评价（巩如英等，2006）、水环境评价（张宝等，2010）、湖泊富营养化（李小燕等，2011）等。吴衍等（2014）首次将该模型应用到湿地景观生态健康评价中，并证明该模型在湿地健康评价中可行。因此，为避免传统评价模型的不足，本书在 W-F 定律的基础上建立新的评价模型。该模型应用在湿地景观生态健康评价中基于以下三个假设（吴衍等，

2014；Drösler，2000）。①将 W-F 定律中外界刺激量 R 视为湿地生态健康评价指标的数值；②将 W-F 定律中人体反应量 S 视为该指标对湿地生态健康的危害程度；③将 W-F 定律中外界环境对人的刺激程度 K 视为各项指标的权重。通过以上假设将 W-F 定律应用到湿地生态健康评价领域，其推广后的 W-F 定律公式为

$$S = \sum_{i=1}^{n} K_i \lg(r_i + 1) \qquad （7-21）$$

式中，S 为 n 个评价指标对湿地生态健康的影响程度；n 为评价指标个数；K_i 为第 i 个湿地生态健康指标的权重；r_i 为第 i 个湿地生态健康指标的标准化值。此外，$r_i + 1$ 的目的在于使 $\sum_{i=1}^{n} K_i \lg(r_i + 1) > 0$，通过数学证明不影响评价结果。

三、技术路线

鸭绿江口滨海湿地景观格局变化及生态健康评价技术路线如图 7-1 所示。

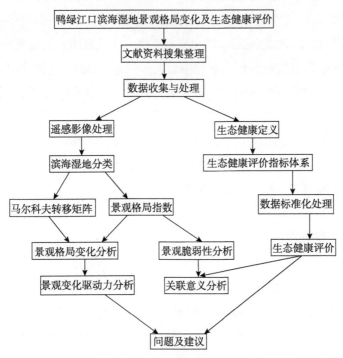

图 7-1　鸭绿江口滨海湿地景观格局变化及生态健康评价技术路线

第四节　研究区概况

一、自然地理概况

鸭绿江口滨海湿地国家级自然保护区（东经120°21′39″～123°30′50″，北纬39°40′50″～40°50′50″）位于辽宁省东港市境内。保护区呈带状分布，长120公里，宽50公里。1987年经原东沟县人民政府批准建立保护区，1995年升级为省级自然保护区，1997年被批准为国家级滨海湿地自然保护区，主要保护对象为滨海湿地生态系统和珍稀物种。2011年5月，国家海洋局将鸭绿江口滨海湿地自然保护区纳入国家级海洋自然保护区。鸭绿江口滨海湿地是东北第二大滨海湿地，面积为108 057平方公里，是重点自然保护区。该保护区是陆地生态系统向海洋生态系统的过渡区，形成了复杂多样的景观类型。

鸭绿江口滨海湿地国家级自然保护区区域内土壤肥沃，类型较多。土壤类型包括4个土类，共23个土属。鸭绿江口滨海湿地国家级自然保护区内河流众多，较大的河流有七条，水源充足，淡水资源丰富，水质优良；河流流向由北向南，最后注入黄海。东部的鸭绿江为湿地中最大的河流。西部大洋河为湿地中第二大河流，是鸭绿江口滨海湿地国家级自然保护区核心区主要淡水补给水源。鸭绿江口滨海湿地国家级自然保护区属于暖温带湿润季风气候，冬季寒冷少雨，夏季炎热多雨，雨热同期，四季分明，被称为"北国江南、江海明珠"。该保护区年平均气温为 9.8℃，气温年较差大，无霜期长，可达 203 天；年均降水量为 1100 毫米，降水集中在 6～8 月，降水季节变化大。

二、社会经济概况

鸭绿江口滨海湿地所在东港市区位优势突出，海陆交通便利。东港市是欧亚铁路的重要交通枢纽，立体化交通网络四通八达，是"东北亚经济圈金瓶口"。市域内大东港是中国海岸线最北端的天然不冻良港，海运航线众多，对外交流贸易便利。

鸭绿江口滨海湿地所在东港市基础设施完备。城市化进程不断加快，城市功能不断完善，形成了东港市临港亲海的独特风貌。城乡居住环境优越，是全国最佳生态宜居旅游名市。域内建有国际华能丹东电厂和海洋红风力发电站，年发电量大，电力资源充裕。城市水资源丰富，供水能力强。东港市投资环境优良，通信设施完善，仓储物流发达，环境良好，设施完备，是辽宁省重要经济发展区。

鸭绿江口滨海湿地所在东港市经济实力雄厚。近几年，东港市加快了建设新东港的进程，县域经济综合实力大幅度提升，是全国百强县、全国县域经济先进市。该保护区内耕地总面积为 699.6 平方公里，水稻种植面积占耕地总面积的70%，工业以食品、机械、建材为主，该地已经大力发展综合现代临港产业、以港口为依托的现代服务产业，以及旅游业等绿色产业。社会保障体系不断完善，基本养老、医疗、最低生活保障覆盖范围日益扩大，扶贫标准和救助水平不断提升，教学质量和高考升学率保持丹东地区领先水平。

鸭绿江口滨海湿地所在东港市发展前景广阔。东港市作为辽宁省最早的对外开放城市，是全省 15 个扩大县域经济管理权限改革试点市之一，拥有良好的政策支持。随着国家加快沿边开放步伐、辽宁省沿海经济带发展战略深入实施等一系列政策效应逐步显现，东港市迎来了前所未有的发展机遇。

三、生态价值概况

鸭绿江口滨海湿地国家级自然保护区位于中国海岸线的最北端，属于温带湿地自然生态系统。保护区生物资源丰富，物种繁多，是一座巨大的天然基因库。沼泽、滩涂资源丰富，是北迁涉禽的最后停歇地，迁徙高峰期，该地鸟类数量众多。保护区由浅海水域、滩涂、河流、芦苇沼泽、临海林地、临海草地、水稻田等多种生态系统组成，复杂多样的湿地类型对维护生态稳定起到重要作用。该滨海湿地具有生态系统多样性和物种遗传多样性的优势，为众多动植物提供了食物、水源和隐蔽地，对许多珍稀濒危的动植物资源的长久保存具有重要意义。

鸭绿江口滨海湿地国家级自然保护区生态系统比较完整，同时拥有海陆生态系统特征。该滨海湿地生态服务功能比较稳定，结构比较复杂，对保护当地及沿海地区的生态系统具有重要意义。该湿地使自然保护区内各种生物得以大量繁殖和生存，是维护生态平衡的主要因素，尤其对亚太地区迁徙水鸟的保护做出了重大贡献。该湿地生态功能巨大，对环境的保护和生态稳定的维持具有重要意义，因此必须加强对该地的生态保护。保护区对于湿地生态系统的结构、功能和生态健康等方面的研究也具有重要意义。

　　因滨海湿地受涨落潮变化影响较大，浅海水域范围各有不同，为提高遥感数据获取和遥感影像解译的准确度，本书结合辽宁省湿地资源（张华等，2007）及前人研究资料（周晓丽，2009；何桐等，2009）确立研究区范围（图7-2）。

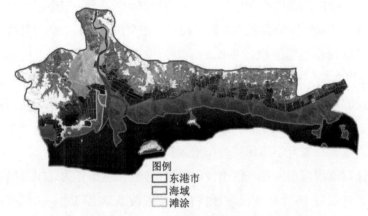

图 7-2　鸭绿江口滨海湿地概况示意图（详见书末彩图）

第五节　鸭绿江口滨海湿地景观格局变化及驱动分析

一、鸭绿江口滨海湿地分类

　　根据鸭绿江口滨海湿地的水文地貌、资源环境和生态意义，结合国内滨海湿地的研究成果（张华等，2007）及分类方案（陈建伟和黄桂林，1995；倪晋仁等，1998），本书将鸭绿江口滨海湿地按照三级分类系统进行分类（表7-1），一级分类将研究区滨海湿地分为湿地和非湿地两类；二级分类依据人类是否对滨海湿地景观进行干扰划分为自然湿地和人工湿地两类；三级分类综合考虑水文、景观特征、植被等要素将自然湿地和人工湿地进一步划分为若干类型，其中自然湿地包括浅海水域、滩涂、河流、临海林地、临海草地、芦苇沼泽六类，人工湿地包括人工盐沼、水稻田两类。此外，建设用地和其他用地划为非湿地；旱田、一般农用地、未利用土地归为其他用地。

表 7-1 鸭绿江口滨海湿地分类系统

一级分类	二级分类	三级分类	主要特征及界定标准
湿地	自然湿地	浅海水域	低潮时海平面以下 6 米深的近海区域
		滩涂	潮间带
		河流	内陆河流
		临海林地	低矮林地为主，群落优势种为刺槐、栎属植物、旱柳、垂柳及杂灌木林等*
		临海草地	草地为主，群落优势种为碱蓬、禾本科杂草及菊科杂草等*
		芦苇沼泽	芦苇沼泽
	人工湿地	人工盐沼	虾、蟹水产养殖及盐田
		水稻田	平原水稻田
非湿地		建设用地	人工修建的居民区及公共服务设施
		其他用地	旱田、一般农用地、未利用土地等

*引自张华等，2007

二、鸭绿江口滨海湿地面积变化分析

本书选取变化特征明显、时间跨度较合理的三期遥感影像（1995 年、2005 年、2015 年），并将其导入 ArcGIS 10.0 生成鸭绿江口滨海湿地景观类型分布图（图 7-3），统计并计算得出 20 年间各湿地景观类型之间的面积转移矩阵（表 7-2 和表 7-3），其中，列表示前一时间段的滨海湿地景观类别，行表示后一时间段的滨海湿地景观类别；行和列交叉处表示变化值。

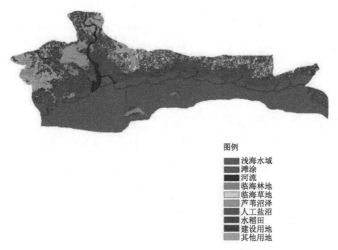

图例
浅海水域
滩涂
河流
临海林地
临海草地
芦苇沼泽
人工盐沼
水稻田
建设用地
其他用地

图 7-3 2015 年鸭绿江口滨海湿地景观类型分布示意图（详见书末彩图）

表 7-2 1995～2005 年滨海湿地景观类型面积转移矩阵

项目	浅海水域	滩涂	河流	临海林地	临海草地	芦苇沼泽	人工盐沼	水稻田	建设用地	其他用地
浅海水域	99.90	50.43	6.62	0.46	0.01	0.05	0.05	0.03	0.46	0.21
滩涂	0.06	41.74	7.69	0.16	0.73	0.40	1.02	2.26	1.94	0.10
河流	0.02	1.81	79.34	0.17	0.04	1.13	0.02	0.05	0.13	0.00
临海林地	0.00	0.01	0.09	36.84	1.07	8.20	0.02	0.39	2.07	7.24
临海草地	0.00	0.18	0.75	9.79	61.92	13.00	1.05	32.33	7.69	0.53
芦苇沼泽	0.00	0.14	0.29	29.34	1.02	58.30	0.01	0.13	0.90	0.18
人工盐沼	0.00	3.11	0.72	1.50	0.78	6.28	83.51	8.03	13.87	0.01
水稻田	0.00	0.20	0.48	0.69	22.20	1.88	1.21	49.02	1.35	0.01
建设用地	0.01	2.31	4.02	12.99	11.83	10.60	13.03	7.63	61.67	23.30
其他用地	0.00	0.06	0.00	8.05	0.41	0.14	0.09	0.15	9.90	68.43
转移总量	0.10	58.26	20.66	63.16	38.08	41.70	16.49	50.99	38.33	31.57
面积变化	71.52	−76.49	1.02	−7.06	−12.06	−1.00	6.24	1.22	21.03	−4.41

注：除"面积变化"单位为平方公里外，其他项目单位均为%，下同

表 7-3 2005～2015 年滨海湿地景观类型面积转移矩阵

项目	浅海水域	滩涂	河流	临海林地	临海草地	芦苇沼泽	人工盐沼	水稻田	建设用地	其他用地
浅海水域	94.73	3.96	2.91	0.17	0.01	0.01	0.15	0.05	0.21	0.05
滩涂	2.01	77.31	13.55	0.04	0.17	0.06	0.39	2.01	1.16	0.11
河流	0.27	2.92	72.88	0.47	0.17	1.56	0.06	0.13	0.66	0.00
临海林地	0.02	0.19	0.45	56.57	3.14	20.64	0.51	0.40	4.41	10.87
临海草地	0.06	0.75	1.01	1.73	29.30	2.70	0.82	22.01	9.21	0.33
芦苇沼泽	0.00	0.17	0.52	8.56	3.76	57.77	0.43	0.16	2.06	0.13
人工盐沼	1.89	5.60	1.00	0.67	0.60	3.73	77.87	3.55	12.77	0.21
水稻田	0.10	1.85	0.89	1.32	36.50	0.93	0.62	62.90	4.39	0.20
建设用地	0.88	7.16	6.76	12.81	24.71	11.64	18.87	8.38	52.79	14.48
其他用地	0.05	0.10	0.03	17.67	1.64	0.97	0.29	0.41	12.34	73.63
转移总量	5.28	22.70	27.12	43.43	70.70	42.23	22.13	37.10	47.21	26.37
面积变化	−12.86	−4.25	0.96	9.21	−43.13	−2.31	4.05	21.29	21.26	5.77

由表 7-2 可以看出，1995～2005 年鸭绿江口滨海湿地各景观类型面积的转

移百分比情况。其中，滩涂、临海林地、临海草地、芦苇沼泽、其他用地这五种景观类型面积在 1995~2005 年分别减少了 76.49 平方公里、7.06 平方公里、12.06 平方公里、1.00 平方公里、4.41 平方公里，而其他景观类型面积增加，大部分自然湿地被开发成人工湿地，致使自然湿地减少，人工湿地增多。通过转移矩阵可知，临海林地、滩涂、水稻田、芦苇沼泽面积转移量较大，分别占转移总量的 63.16%、58.26%、50.99%、41.70%。滩涂类型变化过程中，7.69%转化为河流，2.26%被开采为水稻田，1.94%被建设用地占用。临海林地类型变化过程中，8.20% 转化为芦苇沼泽，7.24%转化为其他用地。临海草地类型变化过程中，32.33%转化为水稻田，13.00%转化为芦苇沼泽，7.69%转化为建设用地。芦苇沼泽大部分转移为临海林地，约占 29.34%。

由表 7-3 可以看出，2005~2015 年临海草地、建设用地、临海林地、芦苇沼泽面积转移量较大，分别占 70.70%、47.21%、43.43%、42.23%。滩涂类型变化过程中，2.01%转化为水稻田，1.16%转化为建设用地；临海林地类型变化过程中，20.64%转化为芦苇沼泽，10.87%转化为其他用地，4.41%转化为建设用地；临海草地类型变化过程中，22.01%转化为水稻田，9.21%转化为建设用地；芦苇沼泽类型变化过程中，8.56%转化为临海林地，2.06%转化为建设用地；人工盐沼类型变化过程中，12.77%转化为建设用地。总的来说，浅海水域、滩涂、临海草地、芦苇沼泽面积减少，其他湿地类型面积增多。相较于 1995~2005 年滩涂、临海林地、临海草地、芦苇沼泽、其他用地共五类湿地面积减少的情况，2005~2015 年临海林地和其他用地面积不再减少反而增加，通过对照分析 1995 年、2005 年和 2015 年遥感影像可以看出，城市范围内绿化面积增多是临海林地面积增加的主要原因。

上述 1995~2005 年和 2005~2015 年两个时间段滨海湿地景观变化情况有差别，且变化范围较大。将 1995~2005 年的面积变化量与 2005~2015 年的面积变化量相加，得到 1995~2015 年的面积变化量，可知浅海水域、滩涂、河流、临海林地、临海草地、芦苇沼泽、人工盐沼、水稻田、建设用地、其他用地面积变化量分别为 58.66 平方公里、−80.74 平方公里、1.98 平方公里、2.15 平方公里、−55.19 平方公里、−3.31 平方公里、10.29 平方公里、22.51 平方公里、42.29 平方公里、1.36 平方公里。由此可知，滩涂、临海草地、芦苇沼泽面积减少，其他景观类型面积增加，变化较大的是滩涂、浅海水域和临海草地，其面积变化分别为 80.74 平方公里、58.66 平方公里和 55.19 平方公里，其中，滩涂和浅海水域面积变化较大，原因之一是遥感影像受潮涨潮落影响，存在误差。建设用地面积增加 42.29 平方公里，水稻田面积增加 22.51 平方公里。对比两个时间段的面积变化发现，浅海水域、临海林地、其他用地的面积变化没有明显规律，而其他湿地类型面积都有一直增加或一直减少的趋势。其中，浅海水域面积先增加后减少，但总的来看是增加的趋势；临海林地和其他用地面积先减少后增加，总的来看是增加的趋势；滩涂、临海草地、芦苇沼泽面积一直减少；河流、人工盐沼、水稻田和建设用地面积一直增加。可以预测，随着社会经济的发展，如果对滩涂等自然湿地保护力度不够，滩涂、临海草地面积必将进一步减少，而建设用地、水稻田和人工盐沼面积将继续增加。

三、鸭绿江口滨海湿地景观格局指数变化分析

将 ArcGIS 10.0 中生成的鸭绿江口滨海湿地景观类型分布图导出成 grid 格式，并输入到 Fragstats 4.2 中，在该软件中依次设置各个景观格局指数。在斑块类型尺度水平，选择斑块类型面积（CA）、斑块个数（NP）、斑块密度（PD）、最大斑块面积指数（LPI）、斑块类型百分比（PLAND）、斑块分散指数（SPLIT）和周长面积分维数（PAFRAC）；在景观尺度水平，选择斑块个数（NP）、斑块密度（PD）、景观形状指数（LSI）、景观多样性指数（SHDI）、景观均匀度指数（SHEI）、景观聚合度指数（AI）、景观聚集度指数（CONT）。运行 Fragstats 4.2，输出结果（表 7-4 和表 7-5）。

表 7-4　鸭绿江口滨海湿地斑块类型尺度水平指数

指标	年份	浅海水域	滩涂	河流	临海林地	临海草地	芦苇沼泽	人工盐沼	水稻田	建设用地	其他用地
CA（平方公里）	1995	1.63	0.98	0.07	0.16	0.71	0.16	0.57	0.33	0.44	0.29
	2005	2.12	0.44	0.08	0.11	0.63	0.16	0.61	0.34	0.59	0.29
	2015	2.03	0.41	0.08	0.17	0.33	0.14	0.65	0.49	0.74	0.30
PLAND（%）	1995	14.93	8.97	0.65	1.51	6.55	1.49	5.25	3.02	4.03	2.69
	2005	19.50	4.08	0.69	1.03	5.81	1.44	5.62	3.11	5.38	2.43
	2015	18.68	3.77	0.76	1.60	3.07	1.29	5.93	4.46	6.77	2.76
NP（个）	1995	3	169	28	356	306	104	158	525	1055	229
	2005	2	250	18	342	298	140	51	318	924	153
	2015	18	124	45	479	773	145	105	392	1058	289

续表

指标	年份	浅海水域	滩涂	河流	临海林地	临海草地	芦苇沼泽	人工盐沼	水稻田	建设用地	其他用地
PD（百个/公顷）	1995	27.54	1 551.43	257.04	3 268.09	2 809.09	954.72	1 450.45	4 819.52	9 684.94	2 102.23
	2005	18.36	2 295.01	165.24	3 139.57	2 735.65	1 285.21	468.18	2 919.25	8 482.36	1 404.55
	2015	165.24	1 138.32	413.10	4 397.24	7 096.17	1 331.11	963.90	3 598.58	9 712.48	2 653.03
LPI（%）	1995	14.92	6.19	0.60	0.45	1.50	0.96	1.45	0.26	0.12	1.59
	2005	19.50	2.91	0.67	0.17	1.10	0.84	1.31	0.71	1.16	1.22
	2015	18.57	1.64	0.58	0.16	0.18	0.91	1.32	0.41	0.52	1.03
PAFRAC	1995	1.32	1.37	1.57	1.56	1.62	1.46	1.51	1.58	1.61	1.57
	2005	1.29	1.37	1.51	1.51	1.60	1.45	1.47	1.56	1.61	1.56
	2015	1.26	1.32	1.50	1.57	1.63	1.48	1.56	1.59	1.64	1.57
SPLIT	1995	44.89	249.67	27 481.00	42 085.70	1 706.07	10 480.90	1 740.61	45 908.40	114 973.00	3 872.94
	2005	26.31	1 159.03	22 449.00	256 145.00	2 790.83	13 651.40	2 044.23	9 483.18	37 167.00	6 006.04
	2015	28.99	2 394.44	29 301.00	143 711.00	77 723.90	11 978.50	1 926.23	12 724.20	17 070.20	7 155.31

表 7-5 鸭绿江口滨海湿地景观尺度水平指数

年份	NP（个）	PD（百个/公顷）	LSI	CONT（%）	SHDI	SHEI	AI（%）
1995	2 937	26 961.77	20.71	56.74	1.67	0.70	88.42
2005	2 500	22 950.10	19.02	58.38	1.62	0.67	89.44
2015	3 432	31 505.90	23.52	56.76	1.63	0.68	86.69

由表 7-4 可知，各湿地斑块类型面积差别较大，其中滩涂面积由 0.98 平方公里减少到 0.41 平方公里，临海草地面积由 0.71 平方公里减少到 0.33 平方公里，芦苇沼泽面积由 0.16 平方公里减少到 0.14 平方公里，而人工盐沼、水稻田、建设用地、其他用地、河流逐年增加，表明滩涂、临海草地和芦苇沼泽等自然湿地被大范围开发成人工盐沼、水稻田和建设用地等人工湿地。临海林地面积变化不大，浅海水域面积呈现先增后减的趋势。在斑块个数和斑块密度方面，随着时间的推移，芦苇沼泽的斑块个数由 104 个增加到 145 个，斑块密度由 954.72 百个/公顷增加到 1331.11 百个/公顷，说明空间异质性增大，破碎化程度增大，人为对芦苇沼泽的干扰程度增大，同时反映出芦苇沼泽景观的脆弱性增强。其他湿地景观虽然变化范围不同，但都呈现先减后增的趋势，说明在 1995～2005 年，景观的破碎化程度减小，整体性增强，但在 2005～2015 年，破碎化程度增大。其

主要原因在于前期开发缓慢,后期单纯追求经济利益进行粗放式开发导致各景观异质性增强。在最大斑块面积方面,滩涂、临海草地、水稻田、建设用地、其他用地变化较大,说明这些湿地景观开发利用率较高,导致最大斑块面积浮动较大。在斑块类型百分比方面,滩涂、临海草地、芦苇沼泽所占比例逐渐减小,人工盐沼、水稻田、建设用地所占比例增加,说明自然湿地的丰度比减小,而人工湿地的丰度比增大。在斑块分散指数方面,滩涂、河流、临海草地、其他用地逐渐增加,说明这些湿地的分离程度增加,连接度降低,稳定性减小。人工盐沼、水稻田、建设用地先减后增,且变化幅度很大,表明这些湿地开发利用较多,湿地类型转换较大。各种湿地类型的周长面积分维数变化不大,但大部分数值高于 1.5(浅海水域、滩涂除外),说明各类湿地的形状复杂性较大,规整程度较低,空间结构凌乱。

由表 7-5 可知,鸭绿江口滨海湿地景观在斑块个数、斑块密度、景观形状指数、景观多样性指数、景观均匀度指数方面都呈现先减后增的趋势,斑块个数由 2937 个减少到 2500 个再增加到 3432 个;斑块密度由 26 961.77 百个/公顷减少到 22 950.10 百个/公顷再增加到 31 505.90 百个/公顷;景观形状指数由 20.71 减少到 19.02 再增加到 23.52;景观多样性指数和景观均匀度指数变化范围较小。说明鸭绿江口滨海湿地不同斑块类型所占比例较大,湿地景观的分布均匀程度和多样性、复杂性都先减后增。景观聚合度指数、景观聚集度指数呈现先增后减的趋势,其中景观聚合度指数由 88.42% 增加到 89.44% 再减少到 86.69%,景观聚集度指数由 56.74% 增加到 58.38% 再减少到 56.76%,说明各斑块类型的破碎化程度和聚集度、延展度先增后减。其主要原因是随着经济的发展,资源、环境、社会问题的出现,人们对于资源开发与环境保护的意识增强,间接地造成两个时间段景观指数的不同。

四、鸭绿江口滨海湿地景观格局变化驱动分析

1. 景观格局变化驱动力指标体系

不同地域不同类型的湿地面临不同的外界环境,因此,景观格局变化驱动因素也大不相同。一般认为,景观类型格局变化的主要原因是自然因子和社会经济因子。根据鸭绿江口滨海湿地自然环境和社会经济状况及生态功能,本着选取驱

动因子的科学性、典型性、差异性和易获取性原则，从自然驱动力和人文驱动力两大系统中选取了 21 个指标因子构建驱动机制（表 7-6）。其中，自然驱动因子包括气候和 DEM 2 个二级指标，共 4 个三级指标；人文驱动因子包括人口、经济、科学技术 3 个二级指标，共 17 个三级指标。

表 7-6　鸭绿江口滨海湿地景观格局变化驱动力指标体系

一级指标	二级指标	三级指标
自然驱动因子	气候	年平均气温
		年均降水量
	DEM	高程
		坡度
人文驱动因子	人口	总人口
		城市化水平（城市人口/总人口）
	经济	国民生产总值
		社会消费品零售总额
		地方财政收入
		农林牧渔总产值
		农民人均纯收入
		城乡收入差距
		储蓄存款余额
		公路里程
		房建用地
	科学技术	科学研究人员
		化肥施用量
		有效灌溉面积
		农机总动力
		高新技术产值
		科技项目

2. 景观格局变化驱动分析

本书选取滩涂、临海林地、临海草地、芦苇沼泽、水稻田、人工盐沼、建设用地 7 种最具典型特征的景观类型进行景观格局变化驱动分析。利用遥感软件提取 1995～2015 年各景观类型的面积，收集各驱动指标值并导入 DPS 软件处理系统，运行双重筛选逐步回归，去除相关性小的自变量，精选对因变量贡献值大的自变量并整理。根据双重筛选逐步回归结果将各个湿地类型分为四组，其中滩涂为第一组，水稻田、芦苇沼泽为第二组，临海林地、临海草地为第三组，人工盐沼和建设用地为第四组。

（1）滩涂驱动因素分析

研究区滩涂景观驱动因素分析结果如表 7-7 所示。

表 7-7　研究区滩涂景观驱动因素分析结果

第一组	滩涂	标准回归系数	偏相关	显著水平 p
城市化水平	−1 891 972 642	−0.415	−0.230	0.448
年均降水量	−217 566.592	−0.312	−0.347	0.244
房建用地	−201.342	−1.265	−0.554	0.049
有效灌溉面积	−100 658 816.8	−0.446	−0.450	0.122
科技项目	7 933 152.01	0.671	0.425	0.004
F 值、复相关及 p 值	1.918	df（7,11）	0.741	0.160

注：F 值用来衡量两个样本的方差是否有显著性差异；复相关是反映一个因变量与一组自变量（两个或两个以上）之间相关程度的指标；p 值用来衡量检验结果的显著性，下同

由表 7-7 可知，影响鸭绿江口滩涂湿地变化的主要驱动因素为城市化水平、年均降水量、房建用地、有效灌溉面积、科技项目。总的来说，人口变化、气候条件、房建用地、科技水平是影响滩涂格局变化的主要因素。其中，科技项目与滩涂面积呈正相关，这是因为随着科技的发展，填海造田技术不断革新，围海造陆面积不断增大，滩涂面积不断增加。而城市化水平、房建用地、有效灌溉面积与滩涂面积呈负相关，原因在于随着人口增长，饮食和住房的扩大对建设用地和农耕地的需求越来越大，开发滩涂湿地作为建设用地和农耕地的面积也越来越大，湿地面积越来越少。从显著水平来看，城市化水平对滩涂面积的变化影响最大，可见城市的发展，势必会对滩涂资源造成一定的破坏。因此，在搞好城市建设和发展的同时，一定要保护好滩涂资源，不能为了追求城市发展，盲目开发利用滩涂。

（2）水稻田、芦苇沼泽驱动因素分析

研究区水稻田、芦苇沼泽景观驱动因素分析结果如表 7-8 所示。

表 7-8　研究区水稻田、芦苇沼泽景观驱动因素分析结果

第二组	芦苇沼泽	标准回归系数	偏相关	显著水平 p	水稻田	标准回归系数	偏相关	显著水平 p
城市化水平	−8 403 875.100	−0.861	−0.206	0.643	10 243 112	2.110	0.361	0.274
年平均气温	505 479.400	0.906	0.805	0.002	−2 580 910	−0.929	−0.724	0.011
年均降水量	−1 003.846	−0.673	−0.738	0.009	3 742.386	0.504	0.524	0.097
农林牧渔总产值	7.046	7.404	0.593	0.054	−29.616	−6.256	−0.424	0.193
农民人均纯收入	−472.816	−6.035	−0.511	0.107	2 247.732	5.768	0.393	0.231
房建用地	−0.335	−0.984	−0.561	0.072	0.402	0.237	0.122	0.720
农机总动力	−7 511.730	−0.370	−0.102	0.563	−130 012.4	−1.289	−0.261	0.437
化肥施用量	−33.463	−0.285	−0.312	0.349	29.822	0.051	0.044	0.897
科技项目	15 284.071	1.503	0.831	0.001	−57 649.910	−1.139	−0.648	0.030
F 值、复相关及 p 值	3.722	df（9,9）	0.887	0.031	1.671	df（9,9）	0.790	0.228

由表 7-8 可知，水稻田和芦苇沼泽景观驱动因素一致，但各驱动因素相关性正好相反。影响水稻田和芦苇沼泽景观变化的主要因素有城市化水平、气候条件、农林牧渔总产值、农民人均纯收入、房建用地、农机总动力、化肥施用量、科技项目。其中，气候条件是水稻田和芦苇沼泽生长的基础条件，农机总动力、化肥施用量、农林牧渔总产值能很好地反映水稻田面积的变化。城市化水平的提高，房建面积的增加提高了水稻种植面积，但对芦苇沼泽却是一种破坏。由遥感影像和转移矩阵也可知，芦苇沼泽面积很大一部分被开发成水稻种植区，芦苇沼泽面积减少，水稻种植面积增加。各驱动因素对芦苇沼泽与水稻田的影响显著水平存在差距，城市化水平是影响芦苇沼泽面积减少的最显著因素，而化肥施用量和房建用地与水稻田面积变化的显著水平最高。

（3）临海林地、临海草地驱动因素分析

研究区临海林地、临海草地景观驱动因素分析结果如表 7-9 所示。

表 7-9 研究区临海林地、临海草地景观驱动因素分析结果

第三组	临海林地	标准回归系数	偏相关	显著水平 p	临海草地	标准回归系数	偏相关	显著水平 p
年平均气温	3 311 860.400	0.645	0.659	0.009	4 405 448.680	0.665	0.805	0.005
年均降水量	−11 562.940	−0.708	−0.716	0.006	−12 528.944	−0.708	−0.827	0.003
社会消费品零售总额	110.546	8.589	0.586	0.078	120.854	10.081	0.579	0.080
地方财政收入	−25.373	−1.742	−0.235	0.655	−39.373	−1.750	−0.322	0.364
农民人均纯收入	−1 314.455	−3.423	−0.329	0.386	−4 134.455	−4.442	−0.412	0.236
公路里程	−145 605.600	−0.645	−0.334	0.107	−10 495.640	−1.690	−0.433	0.211
房建用地	−4.801	−1.429	−0.745	0.008	−5.966	−1.473	−0.775	0.009
农机总动力	−427 894.100	−2.039	−0.510	0.140	−498 274.810	−2.069	−0.501	0.140
科技项目	152 503.020	1.716	0.871	0.000	215 850.318	1.787	0.919	0.000
F 值、复相关及 p 值	5.994	df（10,8）	0.839	0.016	5.994	df（10,8）	0.939	0.009

由表 7-9 可知，临海林地和临海草地所受驱动因素相似，虽然标准回归系数有差异，但都受到气候条件、经济条件和科技水平的影响。其中，与临海林地、临海草地格局变化呈正相关的因素有年平均气温、社会消费品零售总额、科技项目，其他因素如地方财政收入、农机总动力、房建用地等都呈负相关。地方财政收入是临海林地、临海草地格局变化最显著的影响因素，东港市经济的发展导致了临海林地、临海草地的减少。在过去的 20 多年间，经济发展普遍存在粗放发展问题，也就是说在经济发展的同时，生态破坏和环境污染也在加重。随着生态文明的建设，以及绿色发展、人与自然和谐发展等发展理念的提出，各种湿地的开发利用必将越来越科学。

（4）人工盐沼、建设用地驱动因素分析

研究区人工盐沼、建设用地景观驱动因素分析结果如表 7-10 所示。

表 7-10 研究区人工盐沼、建设用地景观驱动因素分析结果

第四组	人工盐沼	标准回归系数	偏相关	显著水平 p	建设用地	标准回归系数	偏相关	显著水平 p
城市化水平	23 649 765	0.399	0.439	0.116	35 017 425.3	0.400	0.444	0.212
地方财政收入	52 891.420	0.334	0.377	0.184	78 791.822	0.337	0.383	0.176
房建用地	53.450	1.476	0.674	0.008	78.559	1.467	0.676	0.008
农林牧渔总产值	652 321.59	0.526	0.785	0.326	4 521 456.25	0.457	0.235	0.025
有效灌溉面积	−25 974 048	−0.506	−0.518	0.058	−36 315 977	−0.479	−0.501	0.068
高新技术产值	444 695.64	0.540	0.422	0.133	715 812.343	0.588	0.456	0.101
科技项目	1 705 661.1	1.579	0.444	0.002	2 507 730.12	1.570	0.446	0.002
F 值、复相关及 p 值	2.693	df（6,12）	0.457	0.068	2.801	df（6,12）	0.464	0.061

由表 7-10 可知，人工盐沼、建设用地的驱动因素相似，其中有效灌溉面积与人工盐沼、建设用地呈负相关，城市化水平、地方财政收入、房建用地、农林牧渔总产值、高新技术产值、科技项目与人工盐沼、建设用地呈正相关。对人工盐沼影响水平最大的是农林牧渔总产值，对建设用地影响水平最大的是城市化水平。这两个驱动因素都是经济发展的表征，随着经济的发展和城市化水平的提高，建设用地和人工盐沼的面积也将持续增加。建设用地和人工盐沼的发展，也会进一步带动经济的发展，但会以损失自然湿地面积为前提。因此，协调好经济发展与滨海湿地资源保护将是现阶段，以及未来滨海湿地保护利用的重要方面。

各景观类型变化的驱动因素虽然各不相同，但还是有相似之处，总的来说，气候等自然原因是影响各类滨海湿地景观变化的基础，人口增长、经济发展、城市化水平提高、科技进步等人为原因是该地景观变化的主要驱动因素。经济发展的同时，也会对滨海湿地资源，尤其是自然湿地资源带来巨大的压力。因此，协调经济发展与湿地保护利用是现阶段的一个主要矛盾。要想保护好滨海湿地，必须协调好这一矛盾，即在发展经济和加快城市化进程时，要保障好滨海湿地的生态效应和服务功能，尤其是保护好自然湿地的生态功能。

第六节　鸭绿江口滨海湿地景观生态健康评价

一、湿地景观生态健康的内涵

湿地系统内容和结构丰富多样，将健康的概念应用到湿地生态系统中时，很难给出一个精确的定义。众多学者虽然分别从不同的学科视角对其进行了定义（傅伯杰等，2011），但对湿地景观生态健康的概念仍未达成共识。在查阅大量资料（崔保山和杨志峰，2001，2002a；傅伯杰等，2011；孙才志和刘玉玉，2009；孙才志和杨磊，2012），以及总结前人理论的基础上，本书认为健康的景观生态是指一定时空范围内，不同类型生态系统空间镶嵌而成的地域综合体，在维持各生态系统自身健康的前提下，其服务功能能够实现自然状态持续稳定，遇到干扰时所拥有的自我修复能力能很快使其结构和功能恢复健康的系统。

湿地景观生态健康的内涵主要包括以下四个方面：一是自然属性，即湿地生态健康问题的直接因子来源于自然特性，包括资源的丰贫程度和环境的优劣等；二是人文社会属性，即湿地生态健康问题的载体是人类及其活动所在的社会与各种资源的集合，只有当湿地资源、环境状况、生态服务功能等使人群感到满意才称得上是健康；三是时空尺度性，即湿地生态健康既包括从短时到长时的时间尺度，也包括从地方到区域的空间尺度；四是可持续性，即人与湿地生态的和谐发展，是人口、资源、环境、社会的可持续发展。

二、鸭绿江口滨海湿地景观生态健康评价指标体系

滨海湿地景观生态健康评价指标体系的性质对反映评价结果的准确性具有重要意义，按照科学性、典型性、差异性、易获取性的原则，结合研究区特点及资料获取情况，本书从滨海湿地的温度与降水要素、景观特征要素、生态服务功能要素、人类扰动要素四个方面建立鸭绿江口滨海湿地景观生态健康评价指标体系。该评价指标体系指标层共包含 24 个指标，如表 7-11 所示。

表 7-11 鸭绿江口滨海湿地景观生态健康评价指标体系

目标层 A	准则层 C	指标层 P	指标正逆
鸭绿江口滨海湿地景观生态健康评价	温度与降水 C_1	年均降水量 P_1	+
		年平均气温 P_2	+
	景观特征 C_2	归一化植被指数 P_3	+
		景观形状指数 P_4	−
		景观密度指数 P_5	−
		景观多样性 P_6	+
		景观破碎化 P_7	−
		景观聚集度 P_8	+
		景观均匀度 P_9	+
	生态服务功能 C_3	气体调节价值 P_{10}	+
		气候调节价值 P_{11}	+
		水源涵养价值 P_{12}	+
		土壤形成与保护价值 P_{13}	+
		废物处理价值 P_{14}	+
		生物多样性保护价值 P_{15}	+
		食物生产价值 P_{16}	+
		原材料生产价值 P_{17}	+
		娱乐文化价值 P_{18}	+
	人类扰动 C_4	人口年增长率 P_{19}	−
		城市化水平 P_{20}	−
		国民生产总值 P_{21}	−
		高新技术产值 P_{22}	−
		工业废水排放量增长率 P_{23}	−
		固体废弃物排放量增长率 P_{24}	−

三、鸭绿江口滨海湿地景观生态健康分级

本书生态健康评价标准参考崔保山和杨志峰（2002a, 2002b）提出的生态健康评价标准，结合鸭绿江口滨海湿地的特点，并根据 W-F 定律对各健康标准进

行换算，将生态健康状况分为 5 级（表 7-12）：评价指数大于 0.25，说明滨海湿地很健康；评价指数为 0.20~0.25，说明滨海湿地健康；评价指数为 0.15~0.20，说明滨海湿地处于临界健康；评价指数为 0.08~0.15，说明滨海湿地不健康；评价指数小于 0.08，说明滨海湿地处于病态中。

表 7-12　鸭绿江口滨海湿地景观生态健康状况分级

评价指数	健康状况	生态表征
< 0.08	病态	生态系统自然状态受到严重破坏，结构不合理；环境污染严重、资源开发不合理，生态压力很大；生态功能大部分丧失；生态系统严重恶化
0.08~0.15	不健康	生态系统自然状态受到相当破坏；环境污染加剧，资源开发不合理，生态压力较大；生物多样性及生态系统结构发生一定程度的变化；生态系统主要服务功能退化，对外界干扰响应较大
0.15~0.20	临界健康	生态系统自然状态受到一定的改变，系统活力减弱；环境污染、人为破坏、资源开发不合理；生物多样性减少，生态系统结构发生改变；生态功能尚能发挥
0.20~0.25	健康	生态系统较好地保持自然状态；结构比较合理，系统活力较强；人类开发合理，生态压力小；环境污染威胁小；生物多样性及生态系统结构尚稳定；生态功能较完善
>0.25	很健康	生态系统保持良好的自然状态；结构合理，系统活力较强；人类开发利用少，环境污染极少，生态压力微弱；生物多样性及生态系统结构基本稳定；生态功能正常发挥

四、鸭绿江口滨海湿地景观生态服务功能价值指数分析

景观生态系统服务功能体现了自然环境和物质及其所维持的良好生活环境对人类的服务性能（赵筱青等，2015）。各景观类型本身就是一个复杂的生态系统，在物质流、能量流和物种流的相互作用下，各景观具有气体调节、气候调节、水源涵养、土壤形成与保护、食物生产、原材料生产等生态功能，景观功能的丧失和退化将直接影响生态及人类的健康状况。近年来，水稻田、人工盐沼等人工湿地大面积取代滩涂、临海林地、芦苇沼泽等自然湿地，使景观生态功能发生变化，导致景观生态健康状况也发生相应变化。因此，本书引入景观生态服务功能作为重要指标，将单位面积生态服务价值当量因子作为各景观类型的生态功能表征，参考谢高地等（2003）研究成果，结合鸭绿江口滨海湿地实际状况，构建生

态服务功能价值指数（表 7-13）。

表 7-13　鸭绿江口滨海湿地景观生态服务功能价值指数

年份	浅海水域	滩涂	河流	临海林地	临海草地	芦苇沼泽	人工盐沼	水稻田	建设用地	其他用地	生态服务价值总量（亿元）
1995	56.751	12.604	2.557	3.594	5.165	2.366	0.608	2.272	0.184	1.073	87.215
2005	67.640	5.750	2.708	2.447	4.583	2.279	0.652	2.337	0.246	1.089	89.737
2015	62.525	5.309	2.960	3.115	2.424	2.045	0.687	3.359	0.309	1.102	83.839

由表 7-13 可知，1995～2015 年生态服务功能价值总量呈现先增加后减少的趋势，相较于 1995 年，2005 年生态服务功能价值增加的主要原因是浅海水域面积扩大，生态服务功能价值高。1995 年，生态服务功能价值从大到小排列为浅海水域、滩涂、临海草地、临海林地、河流、水稻田、芦苇沼泽、其他用地、人工盐沼、建设用地。2015 年，生态服务功能价值从大到小排列为浅海水域、滩涂、水稻田、临海林地、建设用地、河流、临海草地、芦苇沼泽、其他用地、人工盐沼。通过表 7-13 也可以看出，自然湿地生态服务功能价值指数较高，而建设用地、人工盐沼等人为湿地生态服务功能价值指数相对较低。1995～2015 年，自然湿地的生态服务功能价值指数减弱，尤其是水源涵养功能、土壤形成与保护功能、气候调节功能等对生态健康状况有较大影响的生态服务功能价值指数降低。而人工湿地的生态服务功能价值指数增强，其主要原因在于食物生产、娱乐文化等生态服务功能价值增强，但同时导致景观的自然状态遭到破坏，生态健康状况变差。

五、鸭绿江口滨海湿地景观格局脆弱性分析

景观格局脆弱性是指景观格局在受到外界扰动（自然条件的变化和人类活动的影响）时所表现出来的敏感性及适应能力缺乏，从而使景观生态系统的结构、功能和特性容易发生改变的一种属性（孙才志等，2014）。湿地脆弱性研究是湿地保护和恢复重建的重要依据，是影响景观生态健康的重要指标（孔范龙等，2015）。景观脆弱性指数一般可通过各景观特征表征，而景观特征是影响生态健康的重要指标。景观脆弱性与生态健康具有一定的关联意义，一般来说，景观脆弱性越大，对外界干扰越敏感，景观生态健康状况越差。因此，本书借鉴孙才志等

（2014）构建的景观脆弱性指数公式[式（7-1）～式（7-4）]，尝试分析景观特征所构建的景观脆弱性特点，揭示鸭绿江口滨海湿地景观脆弱性与生态健康的关联意义。

在 Fragstats 4.2 软件中依次设置各个景观格局指数，运行输出各景观指数值，将各指数值代入景观脆弱性指数公式。其中，根据宁静等（2009）的研究并集合研究区现状，将各种景观类型易损度指数进行赋值（表7-14）。根据时卉等（2013）的研究将破碎化（a）、聚集度（b）、优势度（c）的权重分别赋值0.5、0.3、0.2。

表 7-14　鸭绿江口滨海湿地景观易损度指数

类型	浅海水域	滩涂	河流	临海林地	临海草地	芦苇沼泽	人工盐沼	水稻田	建设用地	其他用地
易损度指数	1	3	2	6	7	7	2	5	1	4

将得到的该地景观脆弱性指数绘制成柱状图（图7-4）。由图7-4可知，1995年、2005年、2015年鸭绿江口滨海湿地景观脆弱性指数分别为22.590、22.773、22.186，说明鸭绿江口滨海湿地景观脆弱性指数先增大后减小，对外界干扰的敏感度先增加后减少。其主要原因在于1995～2005年，经济增长加速，滨海湿地开发利用程度加大，不合理开发和盲目开发增加，外界扰动增加，各湿地类型受到不同程度的破坏，湿地景观脆弱性增强。而在2005年之后，由于建设用地和人工盐沼增加，湿地类型抗干扰程度增加，稳定性增强，湿地景观脆弱性指数有所下降。各湿地类型脆弱性存在差异，从大到小排列为临海草地、芦苇沼泽、临海林地、水稻田、其他用地、滩涂、河流、人工盐沼、建设用地、浅海水域，表明临海草地、芦苇沼泽、临海林地等景观类型脆弱性大，对外界干扰敏感性强，更易遭受破坏，生态健康的稳定性较差。而人工盐沼、建设用地、浅海水域脆弱性较小，对外界干扰敏感性差，不易遭受破坏，生态健康稳定性较好。

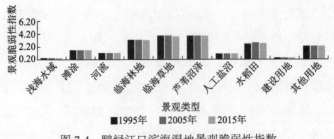

图 7-4　鸭绿江口滨海湿地景观脆弱性指数

六、鸭绿江口滨海湿地生态健康演化特征分析

将各指标数值进行标准化处理（表 7-15），得到 $r_i + 1$，运行 yaahp V6.0 软件，利用层次分析法确定主观权重，利用熵值法确定客观权重，并将主客观权重代入式（7-15）得出组合权重。将标准化值和组合权重值代入式（7-19），得到鸭绿江口滨海湿地景观生态健康评价指数。其景观生态健康评价指数在 1995 年、2005 年、2015 年分别为 0.202、0.167、0.079。对照表 7-12 可知，1995～2015 年鸭绿江口滨海湿地生态健康状况呈现出由健康到临界健康再到病态的发展变化。1995 年，景观生态系统处于健康状态，说明此时生态系统自然状态保持好，系统活力较强，人为破坏、环境污染和资源开发较少，生物多样性及生态系统结构稳定，生态系统主要服务功能较完善，湿地处于较完整状态，能很好地发挥滨海湿地的功能和作用。2005 年，景观生态系统处于临界健康状态，此时滨海湿地生态系统自然状态发生一定的改变，生态系统出现不稳定因素，系统活力减弱，生态压力较大。景观生态格局发生一定的改变，生物多样性减少，各类自然湿地遭到破坏，人工湿地面积增加，生态服务功能弱化。其主要原因在于人类对湿地资源的开发利用出现不合理，环境污染、生态破坏等不利因素出现并不断加重。2015 年，景观生态系统处于病态状态，生态自然状态受到很大破坏。景观生态格局发生一定程度的变化，尤其是自然湿地发生较大演变，生物多样性进一步减少，生态系统主要服务功能退化，对外界干扰响应较大。人类对该地滨海湿地保护意识缺乏，过度开发利用，大面积环境污染加剧，滨海湿地面临巨大的生态压力。由各个评价指标现状值和权重值得分可知，归一化植被指数、景观多样性、景观破碎化、水源涵养价值、土壤形成与保护价值、废物处理价值、工业废水排放量增长率、固体废弃物排放量增长率是滨海湿地健康的主要限制因素。

表 7-15　鸭绿江口滨海湿地生态健康评价指标因子标准化及权重值

评价指标因子	标准化值（$r_i + 1$）			熵值法确定权重			层次分析法权重	组合权重		
	1995 年	2005 年	2015 年	1995 年	2005 年	2015 年		1995 年	2005 年	2015 年
年均降水量 P_1	1.474	1.105	1.474	0.056	0.075	0.045	0.008	0.032	0.041	0.026
年平均气温 P_2	1.497	1.808	1.684	0.056	0.071	0.045	0.012	0.034	0.042	0.028
归一化植被指数 P_3	2.000	1.429	1.000	0.045	0.051	0.047	0.029	0.037	0.040	0.038
景观形状指数 P_4	1.002	1.481	1.996	0.058	0.051	0.036	0.022	0.040	0.036	0.029

续表

评价指标因子	标准化值（r_i+1）			熵值法确定权重			层次分析法权重	组合权重		
	1995 年	2005 年	2015 年	1995 年	2005 年	2015 年		1995 年	2005 年	2015 年
景观密度指数 P_5	1.010	1.352	2.000	0.058	0.025	0.027	0.025	0.042	0.025	0.026
景观多样性 P_6	2.000	1.222	1.000	0.040	0.031	0.047	0.102	0.071	0.067	0.075
景观破碎化 P_7	1.628	1.985	1.001	0.017	0.033	0.047	0.103	0.060	0.068	0.075
景观聚集度 P_8	1.011	1.675	2.000	0.058	0.023	0.020	0.082	0.070	0.052	0.051
景观均匀度 P_9	2.000	1.053	1.400	0.032	0.076	0.015	0.082	0.057	0.079	0.049
气体调节价值 P_{10}	1.999	1.598	1.002	0.026	0.023	0.047	0.021	0.023	0.022	0.034
气候调节价值 P_{11}	1.987	1.671	1.000	0.024	0.023	0.047	0.053	0.038	0.038	0.050
水源涵养价值 P_{12}	1.990	1.536	1.000	0.027	0.023	0.047	0.126	0.076	0.074	0.087
土壤形成与保护价值 P_{13}	1.989	1.322	1.002	0.035	0.026	0.047	0.046	0.040	0.036	0.047
废物处理价值 P_{14}	1.002	1.360	2.000	0.058	0.025	0.027	0.044	0.051	0.034	0.035
生物多样性保护价值 P_{15}	2.000	1.504	1.002	0.028	0.023	0.047	0.047	0.038	0.035	0.047
食物生产价值 P_{16}	2.000	1.550	1.002	0.027	0.023	0.047	0.044	0.035	0.033	0.046
原材料生产价值 P_{17}	2.000	1.534	1.000	0.027	0.023	0.047	0.018	0.023	0.021	0.033
娱乐文化价值 P_{18}	1.000	1.126	2.000	0.058	0.041	0.038	0.018	0.038	0.029	0.028
人口增长速率 P_{19}	1.991	1.187	1.995	0.056	0.074	0.046	0.005	0.031	0.039	0.026
城市化水平 P_{20}	1.625	1.516	1.001	0.055	0.072	0.045	0.009	0.032	0.040	0.027
国民生产总值 P_{21}	1.053	1.810	1.069	0.055	0.071	0.044	0.014	0.032	0.042	0.029
高新技术产值 P_{22}	1.001	1.972	1.158	0.055	0.072	0.045	0.008	0.032	0.040	0.026
工业废水排放量增长率 P_{23}	1.999	1.871	1.023	0.021	0.024	0.047	0.049	0.035	0.037	0.048
固体废弃物排放量增长率 P_{24}	1.999	1.524	1.012	0.023	0.023	0.047	0.034	0.031	0.028	0.041

S（生态健康指数）	1995 年	2005 年	2015 年
	0.202（健康）	0.167（临界健康）	0.079（病态）

随着经济的发展和城市化进程的加快,鸭绿江口滨海湿地景观生态健康状况越来越差, 主要表现在人类干扰力度越来越大,景观结构破坏加剧,湿地生态功能下降,人类对该区域的主观健康感受越来越差。其主要原因如下:一是建设用地的不断扩张,以及自然湿地的不断开发利用,大面积芦苇沼泽、临海草地等被开发成水稻种植区和其他类型耕地,湿地系统景观破碎化严重,稳定性减弱,湿

地生态服务功能受损；二是区内农业、工业需水量增加，环境污染加剧，湿地水文调节和净化功能减弱，严重影响生态健康；三是人工盐沼的发展，大量滩涂被占用开垦成养殖区和盐沼地，湿地面积整体变化不大，但功能性天然湿地急剧减少，生态健康状况越来越差。因此，人们必须对湿地生态健康恶化的现状引起足够重视，避免生态健康继续向病态发展。

由景观脆弱性分析可知，鸭绿江口滨海湿地景观脆弱性指数先增大后减小，对外界干扰的敏感度先增加后减少，而由生态健康评价分析可知，1995～2015年滨海湿地生态健康状况呈现出由健康到临界健康再到病态的发展变化。这说明景观脆弱性与生态健康具有一定的关联意义，尤其是人类开发利用少，对生态系统干扰因素较少时，景观脆弱性与生态健康存在负相关，即景观脆弱性越大，对外界干扰越敏感，景观生态健康状况越差。但由于生态健康受多种因素的影响，尤其当人为干扰影响较大，仅依赖景观格局指数构建的脆弱性只能表征生态健康的一面，不能完全说明生态健康状况。因此，为能更客观准确地评价景观生态健康，在对单因子如生态服务功能、景观脆弱性分析的同时，还要综合各因子对生态健康状况进行评价，尤其注意在评价过程中不能忽视人类扰动的影响。

第七节　结论与建议

一、结论

本章以鸭绿江口滨海湿地作为研究区，以各类湿地景观类型为切入点，对该区域各湿地景观类型格局变化及驱动机制进行了分析，并对景观生态服务功能、景观脆弱性和生态健康状况进行了评价，得到以下结论。

1）利用马尔科夫转移矩阵对湿地各景观类型面积变化进行了研究，结果显示滩涂、临海草地和芦苇沼泽面积一直在减少，分别减少了 80.74 平方公里、55.19 平方公里、3.31 平方公里；建设用地、水稻田、人工盐沼面积一直在增加，分别增加了 42.29 平方公里、22.51 平方公里、10.29 平方公里；临海林地和其他用地面积呈现先减少后增加的趋势。

2）各湿地景观类型在斑块个数上存在明显的变化，说明景观生态健康状况越来越差。

3）湿地景观的分布均匀程度、多样化和复杂性都先增后减；其破碎化程度、聚集度和延展度先增后减。

4）气候、水文等自然因素是影响各类滨海湿地景观变化的基础，人口增长、经济发展、城市化水平提高、科技进步等人为因素是该地景观变化的主要驱动因素。

5）对湿地生态健康进行了定义，其内涵包括自然属性、人文社会属性、时空尺度性、可持续性四个方面。

6）引入景观生态服务功能作为生态健康的一项评价指标，并对研究区生态服务功能价值大小进行了分析，结果显示1995～2015年生态服务功能价值总量呈现先增加后减少的变化。1995年，生态服务功能价值从大到小排列为浅海水域、滩涂、临海草地、临海林地、河流、水稻田、芦苇沼泽、其他用地、人工盐沼、建设用地。2015年，生态服务功能价值从大到小排列为浅海水域、滩涂、水稻田、临海林地、建设用地、河流、临海草地、芦苇沼泽、其他用地、人工盐沼。

7）对鸭绿江口滨海湿地景观脆弱性进行了评价，结果显示鸭绿江口滨海湿地景观脆弱性指数先增大后减少，对外界干扰的敏感度先增加后减少。

8）从气温与降水特征、景观特征、生态服务功能、人类扰动四个方面入手构建了评价指标体系，采用博弈论集结模型赋予指标权重，利用改进的 W-F 定律构建了湿地生态健康评价综合指数，对研究区进行了生态健康评价，结果显示1995～2015年景观生态健康状况呈现出由健康到临界健康再到病态的发展变化。

9）滨海湿地景观脆弱性与生态健康具有关联性，一般来说，景观脆弱性越大，对外界干扰越敏感，景观生态健康状况越差。但由于生态健康受多种因素的影响，尤其当人为干扰影响较大，仅依赖景观格局指数构建的脆弱性只能表征生态健康的一面，不能完全说明生态健康状况。因此，在生态健康评价中，在注重单因子如生态服务功能、景观脆弱性分析的同时，还要综合各因子对生态健康状况进行评价，尤其不能忽视人类扰动因子对结果的影响。

本研究也有不足之处，在驱动力方面，采用双重筛选逐步回归模型，模型较简单；由于镇级数据资料的获取较困难，书中缺乏对单一景观类型变化的定向性驱动分析。同时，因个人精力有限，直接引用谢高地等（2003）的生态服务当量因子作为生态服务功能价值的评价指标稍显片面，下一阶段应对当地的生态系统服务功能价值进行测度，以弥补不足。

二、建议

综上所述，1995～2015 年滩涂、临海草地和芦苇沼泽等自然湿地面积一直在减少，建设用地、水稻田、人工盐沼面积一直在增加，景观破碎化程度不断加深，生态系统功能日益退化；1995～2015 年景观生态健康状况呈现出由健康到临界健康再到病态的发展变化，生态健康状况持续恶化，严重影响着人与环境之间的和谐发展。为保护鸭绿江口滨海湿地资源与环境，控制自然湿地的缩减面积，改善当地的生态健康状况，本节从鸭绿江口滨海湿地保护、管理、恢复三个方面提出建议，以供决策者参考。

1. 鸭绿江口滨海湿地保护措施

鸭绿江口滨海湿地健康状况堪忧，湿地面积和质量都大幅度下降，对该地湿地的保护迫在眉睫。首先，各行各业要正确认识到鸭绿江口滨海湿地遭受破坏的现状，认清鸭绿江口滨海湿地正处于病态状态，提高对滨海湿地的保护意识。其次，严格控制对湿地资源的利用，适当退耕还湿地，减轻滨海湿地的压力，保持现有自然湿地面积不减少。同时，对鸭绿江口滨海湿地的开发利用要兼顾经济效益和环境效益，避免因盲目发展经济而破坏湿地资源。再次，防止三废污染，保护湿地生态系统。企业污水必须达标后排放，避免废水污水直接入海，减少工业废水和污水对湿地生态环境的影响。最后，加强湿地科学研究，为湿地开发利用提供科学指导，为湿地保护开发利用提供理论基础。

2. 鸭绿江口滨海湿地管理措施

制定保护湿地资源的专项法律法规和湿地开发利用规划方针，加强自然保护区的投入与建设，提高保护区级别，切实发挥自然保护区的作用。建立从上至下的行政或事业性的湿地保护管理机构，加强政府执法和管理，切实保护湿地资源（金连成等，2004）。加大宣传，提高人们对鸭绿江口湿地资源的重视，争取稳定的湿地保护经费，切实开展湿地保护。进一步加强滨海湿地污染的控制力度，采用先进的污染控制技术，利用工程措施、生物措施、生态措施等新技术改善滨海湿地的污染状况。处理好湿地保护和开发利用之间的关系，结合自身资源条件和特点，合理管理该湿地资源。

3. 鸭绿江口滨海湿地恢复措施

鸭绿江口滨海湿地生态健康越来越差，对该湿地进行恢复也是当前的一大任务。湿地恢复的目标主要集中在水质改善、多样性增加、退化基质的改善。鸭绿江口滨海湿地的恢复工作要确定好湿地恢复的目标和项目特点，对退化湿地现状进行调查和评价，分析出湿地退化的原因、存在的生态问题、恢复的限制因素等。采用自然恢复方法，同时考虑将生物工程和生态工程措施相结合，先恢复湿地局部范围，逐步扩大范围，最终恢复整个区域。退化湿地生态系统所面临的生态胁迫不同，其生态恢复设计的总体思路和步骤也不同（王保忠等，2006），因此，鸭绿江口滨海湿地生态若要完全恢复，还有大量的工作需要完善。

鸭绿江口滨海湿地的现状堪忧，因此，对鸭绿江口滨海湿地的保护一定要重视，各界各部门分工合作，完善理论基础研究，加大应用实验开发，借鉴其他湿地保护策略，采取多种措施保护该地生态系统。随着国家对生态环境的重视和对海岸线的保护，鸭绿江口滨海湿地的保护和恢复必将越来越完善。

第八章

对策与建议

第一节　辽宁省海岸带水资源对策与建议

一、开拓水源

1. 加强水资源配置工程建设，合理从区域外调水

建议加大水利工程建设，从而提高水资源可利用的绝对量（任冲锋，2017）。因为建设水利设施所需投资量较大、时间较长、技术要求较高及会对生态环境造成影响等特点，所以在建设水利工程时，政府需要注意统筹安排、合理筹算，适当增加水利工程建设的资金投入，从而提高水资源可利用量，进而提高城市群水资源承载力。

从区域外调水，积极引进外来优质水源也是解决水资源分布不均的一种有效手段。与区域水利工程建设相比，跨区域调水是引入非本区域的自然水资源，这种增加水资源量的方式是提升地区水资源承载力的一种重要手段。跨区域调水可弥补各城市群水资源的时空分布差异，促进水资源的丰枯互补和水资源优化配置。

2. 全方位开拓水源，提高海水、雨水利用率，扩大海水淡化

海水可直接用于直流冷却、海水循环冷却和大生活用海水等。建议分布在沿海地区的钢铁厂、火电厂大力实施海水直流冷却，冷却后的海水直接排入海洋，降低废水处理成本。此外，在沿海有条件的商业区、住宅区建议使用大生活用海水，探讨建设海水集中供应设施，鼓励市场化经营投资相关管网建设，着力普及推广"大生活用海水"工程，提高海水直接利用量。

雨水具有硬度低、污染物少等优点，利用雨水是一种既经济又实用的水资源开发方式，故提高雨水利用率是开拓水源的重要内容。因此，建议辽宁省海岸带地区因地制宜地综合采取渗、蓄、用、泄等多种利用模式，将防洪、雨水资源化、区域水环境和区域生态建设融于一体，既可防治洪涝灾害，又可积蓄水资源。

海水淡化技术可以不受时空和气候影响，能有效增加供水总量（李强和刘蕾，2014）。辽宁省海岸带海水泥沙含量低且易抽取，海水淡化和综合开发利用潜力巨大。建议加大海水淡化工程建设，从而保障地区用水需求。

3. 提高污水资源化，提高污水处理能力

建议对工业废水、生活污水进行再循环处理利用，将净化后的污水用于道路喷洒、洗车及城市景观环境用水等对水质要求不高的部门，从而实现废水、污水的再循环，这在一定程度上可增强水资源使用率，从而增强水资源承载力。

二、集约用水

1. 合理调整产业发展结构，提高用水效益

加快产业结构的调整是实现水资源与经济协调发展的关键，科学合理地确定城市发展规模和发展方向，严格限制高耗水型工业项目的发展，严禁引进高耗水、高污染项目。同时，加快经济结构调整步伐，淘汰浪费水资源、污染水环境的落后生产工艺、技术、设备和产品，尽快形成节水型经济结构，从而提高用水效益。

2. 支持循环经济发展，引导企业内部节水与循环用水

支持循环经济发展，完善海岸带经济规划，在重点行业、重点领域、工业园和城镇积极开展循环经济工作，大力发展和推广工业用水重复利用技术，实施循环经济示范工程，重点培育循环经济示范企业、工业园、农业生态园，并推广其先进经验和做法，引导循环经济加快发展（李川，2012）。

积极引导企业内部节水与循环用水。建议建立资金奖励政策，引导企业加强节水工艺和技术措施改造，通过水循环利用、废水处理回用等多种方式，提高工业用水重复利用率，减少用水量及废水排放量。

3. 加强农业节水

农业生产用水是目前消耗水资源的主要因素之一，建议科学调整农作物种植结构，因地制宜地发展高效节水农作物，推广抗（耐）旱、高产、优质农作物品种，大幅度降低高耗水作物的种植比重，不断促进传统农业向现代节水型农业转变。发展节水灌溉，实施精准灌溉，通过大棚微喷、定额灌溉、防渗管道、坑塘集雨、地膜覆盖等措施，实现农业节水。同时，提倡灌溉与施肥结合，平衡增施有机肥，推广配方施肥，以水调肥，水肥共济，提高水分和肥料的利用率。

4. 推进生活节水

建议在加大宣传生活节水的同时，应着力提高生活节水的技术含量。推广节水型用水器具，提高民用和公共设施节水器具的普及率，减少输配水、用水环节的跑冒滴漏，尽快淘汰不符合节水标准的生活用水器具。加快城市供水管网技术改造，大力推广管网检漏防渗技术，降低城市供水管网漏损率，提高输配水效率和供水效益。此外，可运用经济手段推动节水发展，包括调整水价，征收污水处理费，实行用水定额管理、超定额累进加价制度，鼓励利用海水、再生水等非常规水源。

三、提升综合管理

1. 强化计划取水，节约用水

实施计划取水、节约用水措施，建议科学合理地配置有限的水资源，保持其在良性循环的条件下合理开发利用，实现水资源与国民经济发展最优配置。应尽快出台相关计划用水条例，使计划取水和节约用水工作在法规政策约束下得到有效实施。对于辽宁省这样一个水资源短缺的省份，节约用水是辽宁省一项长期而艰巨的社会任务，在开源的同时必须加强社会节约用水的工作力度，才能缓解辽宁省水资源的供需矛盾，实现辽宁省水资源的可持续利用。

2. 加快立法，完善相应法规体系

法规体系建设应涵盖水资源开发、水资源利用、水资源节约与保护、水资源行政执法等方面，建议进一步完善各级城市保护水资源的法规体系，进一步明晰水权，为依法治水提供法律保障，真正做到有法可依（孙才志和李娜，2010）。同时要严格依法管理，坚决制止和纠正对水资源产生影响的行为，确保水资源可持续利用。

3. 严格控制地下水开采，修复生态系统

严格控制地下水开采，并及时修复以往地下水超量开采所导致的生态问题。建议通过加强对地下水开采许可证的管理，以达到严格控制辽宁省海岸带地区地下水开采的目的。同时，为缓解因限制地下水开采后造成的用水压力，建议实施跨流域调水，加强非常规水资源利用等措施，从而置换占用的生态用水资源，并

逐步修复因缺水而导致的生态系统退化问题。

4. 提高全社会公民的节水意识，建立节水型社会

水资源短缺与城市需水量的扩大存在普遍矛盾，提倡节约用水是解决这一问题最可行、最快捷的方法之一（刘玉珍和张巨鹏，2003）。因此，建议各级城市水资源主管部门通过多种形式加强对城市居民的宣传教育，培养公众的节水意识，形成正确的节水观念。同时，节水须当作一项持久的策略措施，只有大力提倡节约用水和积极实施高效用水，才能实现水资源的永续健康利用，保障经济和社会的健康持续发展。

第二节　辽宁省海岸带土地资源对策与建议

一、强化土地利用布局和发展方向的控制

1. 强化土地利用总体规划，优化土地利用结构和布局

建议继续做好辽宁省海岸带土地利用总体规划修编工作，进一步完善土地利用规划体系，并注意与土地利用总体规划和相关城市总体规划相协调。制定土地利用年度规划不能脱离总体规划，必须在总体规划的基础上，根据城市功能、产业结构、社会经济发展的趋势、土地利用现状等，科学预测土地需求，并逐步优化土地利用结构和布局。

2. 调整产业结构与用地结构，提升土地承载的结构潜力

产业结构决定土地利用的结构，并直接影响土地利用的经济效率。适当调整产业结构和用地结构，有助于提升土地承载的结构潜力（郭艳红，2010）。建议地方政府使用经济手段，结合区域政策，对占地规模大、污染重的企业进行综合整治，引导部分企业迁出，加快发展高新技术产业，促进区域产业结构与用地结构的协同优化，提升土地承载的结构潜力。同时政府可使用政策激励，促进中心城区用地功能转型，并加快发展第三产业，促进产业结构与用地结构互动优化，从而有效提升土地承载的结构潜力。

3. 加强建立生态工业体系

工业是现代社会土地资源使用的一大主体,建立生态工业体系,有助于缓解对土地资源承载的压力。因此,建议辽宁省海岸带严格保护耕地、湿地和生态环境敏感用地,着力提高违反规划占用耕地、湿地和生态环境敏感用地的经济成本和政治成本,促进生态工业体系进一步完善与发展,从而提高土地的生态质量。

二、合理利用海岸带用地资源,加强区域开发的分类指导

1. 坚持集约利用和经济效益最优化

建议地方政府坚持集约利用土地,提高土地的利用效率,使可利用土地经济效益最优化(郭志伟,2008)。随着人口的增长,经济社会的不断发展,海岸带地区对土地的需求日益增长,但土地的自然供给是有限的,原来粗放的经营方式难以满足海岸带地区的发展需求。而根本出路就在于切实推进集约利用土地,加强对存量用地的二次开发,通过对投资强度、容积率、绿地率等用地控制指标的严格要求与控制,大力提高建设用地利用效率,使土地经济效益最优化。

2. 推广先进的农业生产技术,提高土地生产能力

农业用地不仅关乎国家粮食安全,还关乎农民经济收益。但目前农业生产技术普遍落后,化肥使用普遍偏高,从而导致农用地生产能力与承载力不断下降。因此,要贯彻落实"十分珍惜、合理利用土地和切实保护耕地"的基本国策,继续加大耕地保护特别是基本农田的保护力度。同时,政府应发挥宏观调控作用,协调建设用地需求增加与农用地规模保有之间的矛盾,减少建设用地低成本扩张,提高现有建设用地集约利用率,尽最大努力避免基本农田数量的减少。应加大农业生产扶持力度和农业生产设施的资金投入水平,并通过调整种植结构,种植耗水低的作物品种,稳步提高土地生产能力。

三、提高海岸带的土地生态承载力

1. 加强生态用地保护力度

建议加强生态用地空间的保护,科学划定生态红线区域,制定有效的保护措

施，扩大生态服务效应。同时，应加强城市园林绿化建设、湿地保护、海岸线保护等，不断改善海岸带地区的人居环境，提升土地资源承载力。

2. 提升城市基础设施承载力

城市是海岸带人居环境的主要部分，提升城市基础设施承载力，可直接促进城市用地的承载力。因此，建议辽宁省海岸带地区启动宜居城市改造工程，增加居住区绿地、街头绿地、城市小型公园面积，提高现有绿地面积，提高环境的"宜居性"。完善再生资源回收体系和建设再利用工程，从而提高再生资源回收率并形成规模化再利用能力。建议发展生活垃圾的综合利用，提高农村生活垃圾的无害化处理水平，从而更加深入地提高土地资源承载力。

第三节 辽宁省海域承载力对策与建议

一、全面提升政府管理能力

1. 完善海域相关法律法规体系

完善海域相关的法律法规，并确保其得以有效的实施是提升辽宁省海域承载力的关键。虽然辽宁省关于海洋的环境保护与污染治理已有一些法律法规，并取得了一定的社会效果（吴国栋等，2017）。但由于时代的发展，社会经济结构的不断变动，有些法律法规已不符合时代发展的要求。同时，有些权利与责任划定不明确而造成管理较为混乱，使其难以得到有效的实施。因此，建议在完善相关法律法规的同时，加强各部门、各层级、各地区的紧密合作，提高政府自身守法意识和执法能力，做到有法可依、有法必依，使辽宁省海岸带的开发建设与环境保护尽快步入更完善的法制化轨道。

2. 科学制定海域开发与保护规划体系

规划对经济发展具有龙头作用、控制作用和杠杆效应。建议立足辽宁省地区生态环境特征，进一步修改完善海岸带地区开发利用总体规划及相关专项规划，并保证总体规划与各项专项规划之间的衔接，统一规划，因地制宜，全面提高辽宁省地区用海水平（单春红和林羞月，2016）。同时，要高度重视围填海规划、岸线保护与利用规划，以及环境保护与整治等规划的编制工作。以资源集约利用为核心，明确海湾岸线、滩涂、近岸海域等重点资源的开发利用方向、计划与优化调整方案。以环境保护为核心，明确海域环境保护与整治的目标、任务、步骤、重点工程与措施，切实推动海洋资源的集约利用与海洋生态环境的改善，全方位提高科学用海水平。

3. 强化海域使用的总体控制

自然生态环境的总体承载力是有限的，而如今海洋面临如渔业养殖、港口兴建与运营、工业生活废水倾入、滨海旅游等各项经济活动的扰动（叶文祯，2014）。因此，从海域承载力的角度出发，建议加强对海域使用的整体管理和总体控制，并建立有效的地区协调机制和补偿机制，使对海域的使用始终控制在生态环境可承受的范围内，最终达到可持续发展。

二、着力抓好海域生态环境监管与保护

1. 严格实施企业污染物排放总量控制

企业污染物是造成海域污染与承载力下降的主要原因之一，因此建议通过对全省海域的连续、定时监测，进一步确定近岸海域的主要污染物种类、含量等，确定近岸海域纳污容量，建立其分区、分类、分级指标与方法体系，确立沿海陆域污染物的控制机制，加大污染源的治理和区域污染整治的力度。同时，加大对治理设施正常运转的监管力度，确保所有企业主要污染物的排放浓度和总量全面稳定达标。

2. 加大环保投入，发展环保产业

环保投入的大小直接关乎海域环境的治理成效，因此建议将海洋环境保护建设资金列入各级财政预算，保障海洋环境保护管理的日常工作经费、专项工作经费、监督管理经费、能力建设经费和重点工程实施经费等，且随着海洋经济生产总值的增加逐年增加。同时，充分发挥市场机制，拓展资金来源的渠道，吸引全社会各种投资主体以多种形式参与到海洋环境保护工作中，多渠道、多层次筹集保护和建设资金，为规划的顺利实施提供资金保障。

3. 完善海洋环境监测体系

建议完善覆盖全湾海域的海洋环境监测网络，对全省主要入海排污口、海上倾倒区、海湾、河口、海洋功能区、海水浴场、赤潮、流动污染源和涉海工程项目等进行全面监测（王启尧，2011），对排污口、海洋倾倒区和围填海项目进行统一规划与治理，定期对重点海湾、海岛、河口周围海域环境进行调查，从而形成全覆盖的海洋环境监测系统，为海洋环境保护提供及时、精确的数据支持。

4. 加强湿地保护与修复

要充分认识湿地在生态多样性中的重要作用，建议开展湿地恢复示范工程，建设人工湿地，并积极促成人工湿地向自然湿地的转化，恢复湿地生态环境（任新君，2010）。积极推进国家湿地保护工程项目，加快建立湿地保护区，保持其独特的生态功能，保护生物多样性。充分利用湿地景观、自然水系和生物资源、生态岸线，发展时尚、创意、生态旅游，加快建设城市湿地公园。

三、加强海洋科技与文化建设

1. 培养与使用好海洋科技人才队伍

海洋科技人才队伍是解决海洋环境问题、推动海洋相关产业、研究海洋可持续发展等问题的关键因素。因此，建议辽宁省在已有人才队伍的基础上，着力培养一批拥有更高专业水平的人才队伍，推进对辽宁省海洋、海岸带、海洋产业等相关问题的研究，并为解决这些问题提出更科学的政策与方案。

2. 加强环境教育，提高公众的环保意识

建议全方位、多层次地推广适应资源节约型、环境友好型社会要求的生产生活方式，提高公众对海域环境的保护意识。同时，进一步完善环境信息公开制度，建立服务于社会和公众的环境信息政府网站，推进环保政务公开，定期发布环境质量、政策法规、项目审批和案件处理等环境信息（韩立民和任新君，2009）。推进企业环境信息公开，保障公众的环境知情权，并确保群众举报投诉渠道畅通，从而促进公众对海域环境保护的直接参与，并对政府形成有效监督。

第四节　辽宁省海岸带环境脆弱性对策与建议

基于辽宁省海岸带的环境状况，其脆弱性问题主要与环境污染、海岸开发、生态破坏和管理方式等方面有关。为了充分合理地利用海岸带资源，实现社会经济的可持续发展，现提出以下几点对策与建议。

一、建立海岸带生态脆弱保护分区

建立优先保护区、控制开发区和优化开发区是实现保护优先，开发与保护并重原则的主要体现（周云轩等，2016）。第一，优先保护区是针对生物多样性高、水源区、重要湿地等为主的生态关键区和生态重要区进行保护的区域，这些地区对海岸带生态安全的维护起着重要作用。在区域经济建设与发展的过程中以生态优先为基本原则，加强对生态环境与自然资源的管理与保护，构建"源-廊道"的生态安全格局，确保区域生态环境质量提高，各项生态服务功能正常发挥。加强海岸带自然保护区建设与管理力度，特别是对重要生物栖息地的保护区应加以重视，降低人为干扰和破坏，维持和保护海岸带生态系统的多样性及生物物种资源。第二，控制开发区是指环境脆弱性评价结果尚可，但区域内存在一些环境制约因子。其主要包括两种类型，一是海岸带环境脆弱性一般，但由于存在一定程度的环境问题，而生态环境压力较大的区域；二是现有开发建设活动强度较大，对区域自然生态系统的结构和主要服务功能产生影响，环境质量有所下降的区域。控制开发区是海岸带生态保护和经济建设的缓冲地带，需在加强环境保护的前提下选择适宜产业进行开发，合理规划布局。第三，优化开发区一般可作为社会经济建设未来发展的主要区域。本区内的工业发展应采取经济发展与环境协调共进的优秀发展模式，发展规模化高效生态农业，同时倡导生态旅游发展模式，保持辽宁省海岸带独具特色的环境优势。

二、控制填海造陆与滩涂围垦

大规模向海和向陆方向的围垦活动是以人工快速造陆为目的的工程建造。不仅改变了海岸带自然岸线、海湾及河口的形态特征，而且破坏了海岸带典型生态系统，造成海洋生物栖息地丧失及沿岸受灾受损风险增大（肖劲奔，2012）。辽宁省沿海各地填海造陆的热潮，将增大海洋及海岸带生态环境的脆弱性。建设海洋生态文明，不仅要提倡开发与保护并重，而且要提倡保护优先的原则。要致力于倡导统筹协调，优化布局的原则；提倡集约用海，提高岸线、海域的利用效率，严格控制填海造陆规模的理念。为克服填海造陆给海洋生态环境带来的诸多负面影响，必须采取有效措施加以管理和控制。第一，协调海洋管理部门与土地管理部门，开展一次全面清查，合理优化不同填海区的布局。对正在进行的填海项目进行全面清查，重点关注未批先填、批小填大、化整为散申请填海的情况，以及填海项目对海洋生态环境的影响。海洋管理部门应加强与土地管理部门的资料信息共享，完善审批程序机制，对不符合海洋功能区规划要求的填海造陆行为坚决不予确权。同时，土地管理部门应统筹填海造陆的区域、海陆规划，确保填海造陆项目符合土地总体规划目标（刘兰和韩洪蕾，2007）。第二，加强我国填海造陆使用成本的征收，引入生态成本补偿机制。当前我国对填海造陆的管理相对比较宽松，填海规模的盲目扩大对生态环境的破坏日益加剧。为此，应该研究推进海域开发权价格评估的理论和方法，提高填海造陆海域使用金的征收标准。同时，应尽快制定"海域围填管理办法"，加强对填海造陆活动的系统性管理与控制，出台"海洋生态损害赔偿补偿办法"，将填海造陆对当地生态环境、海洋资源和周边海域从业人员及居民生活造成的负面影响纳入生态补偿的范畴，以弥补填海造陆生态补偿机制的缺失。

三、减少入海的陆源和海上污染

辽宁省海岸带水质不断恶化，其污染来源主要包括农业、工业、城镇生活污水，以及海水养殖、港口等。为了缓解近海水域环境状况，可通过以下几方面进行控制。第一，控制农业面源污染，实施绿色农业与养殖。入海流域的农业面源污染是通过河流输送到海域的，所以应大力发展农业清洁生产，积极建设生态农业示范区，调整农业生产结构，通过生物措施和工程措施相结合，改造修建生态灌溉沟渠，吸附降解农田退水中的营养元素，净化水质，促进循环再利用，减少农田氮磷流失。大力推广有机复合肥、土杂肥的使用，加大生物肥开发力度，减少化肥使用强度，积极推广高效、低毒、低残留农药尤其是生物制剂、聚酯类农药的使用（洪华生等，2003）。加大对海洋水产养殖项目的管理，合理调整养殖布局，优化养殖生产结构，加快无公害养殖示范基地建设，规范养殖行为，加强对重金属、药物残留等有毒有害物质的监控。第二，控制工业污染。加强沿海地区各市工业企业和入海直排口的环境监管与达标考核，对于设置不合理的排污口要予以调整或取缔。在巩固与稳定重点污染源达标的同时，加快产业结构调整，优化产业布局，采取积极措施，提高能源、资源利用率，严格限制资源消耗型、环境污染型企业在沿海地区的布局。加强工业企业园区化建设，配备大型污水处理厂，采取综合治理措施，减轻海洋环境污染。第三，控制城镇生活污水排放。沿海城镇生活污水的排放给近岸海域环境造成了直接污染。所以，要加快城镇生活污水处理厂和配套管网建设，强化城镇生活垃圾污染控制，合理布局和建设生活垃圾处理设施，加快完善城镇污泥处置及污水再生利用工程。第四，控制港口船舶油污水排放。要严格控制含油污染源，加强船舶污染物接收处置设施建设，规范船舶污染物接收处理行为。各商用港口和一级、二级渔港要建设废水、废油、废渣回收与处理装置，对往来船舶的含油污水实施集中处理，配置石油平台含油污水自动监控装置。

四、加强海岸带资源环境工程建设

为抵制和减弱气候与地质灾害的危害力度，减缓海岸带环境脆弱性，各地区根据实际情况，可以进行沿海沿岸防洪防潮大堤和护岸工程建设，减弱风暴潮、台风、洪涝和海岸侵蚀的危害。另外，可以进行沿海抗震工程及跨流域调水工程建设，以防超采地下水引起的海水倒灌和地面沉降等灾害（陈春福，2002）。

五、完善海岸带法律法规，建立综合管理体制和协调机制

辽宁省海岸带管理目前存在以下几个问题：第一，对国家有关围填海管理法律法规、政策措施落实不力。辽宁省海洋部门有关文件存在与相关法律法规不符的情况，保护优先理念落实不够。例如，大连斑海豹国家级自然保护区、鸭绿江口滨海湿地国家级自然保护区先后因工程建设而申请调整，大规模填海造陆永久改变了海域自然属性。第二，围填海项目审批执法不规范，监管不到位。第三，围填海项目化整为零、分散审批。针对以上问题，应当建立海岸带管理的法律法规，做到海岸带管理有法可依，有规可循。进一步加强海洋综合管理机构建设，

保证海岸带管理机构科学、公正、有权威，并具有明确的行政管理职能。同时，要尽快建成自上而下的海洋管理体制，确保海岸带的管理政策畅通。另外，要杜绝围填海项目化整为零的做法，实行围填海项目统一审批，从而从源头上控制围填海活动对生态环境的破坏。

参 考 文 献

蔡海生, 刘木生, 陈美球, 等. 2009. 基于 GIS 的江西省生态环境脆弱性动态评价[J]. 水土保持通报, 29(5): 190-196.

蔡则健, 吴曙亮. 2002. 江苏海岸线演变趋势遥感分析[J]. 国土资源遥感, (3): 19-23.

常军, 刘高焕, 刘庆生. 2004. 黄河口海岸线演变时空特征及其与黄河来水来沙关系[J]. 地理研究, 23(3): 339-346.

陈百明. 1991. "中国土地资源生产能力及人口承载量"项目方法论概述[J]. 自然资源学报, 6(3): 197-205.

陈宝红, 杨圣云, 周秋麟. 2001. 试论我国海岸带综合管理中的边界问题[J]. 海洋开发与管理, (5): 27-32.

陈春福. 2002. 海南省海岸带和海洋资源与环境问题及对策研究[J]. 海洋通报, (2): 62-68.

陈富强. 2016. 鸭绿江口滨海湿地景观格局变化及驱动力分析[J]. 海洋信息, (1): 48-55.

陈建伟, 黄桂林. 1995. 中国湿地分类系统及其划分指标的探讨[J]. 林业资源管理, (5): 65-71.

陈菁. 2010. 福建省海岸带脆弱生态环境信息图谱研究[J]. 地球信息科学学报, 12(2): 159-166.

陈其清. 2007. 逻辑斯蒂增长曲线预测在农业经济领域中的应用——以湖北省为例[J]. 商场现代化, (05S): 335-336.

陈述彭. 1996. 海岸带及其持续发展[J]. 遥感信息, (3): 6-12.

陈彦光, 刘继生. 2002. 基于引力模型的城市空间互相关和功率谱分析——引力模型的理论证明、函数推广及应用实例[J]. 地理研究, 21(6): 742-752.

陈奕, 许有鹏, 宋松. 2010. 基于"压力—状态—响应"模型和分形理论的湿地生态健康评价[J]. 环境污染与防治, 32(6): 27-31.

程丽莉, 吕成文, 胥国麟. 2006. 安徽省土地资源人口承载力的动态研究[J]. 资源开发与市场, 22(4): 318-320.

储金龙, 高抒, 徐建刚. 2005. 海岸带脆弱性评估方法研究进展[J]. 海洋通报, 24(3): 80-86.

褚忠信. 2003. 现代黄河三角洲冲淤演变规律与遥感应用研究[D]. 青岛: 中国海洋大学.

崔保山, 杨志峰. 2001. 湿地生态系统健康研究进展[J]. 生态学杂志, 20(3): 31-36.

崔保山, 杨志峰. 2002a. 湿地生态系统健康评价指标体系Ⅰ. 理论[J]. 生态学报, 22(7): 1005-1011.

崔保山, 杨志峰. 2002b. 湿地生态系统健康评价指标体系Ⅱ. 方法与案例[J]. 生态学报,

22(8): 1231-1239.

崔力拓, 李志伟. 2010. 河北省海域承载力多层次模糊综合评价[J]. 中国环境管理干部学院学报, 20(2): 26-30.

代晓松. 2007a. 辽宁省海洋资源现状及海洋产业发展趋势分析[J]. 海洋开发与管理, (2): 129-134.

代晓松. 2007b. 辽宁省海洋产业关联分析与发展趋势展望[C]. 青岛: 中国海洋学会 2007 年学术年会.

戴亚南, 彭检贵. 2009. 江苏海岸带生态环境脆弱性及其评价体系构建[J]. 海洋学研究, 27(1): 78-82.

党安荣, 王晓栋, 陈晓峰, 等. 2003. ERDAS IMAGINE 遥感图像处理方法[M]. 北京: 清华大学出版社.

邓聚龙. 1982. 灰色控制系统[J]. 华中工学院学报, 10(3): 9-18.

邓聚龙. 1990. 灰色系统理论教程[M]. 武汉: 华中理工大学出版社.

狄乾斌, 韩增林. 2005. 海域承载力的定量化探讨——以辽宁海域为例[J]. 海洋通报, 24(1): 47-54.

狄乾斌, 韩增林. 2009. 海洋经济可持续发展评价指标体系探讨[J]. 地域研究与开发, 28(3): 117-121.

狄乾斌, 韩增林, 孙才志. 2008. 海域承载力理论与海洋可持续发展研究[J]. 海洋开发与管理, 25(1): 52-55.

狄乾斌, 韩增林, 刘锴. 2004. 海域承载力研究的若干问题[J]. 地理与地理信息科学, 20(5): 50-53.

杜丽萍, 柏岩, 王树英. 2009. 基于遥感影像的海岸线提取方法研究[J]. 山东林业科技, 39(4): 39-41.

段焱, 孙永福. 2007. 海岸带生态地质环境脆弱性评价指标体系研究[J]. 海岸工程, 26(2): 26-31.

樊建勇. 2005. 青岛及周边地区海岸线动态变化的遥感监测[D]. 青岛: 中国科学院海洋研究所.

范斐, 孙才志, 王雪妮. 2013. 社会、经济与资源环境复合系统协同进化模型的构建及应用——以大连市为例[J]. 系统工程理论与实践, 33(2): 413-419.

范晓婷. 2008. 我国海岸线现状及其保护建议[J]. 地质调查与研究, 31(1): 28-31.

范学忠, 袁琳, 戴晓燕, 等. 2010. 海岸带综合管理及其研究进展[J]. 生态学报, 30(10): 2756-2765.

方智明. 2008. 福建省相对资源承载力和可持续发展研究[D]. 福州: 福建农林大学.

房成义. 1996. 划分海岸带管理范围的探讨[J]. 海洋开发与管理, (3): 12-15.

费罗成, 程久苗, 沈非, 等. 2008. 区域土地集约利用水平时空比较研究——以中部地区为例[J]. 地域研究与开发, 27(5): 90-94.

冯有良. 2013. 海洋灾害影响我国近海海洋资源开发的测度与管理研究[D]. 青岛: 中国海洋大学.

傅伯杰, 陈利顶, 马克明, 等. 2011. 景观生态学原理及应用(第二版)[M]. 北京: 科学出版社.

高铁梅. 2009. 计量经济分析方法与建模——Eviews 应用及实例[M]. 北京: 清华大学出版社.

高啸峰, 王树德, 宫阿都, 等. 2009. 基于主成分分析法的土地利用、覆被变化驱动力研究[J]. 地理与地理信息科学, 25(1): 36-39.

高义, 苏奋振, 孙晓宇, 等. 2011. 珠江口滨海湿地景观格局变化分析[J]. 热带地理, (3): 215-220.

高志强, 孙希华. 2000. 基于中国资源环境数据库的土地资源承载力研究[J]. 中国人口·资源与环境, 10(S2): 1-3.

戈华清, 宋晓丹, 史军. 2016. 东亚海陆源污染防治区域合作机制探讨及启示[J]. 中国软科学, (8): 62-74.

宫立新, 金秉福, 李健英. 2008. 近 20 年来烟台典型地区海湾海岸线的变化[J]. 海洋科学, 32(11): 64-68.

巩如英, 王飞, 刘雅莉, 等. 2006. 韦伯-费希纳定律评价模型在景观环境质量评价中的应用[J]. 西北林学院学报, 21(1): 131-135.

谷秋鹏. 2012. 最大似然估计在一元线性回归中的应用[J]. 潍坊学院学报, 12(4): 51-52.

关伟, 周忻桐. 2014. 辽中南城市群空间相互作用的时空演变[J]. 经济地理, 34(9): 48-55.

郭怀成, 戴永立, 王丹, 等. 2004. 城市水资源政策实施效果的定量化评估[J]. 地理研究, 23(6): 745-752.

郭艳红. 2010. 北京市土地资源承载力与可持续利用研究[D]. 北京: 中国地质大学(北京).

郭志伟. 2008. 北京市土地资源承载力综合评价研究[J]. 城市发展研究, (5): 24-30.

国家海洋局科技司, 辽宁省海洋局《海洋大辞典》编辑委员会. 1998. 海洋大辞典[M]. 沈阳: 辽宁人民出版社.

韩立民, 罗青霞. 2010. 海域环境承载力的评价指标体系及评价方法初探[J]. 海洋环境科学, 29(3): 446-450.

韩立民, 任新君. 2009. 海域承载力与海洋产业布局关系初探[J]. 太平洋学报, (2): 80-84.

韩慕康, 三村信男, 细川恭史, 等. 1994. 渤海西岸平原海平面上升危害性评估[J]. 地理学报, 49(2): 107-116.

韩玺山, 赵大庆. 1994. 辽宁海洋灾害遥感技术的应用研究[J]. 辽宁气象, (4): 41-43.

韩震, 金亚秋, 恽才兴. 2006. 我国海岸带及其近海资源环境监测的遥感技术应用[J]. 遥感信息, (5): 64-66, 71, 插页 5.

何成刚. 2011. 马尔科夫模型预测方法的研究及其应用[D]. 合肥: 安徽大学.

何桐, 谢健, 徐映雪, 等. 2009. 鸭绿江口滨海湿地景观格局动态演变分析[J]. 中山大学学报(自然科学版), 48(2): 113-118.

洪华生, 丁原红, 洪丽玉, 等. 2003. 我国海岸带生态环境问题及其调控对策[J]. 环境污染治理技术与设备, 4(1): 89-94.

侯定丕. 2004. 博弈论导论[M]. 合肥: 中国科学技术大学出版社.

侯西勇, 张安定, 王传远, 等. 2010. 海岸带陆源非点源污染研究进展[J]. 地理科学展, 29(1): 73-78.

胡斌, 刘宪光. 2007. 环渤海海岸带划分范围和人口分布统计[J]. 海洋开发与管理, (1): 73-75.

胡焱. 2007. 城市土地资源可持续承载力的评价与实证研究[D]. 重庆: 重庆大学.

胡燕平. 2010. 辽宁省能源消耗及 CO_2 排放规律研究[D]. 长沙: 中南林业科技大学.

黄鹄, 戴志军, 胡自宁, 等. 2005. 广西海岸环境脆弱性研究[M]. 北京: 海洋出版社.

黄鹄, 胡自宁, 陈新庚, 等. 2006. 基于遥感和 GIS 相结合的广西海岸线时空变化特征分析[J]. 热带海洋学报, 25(1): 66-70.

黄海军, 李成志, 郭建军. 1994. 卫星影像在黄河三角洲岸线变化研究中的应用[J]. 海洋地质与第四纪地质, 14(2): 29-37.

黄建国. 2007. 福建主要滨海湿地生态系统重金属污染特征及评价[D]. 福州: 福建农林大学.

黄苇, 谭映宇, 张平. 2012. 渤海湾海洋资源、生态和环境承载力评价[J]. 环境污染与防治,

34(6): 101-109.

惠泱河, 蒋晓辉, 黄强, 等. 2001. 二元模式下水资源承载力系统动态仿真模型研究[J]. 地理研究, 20(2): 191-198.

吉蕴, 李祖平. 2009. 逻辑斯蒂模型及其应用[J]. 潍坊学院学报, 9(5): 78-80.

姜玲玲, 熊德琪, 张新宇, 等. 2008. 大连滨海湿地景观格局变化及其驱动机制[J]. 吉林大学学报(地球科学版), 38(4): 670-675.

姜仁荣, 李满春. 2006. 区域土地资源集约利用及其评价指标体系构建研究[J]. 地域研究与开发, 25(4): 117-119.

金建君, 恽才兴, 巩彩兰. 2001. 海岸带可持续发展及其指标体系研究——以辽宁省海岸带部分城市为例[J]. 海洋通报, 20(1): 61-66.

金建君, 恽才兴, 巩彩兰. 2002. 海岸带综合管理的核心目的及有关技术的应用[J]. 海洋湖沼通报, (1): 26-31.

金连成, 邱英杰, 等. 2004. 辽宁野生动植物和湿地资源[M]. 哈尔滨: 东北林业大学出版社.

孔范龙, 郗敏, 李悦, 等. 2015. 山东日照傅疃河口湿地脆弱性特征与生态恢复[J]. 湿地科学, 13(3): 322-326.

赖红松, 祝国瑞, 董品杰. 2004. 基于灰色预测和神经网络的人口预测[J]. 经济地理, 24(2): 197-201.

劳燕玲. 2013. 滨海湿地生态安全评价研究[D]. 北京: 中国地质大学(北京).

兰竹虹, 陈桂珠. 2007. 南中国海地区红树林的利用和保护[J]. 海洋环境科学, (4): 355-359.

冷悦山, 孙书贤, 王宗灵, 等. 2008. 海岛生态环境的脆弱性分析与调控对策[J]. 海岸工程, 27(2): 58-64.

李川. 2012. 辽宁环渤海地区重点产业发展水资源承载力研究[D]. 沈阳: 东北大学.

李春华, 沙晋明. 2007. 厦门市湿地时空演化的遥感动态分析[J]. 水土保持研究, 14(1): 43-46.

李洪远, 孟伟庆. 2012. 滨海湿地环境演变与生态恢复[M]. 北京: 化学工业出版社.

李继锐, 张生瑞. 2002. 人工神经网络在变量选择中的应用[J]. 重庆交通学院学报, 21(1): 27-29.

李加林, 杨晓平, 童亿勤. 2007. 潮滩围垦对海岸环境的影响研究进展[J]. 地理科学进展, 26(2): 43-51.

李健. 2006. 海岸带可持续发展理论及其评价研究[D]. 大连: 大连理工大学.

李丽娟, 郭怀成, 陈冰, 等. 2000. 柴达木盆地水资源承载力研究[J]. 环境科学, 21(2): 20-23.

李强, 刘蕾. 2014. 基于要素指数法的皖江城市带土地资源承载力评价[J]. 地理与地理信息科学, 30(1): 56-59.

李小燕, 王菲凤, 张江山. 2011. 基于韦伯-费希纳定律的湖泊富营养化评价[J]. 水电能源科学, 29(3): 37-39.

李雪松, 高鑫. 2009. 基于外部性理论的城市水环境治理机制创新研究——以武汉水专项为例[J]. 中国软科学, (4): 87-92.

李迅. 2014. 海岸带空间规划和管理研究——以滨海城市龙海市为例[D]. 厦门: 厦门大学.

李彦苍, 周书敬. 2009. 基于改进投影寻踪的海洋生态环境综合评价[J]. 生态学报, 29(10): 5736-5740.

李猷, 王仰麟, 彭建, 等. 2009. 深圳市1978年至2005年海岸线的动态演变分析[J]. 资源科学, 31(5): 875-883.

李泽, 孙才志, 邹玮. 2011. 中国海岛县旅游资源开发潜力评价[J]. 资源科学, 33(7):

1408-1417.

李祚泳, 彭荔红. 2003. 基于韦伯—费希纳拓广定律的环境空气质量标准[J]. 中国环境监测, 19(4): 17-19.

辽宁省发展和改革委员会. 2006. 辽宁省循环经济和生态环境保护"十一五"规划[EB/OL]. http://www.lngh.gov.cn/Article_Show.asp?ArticleID=86[2015-11-06].

辽宁省海洋与渔业厅. 2009.辽宁省出台《海水利用专项规划》[EB/OL]. http://www.lnhyw.gov.cn [2015-11-06].

辽宁省政府. 2008. 关于开展全省区域经济可持续发展水资源配置规划工作实施意见[EB/OL]. http://vip.chinalawinfo.com/newlaw2002/slc/slc.asp?db=lar&gid=17032462[2015-11-06].

刘昌明, 王红瑞. 2003. 浅析水资源与人口、经济和社会环境的关系[J]. 自然资源学报, 18(5): 635-644.

刘宏娟, 郑丙辉, 胡远满, 等. 2006. 基于TM的渤海海岸带1988~2000年生态环境变化[J]. 生态学杂志, 25(7): 789-794.

刘厚田. 1995. 湿地的定义和类型划分[J]. 生态学杂志, 14(4): 73-77.

刘焕鑫, 陈学军, 边茜, 等. 2007. 辽宁"五点一线"沿海经济带开发建设战略研究[J]. 东北财经大学学报, (6): 31-36.

刘军. 2006. 论辽宁渔业的可持续发展[J]. 大连海事大学学报(社会科学版), 5(3): 42-46.

刘康, 韩立民. 2008. 海域承载力本质及内在关系探析[J]. 太平洋学报, (9): 69-75.

刘康, 霍军. 2008. 海岸带承载力影响因素与评估指标体系初探[J]. 中国海洋大学学报(社会科学版), (4): 8-11.

刘兰, 韩洪蕾. 2007. 海岸带管理相关对策研究[J]. 海洋开发与管理, (6): 51-55.

刘思峰, 郭天榜, 党耀国. 1999. 灰色系统理论及其应用(第二版)[M]. 北京: 科学出版社.

刘耀彬, 王鑫磊, 刘玲. 2012. 基于"湖泊效应"的城市经济影响区空间分异模型及应用——以环鄱阳湖区为例[J]. 地理科学, 32(6): 680-685.

刘玉珍, 张巨鹏. 2003. 提高辽宁省水资源承载能力的对策[J]. 东北水利水电, 21(5): 31-32.

陆健健. 1996. 中国滨海湿地的分类[J]. 环境导报, (1): 1-2.

陆健健, 何文珊, 童春富, 等. 2006. 湿地生态学[M]. 北京: 高等教育出版社.

路遥, 徐林荣, 陈舒阳, 等. 2014. 基于博弈论组合赋权的泥石流危险度评价[J]. 灾害学, 29(1): 194-200.

罗贞礼. 2005. 土地承载力研究的回顾与展望[J]. 国土资源导刊, 2(2): 25-27.

吕宝, 王成端, 周亚红. 2007. 绵阳市土地资源承载力研究[J]. 合肥工业大学学报(自然科学版), 30(4): 489-492.

吕宪国. 2005. 湿地过程与功能及其生态环境效应[J]. 科学中国人, (4): 28-29.

马小峰, 赵冬至, 张丰收, 等. 2007. 海岸线卫星遥感提取方法研究进展[J]. 遥感技术与应用, 22(4): 575-580.

马永亮. 2008. 基于系统动力学的崇明岛水资源承载力研究[D]. 上海: 华东师范大学.

毛汉英, 余丹林. 2001. 环渤海地区区域承载力研究[J]. 地理学报, 56(3): 363-371.

毛义伟. 2008. 长江口沿海湿地生态系统健康评价[D]. 上海: 华东师范大学.

梅安新, 彭望琭, 秦其明, 等. 2001. 遥感导论[M]. 北京: 高等教育出版社.

苗丽娟, 王玉广, 张永华, 等. 2006. 海洋生态环境承载力评价指标体系研究[J]. 海洋环境科学, 35(3): 75-77.

苗苗. 2008. 辽宁省滨海湿地生态系统服务功能价值评估[D]. 大连: 辽宁师范大学.

闵庆文, 余卫东, 张建新. 2004. 区域水资源承载力的模糊综合评价分析方法及应用[J]. 水土保持研究, 11 (3): 14-16.

倪晋仁, 殷康前, 赵智杰. 1998. 湿地综合分类研究: Ⅰ. 分类[J]. 自然资源学报, (3): 214-221.

聂承静, 陈文波, 李海峰, 等. 2009. 沿海地区土地利用变化及驱动机制研究——以大连市为例[J]. 水土保持研究, 16(4): 259-263.

宁静, 张树文, 王蕾, 等. 2009. 农林交错区景观敏感性分析——以黑龙江省牡丹江地区为例[J]. 东北林业大学学报, 37(1): 35-38.

宁书年, 吕松棠, 杨小勤, 等. 1995. 遥感图像处理与应用[M]. 北京: 地震出版社.

彭凤琼. 2004. 两广土地承载力对比分析及对策研究[J]. 广西民族学院学报(哲学社会科学版), 26(6): 162-165.

彭华涛, 谢科范, 谢冰. 2004. 水经济的效益扩散模型分析[J]. 武汉理工大学学报, 26(4): 97-99.

钱正英, 张光斗. 2001. 中国可持续发展水资源战略研究综合报告及各专题报告[M]. 北京: 中国水利水电出版社.

乔家君. 2004. 改进的熵值法在河南省可持续发展能力评估中的应用[J]. 资源科学, 26(1): 113-119.

乔青. 2007. 川滇农牧交错带景观格局与生态脆弱性评价[D]. 北京: 北京林业大学.

邱炳文, 王钦敏, 陈崇成, 等. 2007. 福建省土地利用多尺度空间自相关分析[J]. 自然资源学报, 22(2): 311-320.

邱彭华, 徐颂军, 谢跟踪, 等. 2007. 基于景观格局和生态敏感性的海南西部地区生态脆弱性分析[J]. 生态学报, 27(4): 1257-1264.

任冲锋. 2017. 不确定性条件下石羊河流域水资源承载力优化提升研究[D]. 北京: 中国农业大学.

任光超, 杨德利, 管红波. 2011a. 基于主成分分析法的我国海洋资源承载力变化趋势研究[J]. 黑龙江农业科学, (8): 47-50.

任光超, 杨德利, 管红波. 2011b. 我国沿海省份海洋资源承载力比较分析[J]. 黑龙江农业科学, (10): 65-68.

任美锷. 1991. 我国海平面上升及其对策[J]. 大自然探索, 10(35): 7-10.

任新君. 2010. 海域承载力和海水养殖业布局的内在作用机理研究[D]. 青岛: 中国海洋大学.

单春红, 林羞月. 2016. 山东省养殖海域承载力与海洋空间资源利用协调度研究[J]. 海洋经济, 6(3): 33-39.

桑淑屏. 2008. 中国海洋渔业资源管理制度研究[D]. 青岛: 中国海洋大学.

邵超峰, 鞠美庭, 张裕芬, 等. 2008. 基于DPSIR模型的天津滨海新区生态环境安全评价研究[J]. 安全与环境学报, 8(5): 87-92.

申艳萍, 郭长虹, 王谦. 2008. 河南省城市生态安全评价及生态安全模式分析[J]. 安全与环境学报, 8(3): 89-93.

盛骤, 谢式千, 潘承毅, 等. 2008. 概率论与数理统计[M]. 北京: 高等教育出版社.

石迎春, 卫亚星, 张云, 等. 2013. 基于RS和GIS大连瓦房店市滨海湿地景观格局的变化研究[J]. 海洋开发与管理, 30(6): 19-25.

时卉, 杨兆萍, 韩芳, 等. 2013. 新疆天池景区生态安全度时空分异特征与驱动机制[J]. 地理科学进展, 32(3): 475-485.

宋戈, 郑浩. 2008. 黑龙江省地级市土地集约利用评价及驱动力——以佳木斯市为例[J]. 经济地理, 28(2): 297-299, 307.

宋月君, 吴胜军, 冯奇. 2006. 中巴地球资源卫星的应用现状分析[J]. 世界科技研究与发展, 28(6): 61-65.

苏志勇, 徐中民, 张志强, 等. 2002. 黑河流域水资源承载力的生态经济研究[J]. 冰川冻土, 24(4): 400-406.

孙才志, 李红新. 2007. 基于 AHP—PP 模型的大连市水资源可持续利用水平评价[J]. 水资源与水工程学报, 18(5): 1-5.

孙才志, 陈富强. 2017. 鸭绿江口滨海湿地景观生态健康评价[J]. 湿地科学, 15(1): 40-46.

孙才志, 李明昱. 2010. 辽宁省海岸线时空变化及驱动因素分析[J]. 地理与地理信息科学, 26(3): 63-67.

孙才志, 李娜. 2010. 辽宁沿海经济带开发战略下的水资源承载力研究[J]. 安全与环境学报, 10(5): 127-131.

孙才志, 刘玉玉. 2009. 地下水生态系统健康评价指标体系的构建[J]. 生态学报, 29(10): 5665-5674.

孙才志, 杨磊. 2012. 基于 ArcView-WOE 的下辽河平原地下水生态系统健康评价[J]. 生态学报, 32(4): 1016-1027.

孙才志, 孙炳双, 林旭, 等. 2001. 区域水资源开发模式评价指标体系研究——以松嫩盆地为例[J]. 长春科技大学学报, 31(1): 46-49.

孙才志, 曾庆雨, 刘玉玉. 2010. 基于 RS 和 GIS 的饶阳河湿地时空演变及其驱动力分析[J]. 水土保持研究, 17(2): 150-155.

孙才志, 闫晓露, 钟敬秋. 2014. 下辽河平原景观格局脆弱性及空间关联格局[J]. 生态学报, 34(2): 247-257.

孙华生, 黄敬峰, 王杰, 等. 2008. CBERS-02 CCD 图像中居民点用地信息提取方法研究[J]. 科技通报, 24(4): 504-509.

孙康, 周武, 王耕. 2015. 辽宁省渔业产业结构调整及其优化研究[J]. 资源开发与市场, 31(1): 91-95.

孙家柄. 2003. 遥感原理与应用[M]. 武汉: 武汉大学出版社.

汤竞煌, 聂智龙. 2007. 遥感图像的几何校正[J]. 测绘与空间地理信息, 30(2): 100-102, 106.

唐华俊, 吴文斌, 杨鹏, 等. 2009. 土地利用/土地覆被变化(LUCC)模型研究进展[J]. 地理学报, 64(4): 456-468.

唐启义. 2010. DPS 数据处理系统: 实验设计、统计分析及数据挖掘(第 2 版)[M]. 北京: 科学出版社.

滕骏华, 楼秀琳, 孙美仙, 等. 2006. 海岸带环境遥感信息的系统集成[J]. 海洋学研究, 24(4): 77-86.

田博, 逯超普, 刘进超, 等. 2010. 杭州湾滨海湿地景观动态变化分析[J]. 遥感信息, (1): 22-26.

田素珍, 杜丽兰, 禹军. 1997. 海平面上升对渤莱湾沿岸地区的影响及对策[J]. 海洋通报, 16(1): 1-9.

万忠娟, 于少鹏, 王海霞, 等. 2003. 松嫩平原典型湿地脆弱性分析与评价[J]. 东北师大学报自然科学版, 35(2): 93-99.

王浩. 1993. 深浅水体不同气候效应的初步研究[J]. 南京大学学报(自然科学版), 29(3): 517-522.

王娇. 2015. 辽宁省森林动态补偿体系研究[D].北京: 中国林业科学研究院.

王丽, 邓羽, 刘盛和, 等. 2011. 基于改进场模型的城市影响范围动态演变——以中国中部地区为例[J]. 地理学报, 66(2): 189-198.

王保忠, 计家荣, 骆林川, 等. 2006. 南京新济洲湿地生态恢复研究[J]. 湿地科学, 4(3): 210-218.

王栋, 史运良, 王腊春. 2003. 浅析太湖流域水资源系统退化与修复对策[J]. 水资源保护, (6): 41-42.

王桂圆, 陈眉舞. 2004. 基于 GIS 的城市势力圈测度研究——以长江三角洲地区为例[J]. 地理与地理信息科学, 20(3): 69-73.

王琳, 徐涵秋, 李胜. 2005. 厦门岛及其邻域海岸线变化的遥感动态监测[J]. 遥感技术与应用, 20(4): 404-410.

王鹏, 赵莹, 田亚平. 2009. 基于 GIS 的衡阳市生态环境脆弱性研究[J]. 水土保持研究, 16(4): 24-29.

王其藩. 1994. 系统动力学(第 2 版) [M]. 北京: 清华大学出版社.

王启尧. 2011. 海域承载力评价与经济临海布局优化理论与实证研究[D]. 青岛: 中国海洋大学.

王书华, 毛汉英, 赵明华. 2001. 略论土地综合承载力评价指标体系的设计思路——我国沿海地区案例分析[J]. 人文地理, 16(4): 57-61.

王铁成, 谢红彬, 贾宝全. 2002. 孔雀河流域绿洲生态支持系统调控模式研究[J]. 干旱区资源与环境, 16(3): 7-11.

王文博, 陈秀芝. 2006. 多指标综合评价中主成分分析和因子分析方法的比较[J]. 统计与信息论坛, 21(5): 19-22.

王学雷. 2001. 江汉平原湿地生态脆弱性评估与生态恢复[J]. 华中师范大学学报(自然科学版), 35 (2): 237-240.

王一涵, 周德民, 孙永华. 2011. RS 和 GIS 支持的洪河地区湿地生态健康评价[J]. 生态学报, 31(13): 3590-3600.

王毅杰, 俞慎. 2012. 长江三角洲城市群区域滨海湿地利用时空变化特征[J]. 湿地科学, 10(2): 129-135.

王永丽, 于君宝, 董洪芳, 等. 2012. 黄河三角洲滨海湿地的景观格局空间演变分析[J]. 地理科学, 32(6): 717-724.

王泽宇, 孙然, 韩增林, 等. 2013. 环渤海地区滨海旅游经济空间联系变化特征的网络分析及机理研究[J]. 海洋开发与管理, (10): 109-118.

魏兴萍. 2010. 基于 PSR 模型的三峡库区重庆段生态安全动态评价[J]. 地理科学进展, 29(9): 1095-1099.

温庆可, 张增祥, 徐进勇, 等. 2011. 环渤海滨海湿地时空格局变化遥感监测与分析[J]. 遥感学报, (1): 183-200.

吴殿廷. 2004. 区域分析与规划高级教程[M]. 北京: 高等教育出版社.

吴国栋, 高俊国, 刘大海. 2017. 山东半岛蓝色经济区海域承载力评价[J]. 海岸工程, 36(2): 63-70.

吴健生, 王政, 张理卿, 等. 2012. 景观格局变化驱动力研究进展[J]. 地理科学进展, 31(12): 1739-1746.

吴美蓉. 2000. 中巴地球资源卫星应用及其发展[J]. 测绘科学, 25(2): 25-29.

吴珊珊, 张祖陆, 管延波, 等. 2008. 基于 RS 和 GIS 的莱州湾南岸滨海湿地景观类型与破碎化分析[J]. 资源开发与市场, 24(10): 865-867.

吴衍, 张江山, 王菲凤. 2014. 韦伯-费希纳定律在湿地生态健康评价的应用[J]. 福建师范大学学报(自然科学版), 30(4): 103-110.

肖劲奔. 2012. 海岸带开发利用强度系统及评价体系研究[D]. 北京: 中国地质大学(北京).

谢高地, 鲁春霞, 冷允法, 等. 2003. 青藏高原生态资产的价值评估[J]. 自然资源学报, 18(2): 189-196.

谢花林, 李波. 2008. 基于 logistic 回归模型的农牧交错区土地利用变化驱动力分析——以内蒙古翁牛特旗为例[J]. 地理研究, 27(2): 294-304.

谢强莲, 蒋俊毅. 2009. 基于状态空间模型的区域土地资源承载力差异分析——以长株潭城市群为例[J]. 系统工程, 27(4): 58-64.

熊永柱, 张美英. 2008. 海岸带环境承载力概念模型初探[J]. 资源与产业, 10(4): 129-132.

许联芳, 谭勇. 2009. 长株潭城市群"两型社会"试验区土地承载力评价[J]. 经济地理, 29(1): 69-73.

许旭. 2007. 基于"五点一线"的辽宁海洋经济发展战略分析[J]. 国土与自然资源研究, (4): 1-3.

薛文博, 易爱华, 张增强, 等. 2006. 基于韦伯-费希纳定律的一种新型环境质量评价法[J]. 中国环境监测, 22(6): 57-58.

闫文文, 谷东起, 王勇智, 等. 2012. 盐城海岸带湿地景观演变分析[J]. 中国海洋大学学报(自然科学版), 42(12): 130-137.

颜海波. 2008. 威海市海岸带综合管理研究[D]. 厦门: 厦门大学.

晏维龙, 袁平红. 2011. 海岸带和海岸带经济的厘定及相关概念的辨析[J]. 世界经济与政治论坛, (1): 82-93.

杨桂山, 施雅风, 张琛, 等. 2000. 未来海岸环境变化的易损范围及评估——江苏滨海平原个例研究[J]. 地理学报, 55(4): 385-394.

杨敬辉. 2005. Bass 模型及其两种扩展型的应用研究[D]. 大连: 大连理工大学.

姚建, 丁晶, 艾南山. 2004. 岷江上游生态脆弱性评价[J]. 长江流域资源与环境, 13(4): 380-383.

叶文祯. 2014. 福建省县域单元海域承载力评价研究[D]. 福州: 福建师范大学.

于谨凯, 杨志坤. 2012. 基于模糊综合评价的渤海近海海域生态环境承载力研究[J]. 经济管理研究, (3): 54-60.

郁万鑫. 2008. 江苏盐城湿地遥感动态监测与景观变化分析[D]. 北京: 中国地质大学(北京)

袁林山, 杜培军, 王莉, 等. 2008. 基于灰色绝对关联度边缘检测的多源遥感影像加权 IHS 融合[J]. 地理与地理信息科学, 24(3): 11-15.

恽才兴, 蒋兴伟. 2002. 海岸带可持续发展与综合管理[M]. 北京: 海洋出版社.

翟万林, 龙江平, 乔吉果, 等. 2010. 长江口滨海湿地景观格局变化及其驱动力分析[J]. 海洋学研究, 28(3): 17-22.

张宝, 刘静玲, 陈秋颖, 等. 2010. 基于韦伯-费希纳定律的海河流域水库水环境预警评价[J]. 环境科学学报, 30(2): 268-274.

张桂喜. 2003. 经济预测、决策与对策[M]. 北京: 首都经济贸易大学出版社.

张红. 2007. 国内外资源环境承载力研究述评[J]. 理论学刊, (10): 80-83.

张红梅, 沙晋明. 2007. 基于 RS 与 GIS 的福州市生态环境脆弱性研究[J]. 自然灾害学报,

16(2):133-137.

张华,苗苗,孙才志,等. 2007. 辽宁省滨海湿地资源类型及景观格局分析[J]. 资源科学, 29(3):139-146.

张华,曹月,武晶,等. 2008. 科尔沁沙地生态环境质量综合评价[J]. 中国人口·资源与环境, 18(2):125-128.

张华兵,刘红玉,郝敬锋,等. 2012. 自然和人工管理驱动下盐城海滨湿地景观格局演变特征与空间差异[J]. 生态学报,32(1):101-110.

张健,陈凤,濮励杰,等. 2007. 近20年苏锡常地区土地利用格局变化及其驱动因素分析[J]. 资源科学,29(4):61-69.

张景奇,介东梅,刘杰. 2006. 海岸线不同解译标志对解译结果的影响研究——以辽东湾北部海岸为例[J]. 吉林师范大学学报(自然科学版),27(2):54-56.

张林玲. 2007. TM及SPOT遥感图像融合算法研究[D].南京:河海大学.

张灵杰. 2009. 海岸带综合管理的边界特征及其划分方法[J]. 海洋地质动态,25(7):37-41.

张明,朱会义,何书金. 2001. 典型相关分析在土地利用结构研究中的应用——以环渤海地区为例[J]. 地理研究,20(6):761-767.

张明,蒋雪中,周云轩,等. 2007. 基于灰度形态学和小波变换的淤泥质潮滩水边线提取[J]. 长江流域资源与环境,16(Z2):96-100.

张伟强,黄镇国,连文树. 1999. 广东沿海地区海平面上升影响综合评估[J]. 自然灾害学报, 8(1):78-87.

张晓龙,李培英,李萍,等. 2005. 中国滨海湿地研究现状与展望[J]. 海洋科学进展,23(1): 87-95.

张绪良. 2006. 莱州湾南岸滨海湿地的退化及其生态恢复、重建研究[D]. 青岛:中国海洋大学.

张绪良,陈东景,谷东起. 2009. 近20年来莱州湾南岸滨海湿地退化及其原因分析[J]. 科技导报,27(4):65-70.

张耀光,韩增林,刘锴,等. 2010. 海岸带利用结构与海岸带海洋经济区域差异——以辽宁省为例[J]. 地理研究,29(1):24-34.

张子鹏. 2008. 辽宁海岸带地貌特征及影响因素研究[D]. 青岛:中国海洋大学.

赵锐,赵鹏. 2014. 海岸带概念与范围的国际比较及界定研究[J]. 海洋经济,4(1):58-64.

赵明才,章大初. 1990. 海岸线定义问题的讨论[J]. 海岸工程,9(3-4):91-99.

赵叔松. 1991. 中国海岸带和海涂资源综合调查报告[M]. 北京:海洋出版社.

赵筱青,王兴友,谢鹏飞,等. 2015. 基于结构与功能安全性的景观生态安全时空变化——以人工园林大面积种植区西盟县为例[J]. 地理研究,34(8):1581-1591.

赵英时,等. 2003. 遥感应用分析原理与方法[M]. 北京:科学出版社.

郑新奇,付梅臣. 2010. 景观格局空间分析技术及其应用[M]. 北京:科学出版社.

钟龙芳,王菲凤,张江山. 2012. 基于韦伯-费希纳定律的地下水环境质量评价[J]. 环境科学与管理,37(12):189-192.

周纯,舒廷飞,吴仁海. 2003. 珠江三角洲地区土地资源承载力研究[J]. 国土资源科技地理, (6):16-19.

周晓丽. 2009. 鸭绿江口滨海湿地自然保护区生态旅游资源评价与环境承载力分析[D]. 重庆:西南大学.

周云轩,田波,黄颖,等. 2016. 我国海岸带湿地生态系统退化成因及其对策[J]. 中国科学院院刊,31(10):1157-1166.

朱道才, 陆林, 晋秀龙, 等. 2011. 基于引力模型的安徽城市空间格局研究[J]. 地理科学, 31(5): 551-556.

朱季文, 季子修, 蒋自巽, 等. 1994. 海平面上升对长江三角洲及邻近地区的影响[J]. 地理科学, 14(2): 109-117.

朱坚真, 刘汉斌. 2012. 中国海岸带的划分范围及空间发展战略[J]. 创新, 6(4): 38-42.

左平, 李云, 赵书河, 等. 2012. 1976 年以来江苏盐城滨海湿地景观变化及驱动力分析[J]. 海洋学报(中文版), 34(1): 101-108.

左玉辉, 林桂兰. 2008. 海岸带资源环境调控[M]. 北京: 科学出版社.

Shi H, Singh A, 刘林群. 2003. 全球海岸带环境问题现状和相互联系[J]. AMBIO-人类环境杂志, 32(02): 145-152, 160.

Abdullah S A, Nakagoshi N. 2006. Changes in landscape spatial pattern in the highly developing state of Selangor, Peninsular Malaysia[J]. Landscape and Urban Planning, 77: 263-275.

Adrian S, Sebastian D, Viorel G U. 2007. Coastal changes at the Sulina mouth of the Danube River as a result of human activities[J]. Marine Pollution Bulletin, 55(10): 403-421.

Anker H T, Nellemann V, Sverdrup-Jensen S. 2004. Coastal zone management in Denmark: Ways and means for further integration [J]. Ocean & Coastal Management, 47: 495-513.

Baines J B K. 1987. Manipulation of island and men: sand-cay tourism in the south Pacific[C]//Brittons S, Clark W C. Ambiguous Alternative: Tourism in Small Development Countries. Suva: University of the South Pacific: 16-24.

Bass F M. 1969. A new product growth for model consumer durables[J]. Management Science, (15): 215- 227.

Boushey G. 2012. Punctuated equilibrium theory and the diffusion of innovations[J]. Policy Studies Journal, (40): 127-146.

Brazner J C, Danz N P, Niemi G J, et al. 2007. Evaluation of geographic, geomorphic and human influences on Great Lakes wetland indicators: A multi-assemblage approach[J]. Ecological Indicators, 7: 610-635.

Brooks R P, Brinson M M, Havens K J, et al. 2011. Proposed hydrogeomorphic classification for wetlands of the mid-atlantic region, USA[J]. Wetlands, 31(2): 207-219.

Bryan B, Harvey N, Belperio T, et al. 2001. Distributed process modeling for regional assessment of coastal vulnerability to sea-level rise[J]. Environmental Modeling and Assessment, (6): 57-65.

Bürgi M, Anna M H, Schneeberger N. 2004. Driving forces of landscape change: Current and new directions[J]. Landscape Ecology, 19(8): 857-868.

Chadenas C, Pouillaude A, Pottier P. 2008. Assessing carrying capacities of coastal areas in France[J]. Journal of Coastal Conservation, 12(1): 27-34.

Cicin-Sain B, Knecht R W. 1998. Integrated Coastal and Ocean Management—Concepts and Practices [M]. Washington D C: Island Press.

Clark J R. 1995. Coastal Zone Management Handbook[M]. Boca Raton: The Chemical Rubber Company Press.

Dame R F, Prins T C. 1998. Bivalve carrying capacity in coastal ecosystems[J]. Aquatic Ecology, 31 (4): 409-421.

D'lorio M M. 2003. Mangroves and shoreline change on Molokai, Hawaii: Assessing the role of introduced Rhizophora mangle in sediment dynamics and coastal change using remote sensing& GIS[M]. The Degree of Doctor of Philosophy in Earth Science.

Donoghue D N, Thomas D C, Zong Y. 1994. Mapping and monitoring the intertidal zone of the east coast of England using remote-sensing techniques and a coastal monitoring GIS[J]. Marine Technology Society Journal, 28(2): 19-29.

Drösler J. 2000. An n-dimensional Weber law and the corresponding Fechner law[J]. Journal of Mathematical Psychology, (44) : 330-335.

Edward R. 2004. Coastal changes along the coast of Vere, Jamaica over the past two hundred years: Data from maps and air photographs[J]. Quaternary International, 120(1): 153-161.

Ellicott A. 1799. Miscellaneous observations relative to the western parts of Pennsylvania, particularly those in the neighbourhood of Lake Erie[J]. Transactions of the American Philosophical Society, (4): 224-240.

Filgueira R, Grant J. 2009. A box model for ecosystem-level management of mussel culture carrying capacity in a coastal bay[J]. Ecosystems, 12(7): 1222-1233.

Forman R T T, Gordon M. 1981. Patches and structural components for a landscape ecology[J]. Bio-science, 31(10): 733-740.

Frihy O E. 2003. The Nile Delta-Alexandria coast: Vulnerability to sea-level rise, consequences and adaptation[J]. Mitigation and Adaptation Strategies for Global Change, 8: 115-138.

Garmendia E, Gamboa G, Franco J, et al. 2010. Social multi-criteria evaluation as a decision support tool for integrated coastal zone management[J]. Ocean & Coastal Management, (53): 385-403.

Gebo N A, Brooks R P. 2012. Hydrogeomorphic (HGM) assessments of mitigation sites compared to natural reference wetlands in Pennsylvania[J]. Wetlands, 32(2): 321-331.

Gornitz V. 1991. Global coastal hazards from future sea level rise[J]. Palaeogeography, Palaeoclimatology, Palaeoecology, 89(4) : 379-398.

Gowen R J, Bradbury N B. 1987. The ecological impacts of salmoind farming in coastal waters: A review[J]. Oceanogr.mar.biol.ann.rev., 25: 563-575.

Hildebrand L P，Norrena E J. 1992. Approaches and progress toward effective integrated coastal zone management[J]. Marine pollution bulletin, 25:94-97.

Hinkel K M, Nelson F E. 2012. Spatial and temporal aspects of the lake effect on the southern shore of Lake Superior[J]. Theoretical and Applied Climatology, (109): 415-428.

Holland J H. 1975. Adaptation in natural and artificial systems[J]. Ann Arbor, 6(2) :126-137.

Huang S L, Devendra D, Claudia Y. 2011. Integration of Palmer drought severity index and remote sensing data to simulate wetland water surface from 1910 to 2009 in Cottonwood Lake area North Dakota[J]. Remote Sensing of Environment, 115: 3377-3389.

ICES. 1997. Issues related to mariculture[R]. ICES Cooperative Research Report(No. 222). Copenhagen: 102-106.

IPCC. 1996. Climate Change 1995: The Second Science Assessment Report of the Intergovernmental Panel on Climate Change. IPCC. Working Group 1 to the Second Assessment Report of the IPCC.

Kay R, Alder J. 2005. Coastal Planning and Management, Second Edition[M]. Boca Raton, Florida: The Chemical Rubber Company Press.

Ketchum B H. 1972. The Water's Edge: Critical Problems of the Coastal Zone[M]. Cambridge: Massachusetts Institute of Technology Press.

Kingsford R T, Thomas R F. 2002. Use of satellite image analysis to track wetland loss on the Murrumbidgee River floodplain in arid Australia, 1975-1998[J]. Water Science and Technology, 45(11): 45-53.

Klein R J T, Maciver D C. 1999. Adaptation to climate variability and change: Methodological issues[J]. Mitigation & Adaptation Strategies for Global Change, 4(3-4):189-198.

Klein R J T, Nicholls R J. 1999. Assessment of coastal vulnerability to climate change[J]. Ambio, 28(2): 182-187.

Kuji T. 1991. The political economy of golf AMPO[J]. Japan-Asia Quarterly Review, 22(4): 47-54.

Kumar P K D. 2006. Potential vulnerability implications of sea level rise for the coastal zones of Cochin, southwest coast of India[J]. Environmental Monitoring and Assessment, 123(1-3): 333-344.

Lin J C. 1996. Coastal modification due to human influence in south-western Taiwan[J]. Quaternary Science Reviews, 15: 859-900.

Liu S M, Zhang J, Chen S Z, et al. 2003. Inventory of nutrient compounds in the Yellow Sea[J]. Continental Shelf Research, 23: 1161-1174.

Luo J G, Hartman K J, Brandt S B, et al. 2001. A spatially-explicit approach for estimating carrying capacity: An application for the Atlantic menhaden(Brevoortia tyrannus) in Chesapeake Bay[J], Estuaries and Coasts, 24(4): 545-556.

Maingi J K, Marsh S E. 2001. Assessment of environmental impacts of river basin development on the river in forests of eastern Kenya using multi-temporal satellite data[J]. International Journal of Remote Sensing, 22: 2701-2729.

Marghany M. 2001. TOPSAR wave spectra model and coastal erosion detection[J]. International Journal of Applied Earth Observation and Geoinformation, 3(4): 357-365.

National Research Council. 2001. Interim Review of the Florida Keys Carrying Capacity Study[M]. Washington D C: The National Academy Press.

National Research Council. 2002. A Review of the Florida Keys Carrying Capacity Study[M]. Washington D C: The National Academies Press.

Naveh Z. 1991. Some remarks on recent developments in landscape ecology as a transdisciplinary ecological and geographical science[J]. Landscape Ecology, 5(2): 65-73.

Neumann J, Mahrer Y. 1975. A theoretical study of the lake and land breezes of circular lake[J]. Monthly Weather Review, 103(6): 474-485.

Okubo S, Takeuehi K, Chakranon B, et al. 2003. Land characteristics and plant resources in relation to agricultural land-use planning in a humid tropical strand plain, southeastern Thailand[J]. Landscape and Urban Planning, 65(3): 133-148.

Park R E, Bugess E W. 1921. Introduction to the Science of Sociology[M]. Chicago: The University of Chicago Press.

Plackett R L. 1972. The discovery of the method of least squares [J]. Biometrika, (59): 239-251.

Rapport D J. 1992. Evolution of Indicators of Ecosystem Health[M]//Daniel H. Ecological Indicators. Barking: Elsevier Science Publishers: 121-134.

Rapport D J. 1998. Evaluating landscape health: Integrating societal goals and biophysical process[J]. Journal of Environmental Management, 53: 1-15.

Restrepo J D, Kettner A. 2012. Human induced discharge diversion in a tropical delta and its environmental implications: The Patía River, Colombia[J]. Journal of Hydrology, s424-425: 124-142.

Sesli F A, Karsli F, Colkesen I, et al. 2009. Monitoring the changing position of coastlines using aerial and satellite image data: An example from the eastern coast of Trabzon, Turkey[J]. Environmental Monitoring and Assessment, 153: 391-403.

Sleeser M. 1990. Enhancement of carrying capacity option ECCO[R]. London: The Re-source Use Institute.

Smit M J, Goosen H, Hulsborgen C H. 1998. Resilience and vulnerability: Coastal dynamics or dutch dikes? [J]. The Geographical Journal, 164(3): 259-268.

Thapa G B, Paudel G S. 2000. Evaluation of the livestock carrying capacity of land resources in the Hills of Nepal based on total digestive nutrient analysis[J]. Agriculture, Ecosystems and Environment, 78: 223-235.

Urban D L, O'Neill R V, Shugart J H H. 1987. Landscape ecology[J]. Bio-science, 37(2): 119-127.

Varis O, Vakkilainen P. 2001. China's 8 challenges to water resources management in the first quarter of the 21st century[J]. Geomorphology, 41(2): 93-104.

Vasconcellos M, Gasalla M A. 2001. Fisheries catches and the carrying capacity of marine ecosystems in southern Brazil[J]. Fisheries Research, 50(3): 279-295.

Watson R T, Zinyowera M C, Moss R H. 1996. Climate change 1995: Impacts, Adaptations and Mitigation of Climate Change[M]. Cambridge: Cambridge University Press.

White K, El Asmara H M. 1999. Monitoring changing position of coastlines using thematic mapper imagery, an example from the Nile Delta[J]. Geomorphology, 29(1-2): 93-105.

Vogot W. 1949. The Way of Subsistence[M]. Chicago: Chicago University Press.

Willian J, Moroz A. 1967. Lake breeze on the eastern shore of lake Michigan: Observation and model[J]. Journal of the Atmospheric Sciences, (24): 337-355.

Wu H, Tao H P, Lu Y. 2007. Evaluation of Eco-Environmental Frangibility Based on Remote Sensing and Geographic Information System[J]. Wuhan University Journal of Natural Sciences, 12 (4): 715-720.

Xeidakis G S, Delimani P, Skias S. 2007. Erosion problems in Alexandroupolis coastline, north-eastern Greece[J]. Environ Geol. , 53: 835-848.

Yang X M, Lan R Q, Du Y Y, et al. 2004. Technical foundation research on high resolution remote sensing system of China's coastal zone[J]. Acta Oceanologica Sinica, 23(1): 109-118.

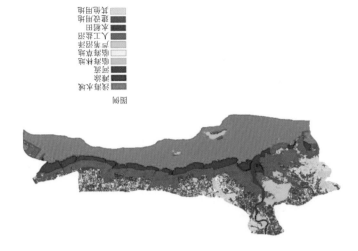

图 7-3 2015 年椒江口滨海湿地覆被类型分布示意图

图例
浅海水域
河口水域
河流水系
滨海草地
滨海林地
养殖坑塘
人工湿地
水稻田
建设用地
其他用地

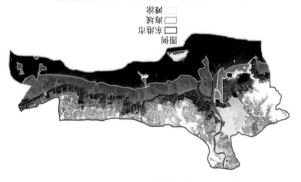

图 7-2 椒江口滨海湿地覆被情况示意图

图例
养殖市
海岸
海堤

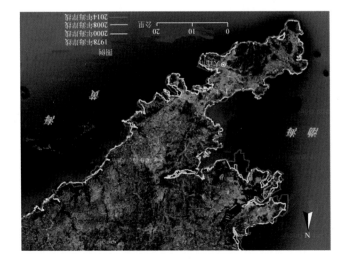

图 4-27 大连市明光海湾海岸线变化

图例
1978年海岸线
2000年海岸线
2008年海岸线
2014年海岸线

0 10 20 公里

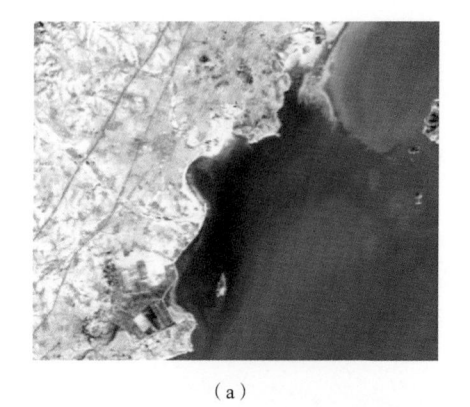
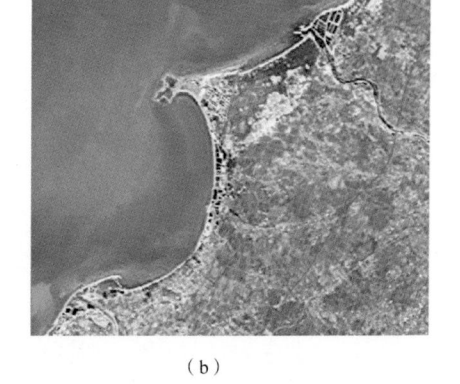

（a） （b）

图 4-17　沙质海岸遥感影像

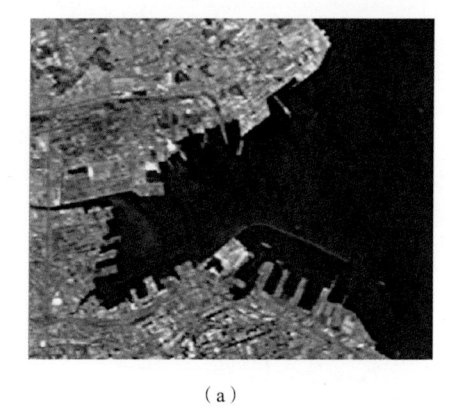

（a） （b）

图 4-18　人工海岸遥感影像

图 4-26　辽东湾附近海岸线变化

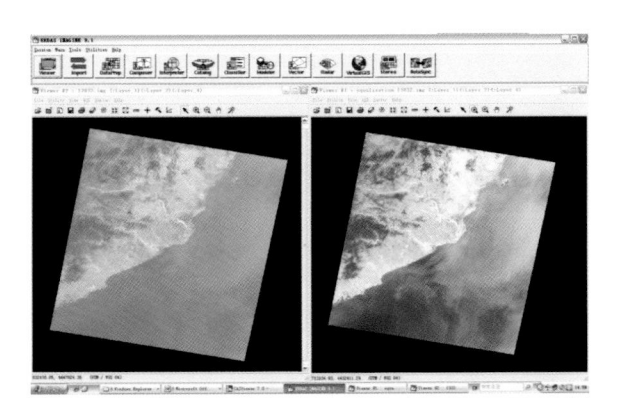

图 4-12　葫芦岛市附近影像增强处理前后对比图

左侧图为影像增强处理前；右侧图为影像增强处理后

（a）已开发区域的淤泥质海岸 1　　　　（b）已开发区域的淤泥质海岸 2

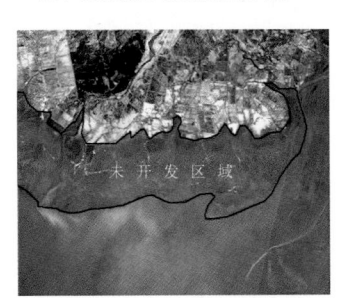

（c）未开发区域的淤泥质海岸 1　　　　（d）未开发区域的淤泥质海岸 2

图 4-15　淤泥质海岸遥感影像

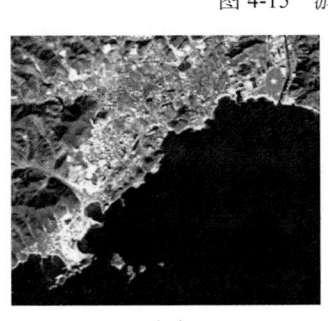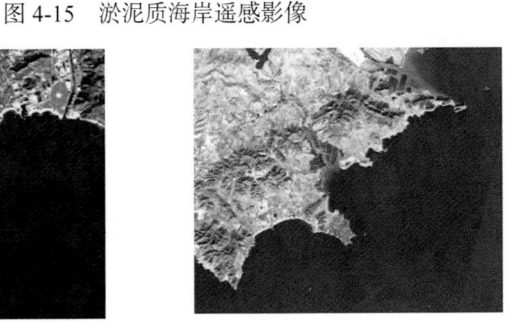

（a）　　　　　　　　　　（b）

图 4-16　基岩海岸遥感影像

彩 图

(a) MSS 4、3、2波段假彩像

(b) TM 4、3、2波段假彩像

(c) ETM+ 7、5、3波段假彩像

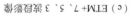

(d) CBERS 4、3、2波段假彩像

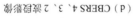

图 4-1 多光谱遥感影像解译示例图

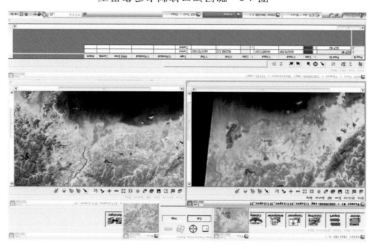

图 4-8 瓯海江口段测片采集量图